现代家具
设计方法 15 讲

方海　安舜　著

FIFTEEN LECTURES
ON MODERN FURNITURE
DESIGN METHODS

广西师范大学出版社
·桂林·

图书在版编目（CIP）数据

现代家具设计方法15讲 / 方海，安舜著 .—桂林：
广西师范大学出版社，2023.2
ISBN 978-7-5598-5587-9

Ⅰ．①现… Ⅱ．①方… ②安… Ⅲ．①家具-设计
Ⅳ．① TS664.01

中国版本图书馆 CIP 数据核字（2022）第 214631 号

现代家具设计方法15讲
XIANDAI JIAJU SHEJI FANGFA 15 JIANG

出 品 人：刘广汉
策划编辑：高　巍
责任编辑：冯晓旭
助理编辑：马竹音
装帧设计：六　元

广西师范大学出版社出版发行
（广西桂林市五里店路9号　　邮政编码：541004
　网址：http://www.bbtpress.com）

出 版 人：黄轩庄
全国新华书店经销
销售热线：021-65200318　021-31260822-898
凸版艺彩（东莞）印刷有限公司印刷
（东莞市望牛墩镇朱平沙科技三路　邮政编码：523000）
开本：787 mm×1092 mm　1/16
印张：17.25　　　　字数：210千字
2023年2月第1版　　　2023年2月第1次印刷
定价：128.00元

序一

孟建民 ▶
中国工程院院士

古往今来，世界各民族的建筑和家具都是密不可分的；现代主义设计运动自19世纪末起，至今方兴未艾，其间建筑与家具更是同步发展的。现代建筑的启蒙大师，如英国的麦金托什、比利时的凡·德·维尔德和霍塔、西班牙的高迪、奥地利的瓦格纳和霍夫曼等，也同样是现代家具的启蒙大师。第一代现代建筑大师，如美国的莱特、德国的格罗皮乌斯和密斯、法国的柯布西耶、芬兰的老沙里宁和阿尔托，以及包豪斯大师布劳耶尔等，也同样是现代家具的一代宗师。随着科技发展的突飞猛进，现代建筑与家具的发展早已进入专业分工越来越细的时代，但建筑与家具的关系从来没有疏远；当代最活跃也最繁忙的建筑大师们依然不断为现代家具的发展添砖加瓦，如盖里的生态家具系列、福斯特的高技派办公桌、扎哈的流线型沙发、安藤忠雄的胶合板休闲椅等，都在不同的历史时期启发并丰富着现代家具的时尚景观。遗憾的是，出于种种原因，中国现代建筑与家具的发展在相当长的时期内落后于欧、美、日发达国家。当我们在过去40多年改革开放的时代奋力建设国家之时，繁忙的中国建筑师鲜有时间和兴致关注家具，也由此在相当大的程度上造成了当代中国总体建筑品质的滞后发展。然而，凡事皆有例外，我们依然有少数建筑师在建筑实践的同时关注现代家具，并在家具的设计实践和理论研究方面获得国际声誉，从而为我国建筑学和设计学的发展做出了实质性的贡献，方海教授就是这方面的杰出代表。

方海教授是我的学弟，他早年从东南大学毕业，留校伊始便从事建筑设计工作，而后负笈远渡重洋，在欧洲考察并兼读博士，最终在著名的阿尔托大学获得设计学博士学位，其博士论文《现代家具设计中的“中国主义”》不仅引发了全球范围内建筑师和设计师对中国传统设计智慧的极大兴趣，而且开启了他本人作为家具设计师的专业历程。他与芬兰当代设计大师库卡波罗和中国工匠印洪强的精诚合作更是建立了一种和谐而硕果累累的国际设计模式。他们以中国本土的合成竹材为基本素材，创作了完整系列的现代建筑、室内、家具和灯具的一体化设计产品，其中的家具作品多次参加国际展览并获奖，如2017年在布鲁塞尔获颁的联合国绿色设计组织“国际绿色设计贡献奖”。方海教授在芬兰学习和工作期间，以其学术上的敏锐和事业上的勤勉取得了令人瞩目的成绩，在建筑学、设计学、艺术史论诸领域已出版中、英文学术专著40余部，发表学术论文150余篇；与此同时还主持和参与建筑、室内和家具设计项目数十项，被公认为“优秀华人学者”，也由此获得诸多荣誉，如2005年芬兰建筑学会颁发的“文化成就奖”、2013年芬兰阿尔托大学颁发的“杰出校友奖”和2016年芬兰总统颁发的“芬兰狮子骑士团骑士勋章”等。方海教授在学术研究方面有三个显著特点，其一是学贯中西，他早年追随东南大学郭湖生教授，对中国传统设计文化有深入而系统的考量，并在小木作研究方面尤下功夫，以后虽多年在欧洲学习和工作，但始终能从东西方文化互动的角度思考问题；其二是跨界思维，他本科学建筑设计，硕士学中国建筑史，博士学设计学，由此能时常以跨学科模式介入学术研究；其三是理论研究与设计实践的密切结合，他在长期繁忙的科研与教学工作中，从来没有停止在建筑、室内尤其是家具方面的设计工作，其刚刚交由东南大学出版社隆重推出的《新中国主义设计科学》一书，就是基于方海教授从设计实践的立场对当代中国设计科学的独特思考。

2020年初，方海教授被隔离在他赫尔辛基的工作室中，好在网络的时代可以让地球上任何地方的人随时保持联系并进入工作状态。在此期间，广西师范大学出版社邀请方海教授主持撰写一套有关现代家具设计的图书，以强化我国目前各高校设计学学科的建设，提高设计学科水平，尤其是指导家具设计方面的教学。于是，借助芬兰乃至欧洲大量的第一手资料，方海教授和他在广东工业大学指导的博士生胡茜雯、安舜、林秋丽和薛忆思等开始专注于这套学术专著的写作和设计绘制，包括：1.《现代家具设计方法15讲》，方海、安舜著；2.《现代家具设计流变》，方海、薛忆思著；3.《现代家具设计原理》，方海、胡茜雯著；4.《现代家具与材料研究》，方海、林秋丽著。这是四部充满原创思维、前沿科技与材料信息的现代家具设计理论著作，它们建立在大量的对第一手资料的收集、分析和研究上。方海教授在欧洲生活工作二十余年的经历和常年在欧、美、日等地参加学术活动的经验，都为上述专著提供了丰富的信息来源和学术支撑。中国现代家具的发展与中国现代建筑的发展一样，经过40多年的改革开放，我们在各方面都积累了足够的、可以称雄全球的“量”，然而，我们却缺少建立在原创思维和核心高科技竞争力基础上的“质”。就家具而言，中国早已是全球家具产量最大的国家，同时也是家具出口量最大的国家，可是，中国家具在全球范围内却依然是“模仿抄袭”的代名词，许多种类的中国家具的生产也成了资源浪费和环境恶化的潜台词。毋庸置疑，当代中国呼唤充满创意的、符合生态社会发展的家具设计，由此急需一大批以原创思维和科技知识为先导理念的设计师。创意思维的开拓和设计理念的培养都在相当大的程度上依赖于相关领域优秀学术专著和教材的问世，我相信方海教授及其博士生团队创作的《现代家具设计原理》等著作适逢其时。在中国改革开放走向深化发展，中华民族于科技领域诸多方面构建文化自信，我们的现代建筑、设计，尤其是家具领域，已由“量”的积累走向创新实力的展现之时，期待方海教授团队学术著作的问世为我国设计、设计教育以及产学研一体化发展带来强大的推动力。

2021 年 4 月 26 日

序二

胡景初 ▶

中南林业科技大学教授

欣闻广西师范大学出版社近日将出版方海教授及其科研团队著述的“现代家具设计原理”丛书，在深感其适逢其时之际，也感慨万千。作为毕生从事中国现代家具设计教育和推动创作实践的“中国家具人”，我以刻骨铭心的关注与热爱经历了中国现代家具从中华人民共和国成立时的粗陋到信息闭塞时的贫乏，从改革开放时的觉醒到走向世界时的奋发。我庆幸自己在中国现代家具发展至今的全过程中始终在场，始终以设计师和教育工作者的身份参与其中，由此得以看到中国现代家具走向世界，从模仿抄袭步入自主创新的全过程。当今的中国已成为全球最大的家具制造国和家具出口国，其成就离不开广大家具企业的砥砺奋斗，更离不开中国当代设计师和家具设计教育工作者的精诚奉献。其中，一批又一批负笈远渡重洋的中国建筑师、设计师和艺术家以及相关领域的学者为中国现代家具设计与制造的崛起做出了无可替代的贡献。方海教授则是其中最卓越的代表之一。

方海教授早年毕业于东南大学建筑学院，后以建筑师的身份去北欧留学，一方面攻读博士学位，另一方面遍访欧洲建筑、设计，尤其是家具方面的名师。当他在新世纪之初以优异的成绩获得北欧名校阿尔托大学的设计学博士学位之时，他也将以芬兰当代设计大师库卡波罗为代表的一批欧美设计大师引介到中国，从而极大地推动了中国家具设计和设计教育的健康发展。方海教授学贯中西，从建筑的视野审视家具，从设计科学尤其是人体工程学的角度理解家具设计，其博士论文《现代家具设计中的“中国主义”》不仅是中国家具研究领域的一座里程碑，而且对当代家具的设计产生了广泛而深远的影响。该博士论文分别以英文和中文在欧洲和中国出版，其中提出的几点结论受到中外学者的长期关注和认同，最重要的有如下三点：其一是人类家具史主要由欧洲家具系统和中国家具系统组成；其二是中国古代座椅曾对欧洲中世纪以后坐具的普及发展起到关键性作用；其三是中国古代家具的设计智慧是20世纪现代家具设计最重要的创作灵感之一，并由此提出“中国主义”的概念。实际上，方海教授在其后的职业生涯中是以建筑师、家具设计师、学者和教育工作者的综合身份出现的，并在每个方面都取得了令人瞩目的成就，尤其是他倡导并持续实践的“新中国主义设计品牌”，以生态设计理念和中华民族传统设计基因注入设计创作，其作品已成为中国当代家具设计的一个亮点。方海教授的学术成就早已获得国内外多方面嘉奖，如芬兰建筑学会颁发的“文化成就奖”、芬兰阿尔托大学颁发的“杰出校友奖”、芬兰总统颁发的“芬兰狮子骑士团骑士勋章”、联合国绿色设计组织颁发的“国际绿色设计贡献奖”，以及“中国十佳设计教育工作者”“光华龙腾设计奖”和“广东省改革开放杰出人物”等荣誉称号。方海教授常年任教于国内多所大学，如北京大学、同济大学、江南大学、广东工业大学以及我本人长期任教的中南林业科技大学，我们从而有机会长期交流与合作。

20世纪90年代后期，在已故的中国室内建筑师学会前主席曾坚先生家中，我与方海教授一见如故，随即见证其早期专著《20世纪西方家具设计流变》的出版，这是国内系统介绍西方现代家具的最早著述之一，以第一手资料为改革开放以来的中国家具界打开了一扇全方位了解现代家具的窗户。在我随后主持的国家级科研项目中，我有幸邀请到方海教授和顺德职业技术学院的彭亮教授共同著述《世界现代家具设计史》，由此得以进行更为广泛而深入的交流。此后，我们又多次共同担任深圳、香港、广州、东莞、北京、上海等地家具博览会和设计竞赛的评委，得以共同见证中国现代家具的发展壮大。与此同时，方海教授从来没有停止过其作为家具设计师的前进脚步，20多年来，他以其得天独厚的专业背景与芬兰大师库卡波罗和中国著名工匠印洪强合作，也与南京林业大学和杭州大庄竹材集团密切交流，以生态材料的研发介入家具设计的全过程，将设计科学的原理注入对中国传统设计智慧的诠释，不断丰富和发展其独创的“新中国主义设计品牌”的现代中国家具系列，与国内诸多新中式设计品牌一道，共同打造中国当代原创家具的舞台。在《20世纪西方家具设计流变》第一版的开篇，方海教授即感叹：“在如此丰富多彩的世界现代家具设计的舞台上，竟然没有中国人的一席之地！”而在20多年后的今天，在《现代家具设计流变》这一新版本中，包括方海教授在内的一批中国当代家具设计师终于可以与当代欧、美、日各国优秀设计师同台献技了。

然而，我们必须清晰地看到，尽管中国家具在过去30年间取得了长足的进步，但这种进步主要是指产业的规模和产品的数量，其中又多以材料的浪费和对生态环境的破坏为代价；在设计创意、材料革新和设计科学的研发方面，我们的家具产业与欧、美、日发达国家依然有很大差距，这就是我深感方海教授主持撰写“现代家具设计原理”丛书适逢其时的原因。这套书共有四本，从当代家具设计的各个不同层面以全新的文献和图像材料对现代家具设计进行了全方位论述。方海与安舜所著的《现代家具设计方法15讲》据我所知是一部角度新颖的家具设计方法论方面的力作。它以方海教授多年提倡的现代家具设计4E原则（生态设计与环境保护原则、人机工学设计原则、设计经济原则、美学原则）为出发点，系统讲述现代设计的灵感源泉、设计理念的方法模式和创意构思的表达手法；该书的主体是两位作者按设计方法的分类组合，选取十五组在20世纪颇有影响力的设计大师，详细分析他们的设计方法及相关创意理念，以此为我国当代家具设计师带来系统的创意思想启迪和设计手法引导。方海与薛忆思所著《现代家具设计流变》则是方海教授早期著作《20世纪西方家具设计流变》的全新版本。该书有两大亮点：其一是两位作者在20多年前第一版的内容基础上，结合最新资料对全书内容进行了修订和增补；其二是该书中全面而翔实的附录部分，几乎涵盖了所有在正文中无法介绍，但又在20世纪家具发展中贡献突出的世界各地的重要设计师，附录与正文一道，真正构成一部目前国内最完整的现代家具简史。方海与胡茜雯所著的《现代家具设计原理》一书从家具史、家具与材料、家具创意与方法、家具专利与施工图绘制等方面全方位展示现代家具设计的精彩景观，以全新的视野介入当代中国高校家具设计专业的教学与科研。该书不仅资料全面翔实，而且其配图亦时尚、多样，其中包括我本人退休以后用中国水墨画笔法绘制的一批古今中外的家具图式，以另一种方式表达中西方家具文化的交融与互动；而作者团队的各位青年学者绘制的时尚插图更是与书中大量顶级设计大师的原创绘图相得益彰，从而使该书不仅赏心悦目，而且富于启迪性。方海与林秋丽所著的《现代家具与材料研究》堪称国内相关领域研究中迄今为止最专业也最全面的学术著作，两位作者首先在最大限度占有研究素材的前提下全面追溯古今中外家具的发展与材料应用的关系，并以定量分析模式展示不同材料在近现代不同发展时期的具体比例和权重；其次，两位作者从严谨的设计科学的角度系统地研究木材、胶合板、金属、合成材料及竹藤与现代家具的交融发展史；再次，两位作者收集了大量诞生于全球各地的最具影响力的家具实例，并以系统的文字和精细的分析图进行解说。材料研究是现代家具设计的根本，但恰恰也是中国当代家具设计教育和创作方面的短板，这部著作毫无疑问会让中国当代设计师和家具教育工作者眼前一亮，并促使其以更加踏实的态度对待材料及科学研究，从而使其设计建立在真正坚实的基础之上。

作为见证了中国现当代家具发展过程的第一代“中国家具人”，我怀着欣喜的心情期待方海教授及其科研团队所创作的这套“现代家具设计原理”丛书的问世，并为此欢呼，我相信该丛书不仅会对我国当代设计教学起到非常积极的作用，而且会为广大一线设计师带来更时尚也更全面的信息和灵感。方海教授是我国第一位获欧洲名校设计学博士学位的建筑师。20 多年来，他频繁往返于中国与欧、美、日之间，拥有极全面也异常丰富的第一手资料，他和他的广东工业大学科研团队的设计专业背景又保证了其论著能时刻从设计师的视角关注和论述问题，尤其能够针对我国当代家具设计发展的瓶颈问题，如创意与模仿的矛盾、对材料研究的漠视和误区、对设计科学的理性思考的不足等方面提供大量翔实的论述性案例。我在此深情祝贺方海教授及其团队成员，同时希望更多的设计师、建筑师、艺术家和专业教师早日看到这套精彩的现代家具专著。

2021 年 5 月 6 日

目录

INTRODUCTION:

Principles, Inspiration and Techniques of Modern Furniture Design

绪　论

现代家具设计的原则、灵感与手法

1. 现代家具设计的 4E 原则

生态设计与环境保护原则（Ecology）、人机工学设计原则（Ergonomics）、设计经济原则（Economy）和美学原则（Esthetics）被称为 4E 原则，是现代功能主义学派注重的重要设计原则，而生态设计、人体工程学、设计经济、科技与美学的有机结合是现代设计的灵魂。现代功能主义学派不赞同哲学辩论和直觉判断，而将美学、经济、生态、人机工学纳入研究和实践中，在产品和设计工作中引入 4E 原则，对其应用并进行系统和科学的研究，形成了理论和方法论基础。

下面以北欧设计为例，谈谈其成就和对世界的影响，并分析原因。

第一，设计中运用的功能主义理念和对人性化设计的执着追求。北欧地处严寒地带，气候条件相对恶劣，设计师被赋予了提升人们生活环境质量的重要职责。事实证明，北欧人日常生活中的各个方面都体现着由设计带来的温情与关怀。特别是二战之后，设计成为北欧四国（芬兰、瑞典、挪威和丹麦）的立国之本。一方面，设计带来了巨大的经济效益；另一方面，设计也为北欧人民改善了生活环境。可以说，北欧设计不仅树起了世界同类行业的标杆，也使北欧四国成为名副其实的设计大国。

第二，北欧设计虽以时尚著称，却深深地根植于北欧千百年来的设计传统，这也是现代主义向地域主义和生态主义的回归起始于北欧的原因之一。北欧设计师对传统的尊重在很大程度上受到国家政策的影响。在北欧各国，随处可见各种规模、各种形式的露天民居博物馆，这种博物馆的形式既能对传统文化起到有效的保护作用，也能给当代建筑师、设计师和艺术家以灵感启示。相对于西欧和南欧，北欧的建筑文化遗产并非卓尔不群。然而，北欧的设计师却极其珍视这些本民族的设计遗产，他们坚信自己祖先千百年来沉淀下来的设计智慧和具体的制作手法一定是有深刻道理的，并从中得到了极大的启发。

第三，北欧四国对于设计师的尊重和推崇也是其设计发展长兴不衰的重要原因。在欧元时代到来之前，芬兰的 50 马克面额纸币上印有芬兰设计大师阿尔瓦·阿尔托（Alvar Aalto）的头像，由此可见北欧设计师地位的重要与崇高。同时，设计教育中校企联合培养的方式促进了学生社会适应性的提高，也加强了企业对于设计创新的需求意识。另外，公平有效的设计竞赛制度和广泛深刻的设计宣传力度也在很大程度上激励着年轻设计师的创作热情，使设计理念的相互交流更加频繁。

第四，北欧设计学派百年来经久不衰的创作激情在相当大的程度上来自成功的设计教育体制。如果人们访问北欧，一定会惊讶地发现，无论在北欧哪个国家，最好的建筑一定是学校、图书馆、博物馆，而这三类建筑恰好是培养现代设计人才的最重要的场所。此外，据联合国有关部门统计，北欧各国也是人均图书拥有量和图书馆使用率排名靠前的几个国家。优秀的校舍，其设计本身就已为设计师创造了启蒙的创意空间，而坐落在各地的不同主题的艺术与设计博物馆更是将各种前沿设计思想和艺术理念带到了设计教育体系当中。北欧各国的现代设计教育在早年包豪斯的教育体系基础上不断加入生态、环境、人性化、人体工程学等诸多方面的内容，从而使北欧学派能够自始至终站在以人为本的角度来看待设计。除学校和博物馆之外，各种设计沙龙、设计协会和设计刊物都为现代设计师的培养做出了很大的贡献。

第五，设计先驱者的带头作用不容忽视。芬兰设计师伊利尔·沙里宁（Eliel Saarinen，又称老沙里宁）不仅为芬兰设计发展奠定了坚实的基础，其规划并设计建造的美国匡溪艺术设计学院也对世界设计产生了不可估量的影响。以老沙里宁为代表的北欧经典设计大师还有芬兰的阿尔瓦·阿尔托、瑞典的布鲁诺·马松（Bruno Mathsson）、丹麦的阿诺·雅各布森（Arne Jacobsen）和挪威的斯维勒·费恩（Sverre Fehn）等。自此，北欧这片肥沃的设计土壤就不断涌现出一代又一代的优秀人才。值得一提的是，北欧的设计师通常把工作和生活融合为一体，这种来源于生活的设计态度使他们的设计能够最大限度地满足日常需要，并且使他们在景观、建筑、平面、室内等诸多设计领域有所建树。总的来说，本着对设计重要性的认可，北欧四国能够多方面地为其设计提供尽可能有利的环境。

众所周知，北欧设计为世界贡献了一系列流传久远的经典产品，那么，其设计中的奥妙何在？或者换个问法，什么是北欧设计的灵魂？本书认为主要涵盖以下五点。

一是生态理念根植于北欧设计师的灵魂深处。北欧设计师对大自然的热爱不仅表现在其大量设计灵感来源于自然，还体现在他们对于产品回收阶段的设计考虑，以减少对环境的影响为宗旨。这种设计思想在一百多年前就已形成，且从未改变，特别是 20 世纪以来，即使世界其他地区的设计师群体忽略了对于生态环境的保护，北欧设计师也从未忽视自然的重要性，甚至还以此来体现其人性化的核心设计理念。

二是以人为本的理念根深蒂固。这种理念来自全方位为人类服务的严肃态度，它与生态理念相结合，使得北欧在进行优良设计的同时也会重视保护自然环境。北欧设计以其实际行动证明，设计与自然本为一体，可使矛盾与纷争减至最小。尤其在全球化形势下，生态危机已成为世界性的难题，而北欧设计始终提倡以人为本及生态保护的理念，并使其成为全世界的共同目标，值得推广与效仿。

三是洋洋洒洒的创新意识。北欧设计经久不衰的原动力还来自设计师对于创新的不断追求。回顾人类的发展史，创新在其中扮演着催化剂的重要作用，从衣食住行的各个方面来看，创新促进了每次人类进步的飞跃。北欧的设计教育提倡创新，并始终强调抄袭和止步不前的负面影响，即使在某些时刻抄袭能够带来短期的利益，其发展也会因创新的出现戛然而止。

四是对于经济性设计的理解。这种理念促使北欧设计在满足功能化需求的同时，又能从根本上减少经济负担，从而完成了生态化设计的目标。

五是对于设计美学的追求，即形式表达。芬兰当代著名设计大师约里奥·库卡波罗（Yrjö Kukkapuro）曾说：“一件产品如果非常圆满地满足了功能的需要，那它一定是美的。”这句话充分体现了以上四种理念的核心内容，也同时体现了审美与人类发展的一体化关系。北欧设计师竭力通过简洁明快的形式感满足功能和经济方面的双重需求，从而系统化地表达了北欧设计的意义——一目了然的功能与温情脉脉的内涵。

可以说，生态、人机、经济、科技与美学的结合是芬兰设计的灵魂要素。芬兰设计大师汉诺·凯霍宁（Hannu Kähönen）在其 40 余年的设计生涯中，坚定不移地践行着北欧人文功能主义的设计原则，他的设计中有大量功能性产品，如电器、交通系列产品、家具、灯具等，也有娱乐性产品，如玩具、体育用品等。无论哪种设计产品，凯霍宁都会在其设计中综合性地体现芬兰设计的灵魂要素，并时常突出地展示这些要素中的某一方面。尽管在理论研究及学术争鸣中，这些灵魂要素的地位会有先后，但在凯霍宁的心目中，它们对设计师的影响是综合性的，是融为一体的，设计师必须在不同的设计项目中确定它们的相对位置，以完成某项功能性的产品设计。

生态设计是现代设计的第一灵魂

芬兰已多次被联合国相关组织列为最适合人类居住的国家之一。漫步在芬兰的每个角落，人们都会立刻被凯霍宁和其他芬兰设计师设计的各式清新典雅的垃圾箱所吸引，它们造型优美、色彩亮丽，不论放在哪个位置都会为周边环境增添光彩。现代心理学研究结果表明，人类的心理天然地趋向于接触美好的器物，设计优雅的垃圾箱会引导每个人自觉遵循公共卫生的原则。凯霍宁对废品及包装物的再利用是其环境保护思想的一个重要组成部分，他曾将使用过的木制水果箱，通过简单的组装制成可折叠的休闲椅，这一案例充分彰显出他对生态设计的多方面思考。

作为芬兰当代最著名的设计大师之一，凯霍宁延续着芬兰设计学派人文功能主义的传统，而生活与工作的一体化思维是这种设计传统的重要表达方式。在办公室中，生活化的交流氛围使设计师在轻松愉快的环境中构思着作品。而每年的夏日休假也并非用来无所事事地闲逛，大自然的方方面面都会给设计师带来无尽的灵感。我们只有一个地球，迄今为止我们赖以生存的地球似乎仍是茫茫宇宙中的孤独过客，尽管人类大脑中已产生大胆的设想——移民到月球或火星，但现实中的距离和对交通工具的超常规要求，在相当长的时期内阻止了人类移民太空的脚步。目前，我们唯一能采取的有效自保方法就是共同珍惜这个地球。在北极，人类已目睹了逐步融化的冰川，渐渐升高的海平面，如果不采取措施，在若干年后，作为如今繁华盛世代表的纽约、伦敦、东京、上海等国际大都市都有可能进入水下。我们的地球目前支撑着七十多亿人的日常生活，但如果森林植被遭到过度砍伐，河流淡水日趋干枯，海洋鱼类大量减少，动物、植物濒临消亡，石油、煤矿、天然气等基本能源被无休止地开采，其带来的后果不言而喻。因此，生态设计也许是人类可持续发展的最安全的，也是唯一的出路。

中国古代先贤早就教诲我们要“细水长流”，其中蕴含的生态设计原理却被近代工业社会的高速发展所淹没，一部分人只追求“更高”“更快”“更大”，一些企业的发展亦崇尚“做大”“做强”，而“细水长流”被抛之脑后。地球环境的恶化在总体上是渐变的，但有时在局部可能引起突变。为了地球的长寿，我们需要提倡和坚持生态设计的原则。在这方面，芬兰设计已为全球树立了成功的榜样。中国古代思想家们，尤其是以老子、墨子为代表的“生态大师”们，对环境的含义体会最深。中国古代的绘画、陶瓷、漆器、家具等早以其简洁练达的设计和清新典雅的风格独步世界，芬兰最优秀的一批现代日用品设计正是对中国古代日用品设计的再现。我们既要学习现代的经典，也应从传统中获取启示及灵感。

人体工程学是现代设计的第二灵魂

我们在芬兰各地看到的城市有轨电车，不仅色泽亮丽、形象光鲜，而且方便包括残疾人在内的所有人士上下车，尽显以人为本的内涵。

这批最新一代的芬兰城市有轨电车就是凯霍宁团队的杰作，尤其是车厢内各式座椅的布局及车体设计，无论造型色彩，还是面料配备，处处都体现出对现代人体工程学的运用。

现代人体工程学的运用是在二战之后，始于北欧的瑞典和芬兰，并迅速扩展至欧洲其他各国及美国、日本等地，现在早已经成为全球设计界公认的主流设计原则。芬兰设计大师库卡波罗是举世公认的运用人体工程学原理的设计大师，其家具设计等一切现代设计的出发点都围绕着人体工程学。库卡波罗半个世纪以前的成名作“卡路赛利椅”（Karuselli Chair）完全是依照人体结构及休闲角度做出模具之后再逐步完善成形的，该作品在《纽约时代周刊》1974年组织的“最舒服的椅子”的评选中，从来自全球一万多件作品中脱颖而出，成为名副其实的“最舒服的椅子”。库卡波罗更重要的贡献是他从 20 世纪 70 年代开始设计的以芬兰胶合板为主题的办公椅及会堂椅系列，他严格地从人体工程学原理入手，创造出了一批简洁高贵、设计新潮的现代办公家具。

实际上，在更宽泛的意义上，人体工程学的起源在中国。从宋代至明代，中国家具达到了前所未有的设计及工艺的顶峰，大批流传至今的明代家具早已考虑到了人体工程学的诸多因素，如明代座椅的靠背、椅面、扶手、踏脚等设计构件都是运用了人体工程学的产物。随着东西方文化交流的深入发展，一大批西方设计师开始关注中国家具，并从中吸取大量灵感，进而创造出一批又一批的“中国风”设计产品。这当中以丹麦设计大师汉斯·威格纳（Hans Wegner）表现最为突出，他在漫长的设计生涯中，一共完成了五百余件设计产品，其中三分之一的产品的设计灵感源自中国家具。但在过去的 20 年间，库卡波罗成为西方设计大师中借鉴中国元素的突出代表，他多次到中国各大博物馆及私人博物馆中观察中国古代家具的细节，并成功地与中国建筑师尤其是与中国传统匠人合作，还同笔者一道研制出“新中国主义”设计品牌系列，将现代人体工程学与中国传统设计文化的诸多元素有机结合，在现代办公家具及民用家具、灯具等领域不断推出新产品，近年来更注重对极具中国特色的合成竹材的研究及运用。2019 年 12 月，凯霍宁获得“助力广东设计教育与产业发展功勋人物”称号，并将其家具及工业设计理念与中国制造密切结合，以期创造出新一轮的“新中国主义”设计品牌及系列设计产品。

设计经济原则是现代设计的第三灵魂

北欧诸国都是福利社会，国家富足安定，物资供应丰富，但绝不奢华，其根本原因是设计经济原则。北欧的设计非常严谨而自律，绝少含有怪诞与嬉戏的成分，因此，国际上五花八门的艺术思潮，如波普、后现代等形式都无法在北欧立足。在过去一个多世纪的现代设计发展历程中，任凭世界风云如何变幻，北欧始终坚守设计经济原则，从而形成并保持着纯净的功能主义作风，为人类的设计园地保留着一块净土。当全球艺术及设计界陷入疯狂进而迷失方向之时，芬兰及其他北欧诸国，依旧能够保持理智，归于平和。设计经济原则的思想基础是生态保护和环境意识。“一个地球”的观念让我们必须提倡设计经济原则，在设计中以最少的材料和最简单的手段达到最大的功能效果。中国也曾经是“设计经济原则”的乐土，中国古代的玉器、瓷器乃至书法、绘画都在某种意义上体现着这一原则。然而至清代，皇家宫廷奢侈之风达到高潮，民间亦上行下效，使得中国近代以家具为代表的日用设计开始以繁复粗大为美。在材料堆砌、雕饰无以复加的情况下，这类产品逐渐丧失了基本功能，只剩下烦琐和沉重。更为严重的后果是，这种繁杂设计所代表的美学潮流对后世产生了非常大的影响，尤其严重影响了普通人对设计的心理反应和价值判断，这是中国现代设计至今步履维艰的一个重要原因。我们看惯了厚重繁复的家具，以至于形成一种过度的依恋，享受其厚重带来的安全感，从而对“设计经济原则”下的现代设计心存疑虑。中国改革开放已有 40 多年，世界范围内的许多建筑大师、设计大师活跃于中国各地，并留下了大量现代设计作品。然而，众多中国知名人士，甚至学术界德高望重的大师，更不用说普通大众，他们家中和办公室中仍在使用着厚重的“中式”或称“新中式”的家具及日用品。其中，相当一部分家具的甲醛超标或胶水不合规范，从而引起使用者持续不断的不良反应。

希望以凯霍宁为代表的芬兰设计师所坚持的设计经济原则，能有效地为中国社会带来一种全新的设计美学和消费观念。

凯霍宁在 20 世纪 80 年代初设计的折叠三足椅堪称设计经济原则的经典实例，三足是座椅保持稳定所需腿足的最少数量，其间的合成尼龙布是既轻质又有足够抗拉、抗压强度的材料，由此形成的雨伞式收缩折叠方式使得整个座椅能够瞬间缩到最小体积。每件产品只有 0.75 千克，是有史以来最轻便的座椅，既受到全球用户的喜爱，也在世界各地被仿制。

科技与美学的有机结合是现代设计的第四灵魂

北欧各国都是高科技国家，而北欧各民族又都是极其热爱生活的民族，因此，高度发达的科技与日常生活美学自然有机地结合起来，为北欧设计平添一种静默的力量和雅致的情愫。北欧各国都拥有一批能够独步世界的设计产品，如芬兰的通力电梯、特种森林汽车及高空消防车、破冰船，以及现代玻璃制造工艺。尽管世界各地都能生产音响，但丹麦的音响设备被公认为顶级产品。尽管德国和日本的相机行销全球，但美国在 20 世纪 60 年代实施首次登月计划时，宇航员最终使用的是瑞典的哈苏相机。这些北欧产品的成功源自其科技的发达，以及科技与美学的结合。

正如库卡波罗所言："一件产品如果非常圆满地满足了功能的需要，那它一定是美的。"这是一种科技美学的观念，每一件产品的功能都由各构件的科技含量来保证，由此形成的科技美学与北欧人的生活理念非常契合。库卡波罗的每一件产品都必然经历科技研发的过程，从 20 世纪 60 年代对玻璃钢技术的研发，到 70 年代对各种合成塑料的运用，再到 80 年代对胶合板的重新审视，直到 90 年代对各种金属材料的调研。进入 21 世纪这 20 多年，库卡波罗同笔者一道又投入对中国合成竹材的研究、制作和其在家具、灯具领域内的广泛使用中。

凯霍宁的设计往往具有很高的科技含量，但又极其注重对科技美学的追求。他设计的日用锁及钥匙早已走进欧洲各国的千家万户，产品虽小，但其中每一个构件都是科技研发的成果，对美学的关注又使得这些产品在形式语言及色彩方面丰富多彩。凯霍宁设计的森林机械和汽车更是科技的直接产物，其亮丽的色彩搭配彻底改变了人们长久以来对这类产品的不良印象，此外，其设计的破冰船及游艇也都是科技美学的优秀成果。

现代建筑和现代设计的发展时刻伴随着材料科学的发展，凯霍宁的设计团队同样极其重视对材料的研究。新的材料往往会带来新的产品，但是任何资源都是有限的，在地球的有限资源的范畴内，设计师对任何材料的研究和运用都具有生态学的意义，并担负着维护人类社会可持续发展的责任。

2. 设计灵感从哪里来

灵感是设计师创作的缘起，塔皮奥·威卡拉（Tapio Wirkkala）说，只有当设计师被灵感所激发时，才能持续地进行设计创作，一旦他失去了这样的创作激情，一切将变得习以为常，那么他最好停止创作并尝试改变环境或创作内容。灵感的来源可以是自然、传统与历史、科技与材料、艺术、建筑等方面。设计灵感的迸发是以设计师的经验和理论知识为基础的，设计灵感因受到某种外部条件的刺激而迸发，是大脑中突然产生的想法。由于灵感具有突发性、偶然性、独创性等特点，因此在创作过程中需要特别留意与积累。

从大自然中走出来的家具设计大师

大自然是孕育设计的土壤，优秀设计师的共识就是将自然之美作为自己最好的创作源头，因此在经典的文学、音乐、艺术、设计中自然主题总是无处不在。亚历山大·冯·洪堡（Alexander von Humboldt）在《自然的视野》（*Views of Nature*）一书中深刻地阐述了大自然如何影响人们的想象力，即大自然与我们人类的内心进行了何种神秘的情感沟通。书中将大自然生动地描述为一个生命网络，在这个网络中，植物和动物相互依存，构成了一个充满生机的世界，强调了“自然力量的内在联系”。

大自然为人类提供的最伟大的课程就是自由，因为大自然的平衡是由多样性造成的，它反过来可以被视为政治和道德真理的蓝图。自然界中的一切，从微不足道的昆虫、苔藓到身躯庞大的大象、高耸入云的橡树，都有其自身独特的功用，它们一起形成了一个整体。

芬兰设计大师阿尔瓦·阿尔托就是一位典型的从自然中汲取灵感的代表，芬兰独特的自然环境与人文环境深深地影响着阿尔托的毕生事业，使他的设计风格融理性与浪漫为一体，具有鲜明的地域特色。

生物学和自然界的有机系统在阿尔托的设计生涯中犹如伟大的导师，一直指引、启发着他，但人们看不到阿尔托直接模仿自然，他是将自然界中的某些现象作为设计线索，具体的设计过程也符合建造的规律（图 0-1 ～图 0-4）。阿尔托以其独特的造型和设计理念彰显出芬兰尊崇自然的文化传统，体现出斯堪的纳维亚文脉与文化生态的延续。芬兰的社会传统和气候环境促使设计师更加关注设计与人、设计与自然的关系。在两次世界大战时期，正如阿尔托的设计一样，斯堪的纳维亚国家的设计趋势结合了个性表达、手工艺传统和标准化工业生产。他偏爱芬兰本地的桦木，认为木材是关怀人性和易成型的材料，有机的形式和木材的属性让家具不那么冷漠。阿尔托的椅子都由标准件组合而成，注重舒适性和用户的心理感受。他认为家具应采用一种接近超现实主义的、自由的、不规则的抽象形式。阿尔托家具设计中的曲线代表着很多含义，他将功能、语义和材料等的表达全部外化到家具形式中。阿尔托的家具不仅工艺卓越，且呈现出自由和有机的形态，一度流行于 20 世纪三四十年代的英国和美国。

图 0-1

图 0-2

图 0-3

图 0-4

在 20 世纪初前后，恩斯特·海克尔（Ernst Haeckel）出版了一系列名为《自然的艺术形式》（*Art Forms in Nature*）（图 0-5）的图册，这是一系列以精美的博物学插图为主题并兼具科学和艺术内涵的科普读物，它们出版后立刻掀起了新艺术风格造型语言的热潮。这些精美而严谨的系列图册向艺术家和设计师介绍了大自然的科学内涵 (图 0-6 ～图 0-10)。海克尔的著作如同艺术和设计创作的隐秘宝藏，展示了微观生物世界的壮观美景，其精美绝伦的结构只有通过显微镜才能看到。海克尔希望用这些科学插图来指导工艺师、艺术家、建筑师和设计师从自然的角度创造新时代的建筑和产品。当 20 世纪初开始起步的新艺术运动的建筑师、设计师和艺术家们，试图通过从自然世界获取审美灵感来调和人与自然之间的不稳定关系时，《自然的艺术形式》成了他们所能获得的最好的教科书之一。我们可以看看那些新艺术运动代表人物是如何创造他们的杰作的：法国玻璃艺术家埃米尔·加勒（Émile Gallé）将《自然的艺术形式》放在他的设计工作室以便随时翻阅；西班牙建筑师安东尼奥·高迪（Antonio Gaudi）将海克尔的海洋生物图像放大后应用到自己建筑作品的栏杆和拱门上；美国建筑师路易斯·沙利文（Louis Sullivan）拥有海克尔的全部著作并借用书中的风格化图案装饰自己建筑作品的立面；美国设计师路易斯·康福特·蒂芙尼（Louis Comfort Tiffany）以海克尔著作中的插图为创意灵感，创作了精美的照明用品和珠宝；法国建筑师雷内·比奈（René Binet）设计巴黎1900年世界博览会大拱门（Porte Monumentale）时也是从生物放射虫图像插图中直接得到了启发。

珍视传统与历史

人类的任何进步，实际上都在不同程度上依赖于传统，传统是人类

图0-5

图0-6

图0-7

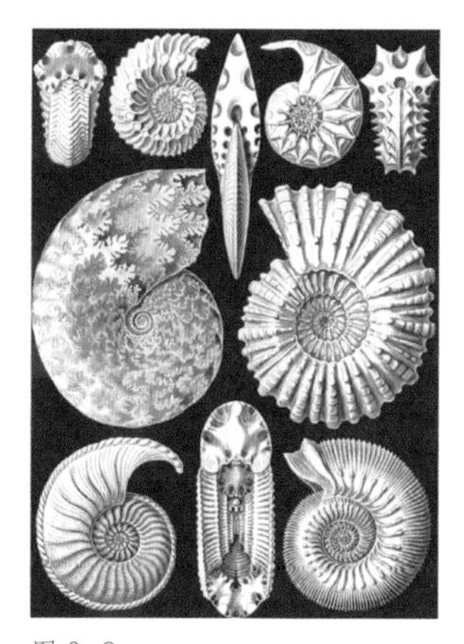
图0-8

图0-9

图0-10

图 0-11

进步的基石，珍视传统和历史是所有优秀民族的表征和基本发展模式。从传统到现代是一个设计文化交流与交融的过程。设计史上诸多大师的经典作品都体现着传统源泉对现代革新的重要价值和意义。就产品设计本身而言，家具是人类最早的生活伴侣。古今中外，历朝历代，家具都是其物质文化的表征之一，也突出反映了各国传统与历史的印记。2016 年，在伦敦举办的一次国际家具拍卖会上，一件由丹麦设计师在 1949 年设计的胡桃木茶桌以 60 万欧元的高价拍出。这是丹麦设计师从中国明代茶几设计中获得灵感而设计制作的限量版现代茶桌。它一方面展现了中国传统家具艺术的魅力，另一方面也展示了现代设计的简约主义美学、中国明式家具的设计美学与现代家具创意理念之间的异曲同工和传承的关系。

图 0-12

对于东方传统与历史而言，没有人能够否认中国传统的源远流长和博大精深。从设计文化的角度观察，中国五千年的书法史可称为中国传统设计最典型的代表，它从方方面面影响着中国设计文化的发展。然而，中国传统的深层结构更为深远。美国普林斯顿大学哲学博士吴国桢晚年出版的《中国的传统》*(The Chinese Heritage)*（图 0-11）一书对中国传统有非常系统的梳理，其中包括甲骨文中的上古华夏历史，古老中国的农业积淀和定居文化，传统中国对游牧民族的放任与安抚的态度，将崇敬和畏惧的复杂情感与高超工艺设计融为一体的伟大的青铜文化，勾勒出黄帝之治下的中国基本版画的新石器的彩陶文化，商代出现的第一批以贸易为生的国人，文化先贤老子与孔子，开辟政治谋略先河的姜尚，祖先崇拜与传统大家庭中的长幼尊卑的划分，“礼乐”系统与政府的运作，从汉代开始融入中国文化的佛教等。以佛教在汉代的传入和对中国文化的影响为例，在从建筑、设计到艺术的方方面面中都能看到佛教的痕迹。例如，胡床（图 0-12）的传入引发了中国家具的革命，成为中国人由席地而坐转入高坐模式的契机。而唐代的中国则是民族大融合与文化交流的典范，当时，也掀起了中西文化交流的高潮。美国学者薛爱华（Edward Schafer）的名著《撒马尔罕的金桃：唐代舶来品研究》*(The Golden Peaches of Samarkand:A Study T'ang Exotics)*（图 0-13）对大唐盛世的国际文化交流进行过详细的梳理。首先，是人的交流，包括战俘、奴隶、侏儒、人质、贡人、乐人和

图 0-13

舞伎等；其次，是家畜、野兽、飞禽、毛皮和羽毛、植物、木材、食物、香料、药物、纺织品、颜料、工业用矿石、宝石、金属制品、世俗器物、宗教器物和书籍的互通有无。此外，中国与世界，尤其是与西方和伊斯兰文明的文化交流也从来没有停止过，即使是在被大众认为闭关自守的明清两朝的 500 多年间，中国与西方的交流无论在官方层面还是在民间层面也都很频繁。这些文化的交流体现在当时的陶瓷、漆器、家具、纺织品，乃至科学仪器等诸多方面。直到乾隆时期，中国与西方各国都还在基本上以大致平等的文化姿态进行着设计文化的交流与融合。

对于传统与历史的讨论同样体现在西方国家中。1984 年，纽约现代艺术博物馆联合底特律艺术学院和达拉斯艺术博物馆，举办了规模宏大的“20 世纪的原始主义”艺术大展，该展览系统地描述了现代化与原始主义的天然联系，全面展现以巴勃罗·毕加索（Pablo Picasso）、亨利·马蒂斯（Henri Matisse）、保罗·克利（Paul Klee）为代表的 20 世纪最重要的艺术家如何看待历史，学习各地传统并进行自己充满划时代意义的艺术创新。

封闭的文化和文明必然造成科技和艺术的停滞，中世纪的欧洲、近代的中国，以及非洲和南美都印证了这样的观点。唯有不同文化的交融方可产生创造性的活力。文艺复兴在重新找到古希腊古典美学的同时也发现了来自东方的文化传统，由此引发整个欧洲的文艺复兴及全世界文明复兴，并带动欧洲四百年的科技与艺术的巨大进步。但这在艺术上也形成了新一轮阻碍新一代艺术大师前进的传统。在这种情形下，“原始主义”脱颖而出，成为新型艺术创新的催化剂。在 1984 年的“20 世纪的原始主义”艺术大展中，来自北美洲、南美洲、非洲及太平洋岛国的各种独具特色和创意的原始艺术品被系统地呈现，它们对现代艺术巨匠们有着巨大的启发和影响。保罗·高更（Paul Gauguin）率先从塔希提岛获得天然的创作灵感，从而对色彩有了全新的理解。亨利·马蒂斯和同为野兽派的安德烈·德朗（André Derain）、莫利斯·德·弗拉芒克（Maurice de Vlaminck）等艺术家对色彩的革命性解读则更多地来自非洲雕刻。而同样是观摩非洲雕刻，巴勃罗·毕加索和乔治·勃拉克（Georges

Braque）则看出绘画的立体性和结构感。与此同时，保罗·克利从非洲和太平洋原始艺术品中看到的则是神秘主义和抽象模式。非洲雕刻这种纯粹的艺术形式影响着20世纪最有创造力的雕塑大师们，如康斯坦丁·布朗库西（Constantin Brâncuși）、阿梅代奥·莫迪里阿尼（Amedeo Modigliani）和亨利·斯宾塞·摩尔（Henry Spencer Moore）。此外，意大利的未来主义、德国的表现主义、俄国的构成主义、荷兰的风格派，以及活跃于欧洲各地的达达主义和超现实主义等，都与原始主义保持着密不可分的联系。

在家具设计领域，北欧更是珍视传统的典型代表。瑞典对传统更加情有独钟，因为其漫长的皇家传统带给瑞典人更多精神支持和美好印象。然而，瑞典设计师的视野绝非局限于北欧或欧洲其他地方，而是延展至全球。如瑞典当代设计大师阿克·艾西尔松（Ake Axelsson），他的职业生涯源自大学里的一次设计课程，该课程要求每位学生在全世界众多民族的家具内选择任意一件进行研究并制作，于是艾西尔松选择了古埃及时期的一款靠背椅，此后他开始系统研究古埃及家具，并从原样复制到创新设计，最终发展出自己独特的品牌。艾西尔松的设计产品是对全人类家具传统的珍视，在近70年的职业生涯中，他以古埃及为起点，对古希腊家具、古罗马家具、欧洲文艺复兴时期家具、英国民间家具、中国明清家具、美国乡村家具等都进行过专门研究，继而创造出令人眼前一亮的新一代瑞典家具（图0-14）。与其相比，芬兰的设计大师阿尔托的胶合板家具虽使用了全新的材料技术，但其造型语言仍借鉴自芬兰和瑞典的民间家具传统。另一位芬兰设计大师伊玛里塔佩瓦拉（Iimari Tapiovaara）的家具产品中有半数以上源自芬兰传统、英国传统、

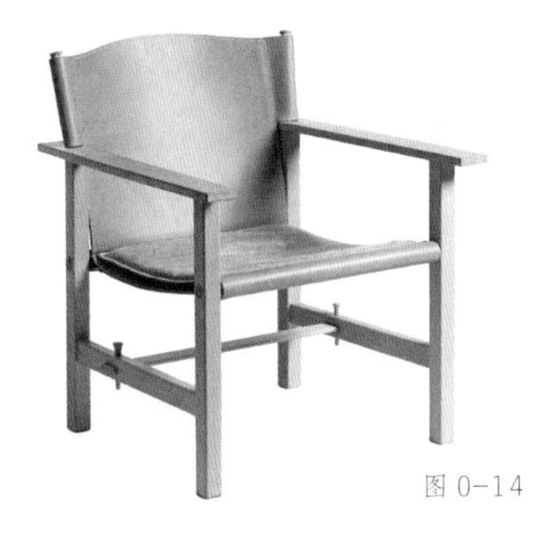
图 0-14

图 0-15

图 0-16

丹麦传统和非洲传统中的造型语言（图 0-15 ～图 0-17）。

我们将视角再次转向东方。二战后，随着日本经济的复苏，日本学者开始加入现代家具研究和收藏的行列，并取得众多成果，这也是日本在二战后快速成为设计强国的原因之一。2002 年，在武藏野美术大学现代座椅博物馆举行了盛大的展览及国际学术研讨会，岛崎信（Shin Shimazaki）教授展示了其著作《近代椅子学事始》*(The New Theory and Basics of the Modern Chair)*，该著作将中国“明式椅”、英国“温莎椅”、美国“萨克椅”和奥地利“图耐特椅”列为现代座椅的四大鼻祖。日本自身在传统生活中因长期席地而坐，并没有座椅设计的传统，但进入现代社会的日本却立刻潜心研究和学习世界上最优秀的座椅设计传统，并将其逐渐转化为日本当代设计的因子。日本学者对以丹麦和芬兰为代表的北欧座椅情有独钟，其中最典型和最著名的是织田宪嗣（Noritsugu Oda）教授，他收藏了上千把北欧设计师的座椅，同时广泛研究各大博物馆的多种收藏实例，最终于 2007 年出版巨著《经典座椅设计》*(The Illustrated Encyclopedia of Chairs)*。2014 年，德国著名的 Hatje Cantz 出版社出版的波尔H. 汉森（Per H. Hansen）的《芬居尔和他的住所》*(Finn Juhl and His House)*（图 0-18）一书，全方位展现了丹麦设计大师芬·居尔（Finn Juhl）座椅设计的魅力，其中强烈的东方设计情绪是其受到日本民众喜爱的重要因素。出于同样的缘由，丹麦其他设计大师，如汉斯威格纳、布吉莫根森（Børge Mogensen）和芬兰设计大师阿尔托、库卡波罗的作品都在日本市场和设计研究界经久不衰。

图 0-17

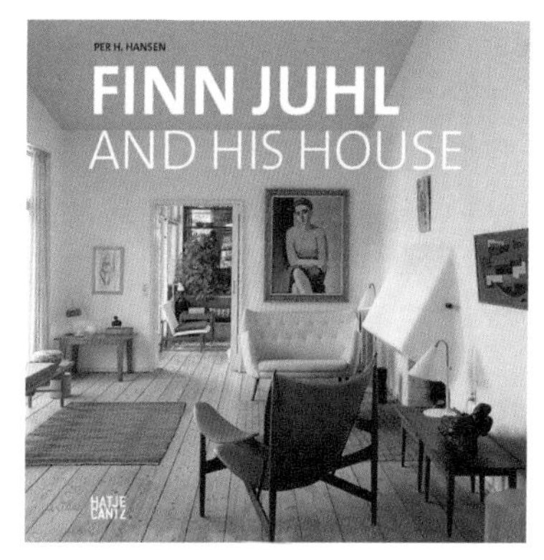

图 0-18

科技与材料的革新

新的时代自然需要新的设计，而新的设计又必然需要通过新型的技术和材料工艺来表达。随着时代的发展，我们会不断发现合成材料和金属等硬性材料的弱点，也会重新发现人类已经使用了几千年的木材和竹藤等传统材料的价值，更可能通过研发新材料为新时代的家具寻找全新的表达方式。新时代的设计科学必然对设计师提出新的要求，对材料和加工工艺的研发再也不会由科学家或工程师独自承担了，设计师和建筑师对材料、工艺科学和环境科学的涉足正在成为时尚，而最时尚的设计必将更多地应对研发新材料和技术带来的挑战。

纵观世界家具发展轨迹，从结构材料来看，最重要的家具材料依次为实木、胶合板、金属、合成材料、竹藤和纸板等，但木制家具仍居于绝对的主体地位。从表皮材料来看，使用最广泛的家具材料则依次为实木、纺织面料、皮革、胶合板、编织竹藤、合成材料、金属和纸板等。结合人类家具发展史，可以将家具制作材料的发展过程归纳为四个阶段：第一阶段是从古埃及时期到 1800 年，古代家具的主体材料为各类实木；第二阶段为 1800—1940 年，近现代家具的主体制作材料从弯曲木发展到层压板和胶合板，直到工业化钢管；第三阶段为 1940—1973 年，现代家具的主体制作材料为合成材料，同时伴随着对胶合板、工业钢管及铝材的成熟运用；第四阶段是 1973 年至今，当代家具出现了各种新型制作材料，其突出特色是层出不穷的新型合成材料的研发利用，以一大批前卫激进的设计大师和大批新生代设计师为主力，他们对各类新旧材料进行全面的探索，进而发现材料最新的使用可能性，同时又结合当代生态设计理念和人体工程学设计原理，以及近年发展迅猛的激光切割和 3D 打印技术，创造出一批全新的现代家具。

图 0-19

现代家具的突破性标志就是对材料观念的革新，包豪斯的马塞尔·拉尤斯·布劳耶尔（Marcel Lajos Breuer）率先用钢管设计出举世闻名的“瓦西里椅”（Wassily Chair）（图 0-19），全面开启了现代家具的时代。“瓦西里椅”是现代家具史上的重要里程碑之

一，也是现代金属家具的开山鼻祖，布劳耶尔从自行车把手的形态中获得灵感，从此将工业钢管直接引入家具设计，开创了现代家具设计的新纪元，引领着整个 20 世纪现代家具尤其是金属家具的设计思潮。

随后，阿尔托在机械思维的引导下发明了层压胶合板技术，从而将现代设计拉回人性化层面。胶合板不仅可以解决人们对弯曲构件的需求，而且可以满足人们对更大、性能更稳定、生产更规范和更加坚韧的抗压抗弯、防腐防冻、防潮防蛀的标准木材的追求。人类早期制作家具全部使用天然实木，在逐渐了解了不同地区各类树种的独特性能后，便开始使用干燥、加固、防止变形等技术手法来保证木材在一定范围内的正常使用。尽管有些树木的直径很大，但在使用上也很受限制，因此人们又发明出了精巧的榫卯结构，将不同木板拼合在一起，使木板的面积和长度能在一定范围内适当地扩大。然而，以榫卯拼合技术制作出来的木板，其尺度、产量和质量都比较受限，其性能也无法保持稳定。最终，人们还是学习古埃及人，将相同或不同模板的单板相叠合，中间以胶合剂固定，制成胶合板。随着工业化程度的不断提高，单板的制作方式得以批量化和稳定化，胶合剂也由天然的动物胶和植物胶发展为合成的工业化用胶，从液态胶发展为固态胶和纸片胶，最终生产出尺度大、性能稳定、强度多样的胶合板产品。由早期胶合板大师研发出来的由超薄单板组成的薄而强的单曲线弯曲胶合板引起了阿尔托的极大兴趣，尤其是用这种新型板材做出的坐面与靠背合为一体的模式更为阿尔托指明了设计方向。于是阿尔托与奥托·科霍宁（Otto Korhonen）技术团队反复试验，在首先保证实现具有极佳品质的曲线弯曲胶合板的前提下，再全力探索其与回路式支承构架的结合方式，最后将两类构件以一种天衣无缝的方式组合在一起。对于用作靠背板部分的胶合板，阿尔托没有忘记前辈们在板材上钻孔的方式，但他并未使用传统的圆孔装饰，而是用三个横线孔凸显时尚的形态，同时达成靠背板的透气功能，更可以用微弱而温和的方式增加座椅的弹性。于是，专门为阿尔托早期建筑杰作帕米奥疗养院设计的帕米奥休闲椅诞生了。它后来也成为北欧人文功能主义设计的标志。

到了 20 世纪 50 年代，全球石油工业的崛起引发了化工材料的大发展，玻璃钢及各种塑料应运而生，于是，芬兰的伊尔梅丽·库卡波罗（Irmeli Kukkapuro）和艾洛·阿尼奥（Eero Aarnio）、意大利的居奥·科伦波（Joe Colombo）、法国的奥利威尔·穆固（Olivier Mourgue）、美国的查尔斯·伊姆斯（Charles Eames）和艾洛·沙里宁（Eero Saarinen，又称小沙里宁）、丹麦的维纳·潘东（Verner Panton）等设计大师设计出了多姿多彩的塑形家具。如阿尼奥在 20 世纪 60 年代开始的塑料设计试验，这种新技术与新材料的研究为他提供了实现设计理想的基础，也激发了他更为广阔的设计思路。阿尼奥在塑料试验中打破了由支腿、靠背和节点构成的传统家具设计形式，改用了化学染色的色彩明快的人造材料，使家具的设计风格焕然一新、趣味无穷。阿尼奥在设计中非常关注材料本身的特性与可加工性，其塑料产品设计都与所谓的太空时代密不可分。“球椅”（Pallo/Ball Chair）（图 0-20）是阿尼奥 1964 年的经典之作，它似乎为我们展示了太空舱的时代象征，简洁、实用与舒适的特性使其成为手工艺之作的典范。在这之后，阿尼奥又成功设计了“香皂椅”（Pastil/Gyro Chair）（图 0-21），在美国又被称为“糖果椅”（Pastil Chair）或“陀螺椅”（Gyro Chair），阿尼奥让它刚好可以放进“球椅”宽敞的内部空间，并称之为“婴儿球椅”。“香皂椅”的构思来自一种名为 Pastil 的小糖果，在加工中完全隐藏了玻璃钢的粗糙表面。最终的“香皂椅”表面呈现出近乎完美的光滑质感，它不但能够浮于水面，还能像雪橇一样应用于雪地娱乐。同样，“泡沫椅”也是阿尼奥 20 世纪 60 年代对塑料设计尝试的成果。家具设计从此进入材料和技术导向的时代，从现代主义到后现代主义，再到解构主义和结构主义，而后又回归古典主义，家具设计基本上游离于材料与色彩的范畴之间。

图 0-20

图 0-21

艺术迸发的无限魅力

家具源于生活，同时也源于艺术。人类历史上的各种家具能够流传至今，最重要的原因是它们使用功能的背后还蕴含着艺术因子和无限创意。2011 年，英国金斯顿大学设计史教授安妮·梅西（Anne Massey）著述的《椅子》（*Chair*）一书，再次追本溯源地论述了人类的座椅。该著作从“设计和艺术、大众文化和公众体验、从信息时代到新时尚的呼唤”三个方面，来论述座椅与人类的关系、与社会的关系、与时尚潮流的关系。在开罗的埃及国家博物馆、伦敦的大英博物馆、巴黎的卢浮宫博物馆，我们都可以看到三千多年前的古埃及家具。令人震惊的是，人类古老的文明创造出来的家具竟然也具备完整的结构功能和豪华的装饰手法。它们与埃及的金字塔、神庙、象形文字和手工艺制品一样，都是埃及艺术创意的结晶。古埃及的家具以其震撼人心的原创性和艺术性成为人类家具中最重要的原型。古埃及家具的构造创意和装饰艺术体系成为欧洲家具系统的直接源泉，其中的折叠式结构创意早在两千多年前就流传到了北欧，随后又跟随游牧民族的迁徙传到中国，由“胡床”发展出折叠椅和交椅，促使中国古代家具在内敛的功能和华贵的装饰之间成就勃发的张力和充满艺术品质的视觉构成体系。

从古埃及到现代，艺术与创意从来都是家具发展的灵魂和生命线。这些家具中最具代表性的作品无疑是吉瑞特·托马斯·里特维德（Gerrit Thomas Rietveld）的“红蓝椅”（Red and Blue Chair）。里特维德加入了提奥·凡·杜斯伯格（Theo van Doesburg）和皮尔特·科内利斯·蒙德里安（Piet Cornelies Mondrian）的风格派艺术团体，并用“红蓝椅”来回应风格派的艺术理念。“红蓝椅”的框架由多块长度不等的标准铣削木板构成，椅背和坐面是用矩形胶合板制成的。框架中的各个部件都伸出节点处一段，具有探索负空间的作用。在里特维德及风格派看来，家具是部分的整合，部分又由一些可见并存在关系的点组成。设计应考虑空间，积极和消极的内容都能成为视觉效果的一部分。横断面红与蓝配色方案的应用让“红蓝椅”的部件拥有了自己的起点和终点，并且位于一条无限延伸的线上，进而延展至无尽的空间。

此后，沃尔特·格罗皮乌斯（Walter Gropius）将当时最富艺术创意的天才大师瓦西里·康定斯基（Wassily Kandinsky）、保罗·克利、莫霍利 - 纳吉（Moholy-Nagy）、莱昂内尔·费宁格（Lyonel

图 0-22

图 0-23

图 0-24

Feininger）、埃伯哈德·施莱曼（Eberhard Schleimann）、约瑟夫·阿尔伯斯（Josef Albers）、约翰尼斯·伊顿（Johannes Itten）等请到包豪斯。马塞尔·拉尤斯·布劳耶尔、路德维希·密斯·凡·德·罗（Ludwig Mies van der Rohe）等设计大师将艺术创意与工业材料相结合，创造出蕴含新型机器美学的钢管椅；勒·柯布西耶（Le Corbusier）（身兼三职——上午绘画和雕刻，下午做建筑设计，晚上展开理论研究和写作）结合艺术直觉和工程美学创造出现代沙发和躺椅。这些大师都对阿尔托产生了极大的影响，他更希望用艺术的手段去表达精神与思想，而非只是描述物质本身。阿尔托早期的画作展示了他丰富的艺术想象力，15 岁时，阿尔托就开始探索如何利用艺术手法来表达空间了。他在 1914 年创作的一幅作品中，用粉色和淡蓝色作为前景色描绘了被大雪掩盖的低垂的柳枝，一条蜿蜒的雪道逐渐消失于天际，雪下的植物采用黄色和绿色来呈现，整个画面层次丰富，空间深邃（图 0-22）。阿尔托把家具看作艺术创作的载体，而家具设计就是一种利用不同材料去创作作品的过程。1938 年，纽约现代艺术博物馆举办了一场名为“建筑与家具：阿尔托”的展览，其中他的家具作品像艺术品一样被挂在墙上（图 0-23）。阿尔托游走于大自然、技术、绘画、雕刻、建筑设计、家具设计、工业设计、玻璃陶瓷设计、灯具设计和城市规划之间，同时也流连于巴勃罗·毕加索、费尔南·莱热（Fernand Leger）、亚历山大·卡尔德（Alexander Calder）、莫霍利 - 纳吉、沃尔特·格罗皮乌斯、勒·柯布西耶、弗克兰·劳埃德·赖特（Frank Lloyd Wright）、伊利尔·沙里宁和西格弗里德·吉迪翁（Sigfried Giedion）的设计作品之间，最终他不仅发明了造福世界的层压胶合板，而且设计出了完美的弯曲木家具系列。

阿尔托的建筑、家具产品设计以自然浪漫和地域生态主义为主导理念，而与他有共同艺术风尚的阿诺·雅各布森的家具作品则呈现出一种完全不同的设计语言。作为现代顶级建筑大师和工业设计大师，雅各布森本身就是卓有成就的园艺师、水彩画家和图案艺术家。自幼酷爱园艺的雅各布森，终生都在用水彩画记录、分析并研究大自然万物的形态、色彩以及图案构成原理（图 0-24）。与此同时，他时刻关注现代艺术的迅猛发展，及时吸收来自立体主义、构成主义、风格派、纯粹主义以及至上主义等艺术流派的创意信息，由此衍生出其建筑中功能主义与几何构成的科学组合。此外，雅各布森也极度热爱民间工艺，这种热爱与他对大自然万物的关注和研究珠联璧合，让他创造出“水滴椅”（Drop Chair）、“蚁椅”（Ant Chair）、“天鹅椅”（Swan Chair）等一系列划时代的家具精品。

除此之外，更有查尔斯·伊姆斯和艾洛·沙里宁将超现实主义和达达艺术观念与现代材料相结合，开创了雕塑式家具新纪元。汉斯·威格纳从中国家具、英国家具和丹麦乡村家具的构件造型和榫卯构造中获得灵感，由传统风格走向现代唯美家具风尚。艾洛·阿尼奥从波普艺术中获得创意灵感，从而创造出风靡全世界的“球椅”和“泡沫椅”系列。约里奥·库卡波罗将艺术家妻子的绘画和海报创作与人体工程学原理有机结合，不仅创造出了人类历史上“最舒适的座椅”，而且设计出了有益于人体健康的现代办公家具系列。

总而言之，对人类的家具而言，艺术创意的源泉是多方面的，也是无穷尽的。设计师的艺术修养决定着他们的设计品位和设计质量，然而中国作为当今世界家具生产量第一的国家，绝大多数家具之所以品质不高，在相当大的程度上是因为设计师创意思维的深度和广度不够。

建筑的映射

家具设计起源于建筑，从古埃及的第一把椅子到中国明式家具，或将视角转向西方现代家具设计领域，家具族谱的顶端都隐含着建筑设计的影子。同时，建筑的完备与发展也有赖于家具设计中诸如造型与功能的求索创新。从某种意义上讲，人类发展的过程就是一个建设的过程，历史上曾经有过的各种文明无一例外地将建筑及设计作为其文明的主要载体（图 0-25 ～图 0-28）。建筑与家具在不同地区、不同文明的历史发展过程中始终扮演着重要的角色，反映着世界各地人们的生活质量。

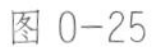
图 0-25

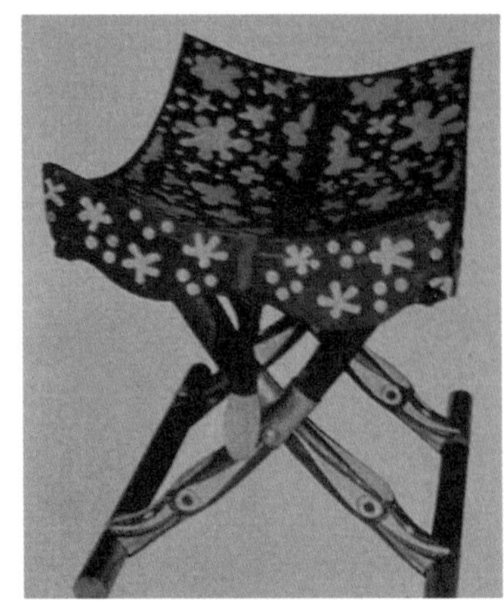

图 0-26

图 0-27

图 0-28

图 0-29

人类历史上那些最重要的、持续最久远的文明必定包含建筑与家具的同步协调发展，并能在建筑与家具的各个方面创造出完美服务于人类生活的伟大作品。只要仔细考察一下早期现代建筑运动中那一批大师的职业生涯及其设计成果，就能清楚地看出现代家具设计大师从建筑中探寻灵感的历程。

图 0-30

首先，现代建筑与设计发展的动力就是要改善人们的生活质量，使之能够符合时代的发展和科技的进步。有些著名人士甚至将之提升至道德与文明发展的层面，如阿道夫·路斯（Adolf Loos）的名言“装饰就是罪恶”（图 0-29、图 0-30）。而现代设计风格的创造者之一亨利·凡·德·维尔德（Henry van de Velde）更是对当时欧洲各国的设计现状充满忧虑：“事物真正的形式全被掩盖住了，在这样

图 0-31

一个时期，反叛形式上的虚假及反思过去是一种道德上的觉醒。”维尔德的“革命”如此坚定不移，注定会结出硕果。虽然他也设计建筑及其他工业产品，并长期绘画，但其最重要的作品还是家具设计（图 0-31），且大都创作于 20 世纪和 21 世纪之交。维尔德力求抛弃无功能的装饰，运用简洁的设计手法，为紧随其后的一批现代设计师提供了极有价值的借鉴。维尔德的成就具有类型学意义上的典型含义，那个时代的现代设计先驱们都在不同程度上做着维尔德所做的事情。其中大多数设计师和建筑师在建筑与家具设计方面基本保持着平衡，但就对现代设计思潮的推动和影响方面而言，他们在家具方面的成就远大于建筑方面。甚至可以这样理解：在第一代现代建筑大师，如柯布西耶和阿尔托之前的这批现代设计先驱的设计生涯中，他们大多由艺术和建筑入手，却在家具和产品设计方面结出丰硕成果。而对第一代建筑大师而言，他们则是在相当程度上由家具设计入手，随后都在建筑和城市设计方面取得了非凡成就，并影响了全世界。

对现代建筑而言，以维尔德为代表的那批现代设计先驱所创造的家具作品为现代建筑带来了光明，并全面引发了现代建筑大师对生活的深入思考。在现代设计，尤其是家具领域的先驱人物中，奥地利的迈克尔·托奈特（Michael Thonet）堪称先锋，他创造的弯曲木家具系列（图 0-32、图 0-33）完整地展示了现代设计的基本精神。因此，在柯布西耶开始设计自己的现代家具系列之前，需要选用适当的家具布置建筑室内环境时，托奈特的家具便成为他的最爱。

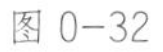

图 0-32

图 0-33

其他家具设计先驱还包括英国的爱德华·哥德温（Edward Godwin）、查尔斯·安内斯利·沃赛（Charles Annesley Voysey）、查尔斯·雷尼·麦金托什（Charles Rennie Mackintosh），奥地利维也纳学派的奥托·科洛曼·瓦格纳（Otto Koloman Wagner）、约瑟夫霍夫曼（Josef Hoffmann）、库尔曼穆塞尔（Koloman Moser）、阿道夫·路斯，比利时的维克多·霍塔（Victor Horta），德国的彼得·贝伦斯（Peter Behrens）、理查德·雷曼施米特（Richard Riemerschmid），西班牙的安东尼奥·高迪和美国的格林兄弟（Green Brothers），他们当中有些大师，如麦金托什和高迪，都以建筑作品而被熟知，但他们设计的家具同样个性突出、举世闻名。因此，总的来说，这批设计大师在很大程度上为现代家具设计和随之而来的第一代建筑大师提供了最前卫的设计理念，从而引发了现代建筑的全面革命。

现代设计发展的动力就是使生活质量与社会的进步相吻合，而建筑与家具的一体化设计显然能够促进现代设计运动的发展。为达到这个目标，一批有远见卓识的设计宗师决心创造出全方位的建筑作品。大到城市规划，小至家具、灯具，都成为他们精心构思的设计舞台。从设计哲学的自觉度、设计作品的力度和实现的完整度来评判，芬兰的老沙里宁和美国的赖特在这方面做得最彻底。老沙里宁的所有作品，不论芬兰时期的民族浪漫主义风格的杰作，还是美国时期的现代主义风格的里程碑式作品，它们在建筑、室内、家具、灯具及日常用品等所有门类中的设计完整度方面都近乎完美，加上其夫人创作的地毯及壁挂纺织品等，更使其作品趋于无瑕。与此同时，美国本土的天才大师赖特很早就怀有创造天堂的理想了。这也是他对老沙里宁和阿尔托这两位芬兰建筑师非常友善的重要原因之一。赖特过人的才华使他几乎目空一切，他对柯布西耶、密斯、格罗皮乌斯等其他几位现代建筑的开拓者颇有微词，却毫无保留地推崇阿尔托为伟大的天才。阿尔托很早就宣称“建筑师的职责就是为普通人创造天堂”，而这一点也正是赖特的理想。赖特式家具早已成为一种设计标签，尽管随着时代的发展和科技的进步，赖特的大多数家具都不再适应生活和工作的日常需求，但其中部分作品仍作为设计史上的经典实例而备受人们喜爱。老沙里宁和赖特希望以自己的设计实践向世人宣示，建筑与家具是天然一体的，真正优秀的建筑师必须完成这两方面的创作实践。

这种宣示对随之而来的欧洲风格派和包豪斯等设计团体的影响深远而巨大，甚至在某种意义上拯救了一大批建筑师的早期设计生涯。柯布西耶、密斯、阿尔托和劳耶尔等建筑大师早年都曾以家具设计震惊世界，同时靠申请家具专利费的收入熬过了一段经济低谷时期，而里特维德更是如此。这批大师的经典家具设计曾经是他们的主要经济来源。一个著名的事例就是柯布西耶写信给阿尔托，建议双方分别在各自的国家经营对方的家具产品，但更重要的是，家具设计成为他们随后建筑创作的灵感源泉，也让他们成了最亲密的“合作伙伴”，因为他们自己的家具产品往往都最适合他们设计的各种类型的建筑空间。

从某种意义上说，家具往往比建筑更具有永恒的意义。对那批现代建筑大师而言，他们的许多建筑作品过一段时间可能就不复存在了，或是被改得面目全非，但他们的家具产品都在不同时代、不同地区被不间断地生产出来，并用于日常生活和工作当中。就像中国的传统建筑与家具一样，在现代社会中，中国传统建筑基本退出了表现舞台，但中国传统家具仍被大量制作和销售，并不断影响和启发着全世界的设计师。

于是，在 20 世纪早期现代设计运动中，人们在那批经典建筑大师的创作生涯中，能发现一种有趣的现象，即不管这批经典大师的出身和教育背景什么样，他们在其建筑创作的早期生涯中，都不约而同地用家具设计作为发力点。如木匠出身的里特维德、石匠出身的密斯、学生出身的布劳耶尔、兼职艺术家身份的柯布西耶，以及建筑师出身的阿尔托，都以不同的方式创作出了那个时代最具经典意义的家具，都以设计家具支撑其早期职业生涯，同时又都在以后长期的建筑创作中贯彻与其家具产品同样的设计观念，并时常能从其早期建筑设计中得到创作灵感。

3. 家具设计思想与方法

家具设计阶段的目标是通过对产品的分析和原理结构的建立，使产品成为一个合理的整体。这一过程主要是以设计草图的形式展开，经过反复推敲，确定其产品细节。而后便由图解的二维构思过程转向三维的推敲过程，制作实物模型并进行评价，检验其比例与尺寸的关系，实现整体协调与完善。在设计的初期多是用草图方式开始表现构思，随后更多的是用模型来演化构思的过程。家具是一门将三维实体与空间建立联系的艺术，而空间从本质上讲是一种抽象氛围，这种抽象氛围必须用模型的思维逐步呈现，即真实的模型更能反映出家具与空间的真实关系。设计是复杂且反复的过程，更多的时候需要设计师在各种思维中切换与结合。

以图解构思为主导的设计思想

芬兰当代设计师拜卡·萨米宁（Pekka Salminen）在设计无锡大剧院时，除了赞扬中国建筑师的勤奋好学和超强的学习能力，也曾含蓄而幽默地谈到抽象理念的缺失。当萨米宁用构思草图解释其设计理念和方案内容时，时常会被问及草图上的“这根线为什么是弯曲的？”“这两根线为什么连不上？”之类的问题，从而感叹“抽象理念”的缺失。在当代设计和艺术创作中，抽象理念是不可或缺的，其要点涵盖两个方面：其一是用几何学思维阐述设计构思；其二是延展对图案及语言表达的想象力。值得注意的是，个别设计师更多的时候是以具象方式思考，或者直接借用国际其他大师的图式语言，从而导致设计过程停留在僵化古板的构思模式中，因此，图解构思的重要前提与基础就是提升抽象思维的能力。

抽象思维是设计构思的基础，在家具设计的初步构思阶段，需要借助可视化的语言表达。从原始的画笔到现代的计算机辅助绘图，都是为了实现从抽象思考到图解思考的转换。图示是人们描述事物或将知识可视化的有效载体，在中国古代，人们就已经充分认识到图文并茂、图文互证的价值了。晋郭璞《尔雅注疏》注云：“别为音图，用祛未寤。”宋邢昺《尔雅注疏》疏云：“谓注解之外，别为《音》

图 0-34

一卷，《图赞》二卷，……物状难辨者，则披图以别之。用此《音》《图》以祛除未晓寤者，故云‘用祛未寤’也。”郭氏在当时就已明确将图形解释作为协助记录知识的工具。陆机也曾说：“宣物莫大于言，存形莫善于画。”可见，图文并茂是用来记载知识的朴实方式，图解的方式也一直沿用在当今设计过程中。用图形记录构思过程不仅是艺术家和设计师的工作方式，也是一种基本修养。它不仅是一种记录创意灵感的工具，更是一种思考的推敲方法，也是艺术表现手法探索过程的展现。

将构思由抽象变为具象是一个十分重要的创造性过程，是设计师分析研究设计的一种方法。因此，图解构思主要包含三个目的。其一是设计师在家具初步设计中，设计想法从自己脑海中的想象到二维平面的呈现。不同于传统绘画，它不是为了单纯的艺术欣赏与装饰，而是更注重设计师对其设计对象进行推敲和理解的过程。在此过程中的图示并不要求细节清晰、具体，更多的是起到快速记录、扩大构思量的作用，最终获得理想的构思结果（图 0-34）。其二是设计师与其他设计师、工程师之间的沟通与交流，在此过程中，图示应该让对方快速、准确地接收和理解设计师想要传达的内容。如家具产品设计方案的施工图就要遵循工程制图原理，包括生产中所需的结构装配图、部件图、零件图以及大样图等全部资料。由于设计制图是投入生产环节的依据，生产部门将依此进行生产制造，因此施工图必须按照国家标准绘制，并保证精确、完整、规范（图 0-35、图 0-36）。其三是设计师与用户之间的沟通，在此过程中的图示通常被称为产品效果图。绘制效果图要求设计师既具备形态、色彩、

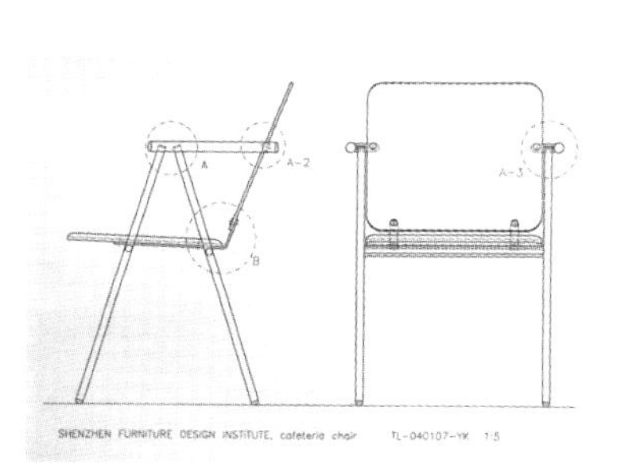

图 0-35

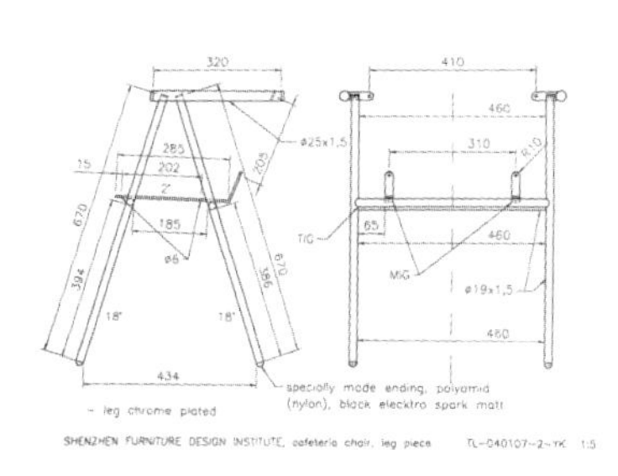

图 0-36

质感、透视以及绘画等多方面的经验，也具备极强的审美能力和对周围世界敏锐的洞察力，如增加适当的场景和情景表达等信息，让用户可以在视觉上更为真实地感受到产品的状态。在计算机和数码技术高速发展的当下，除了手绘效果图，设计师也可以通过更多的手段绘制效果图，如用电脑表达效果图（图 0-37、图 0-38）。无论选用何种方式，都需要注意家具外形和细节设计的尺寸与比例。

图 0-37

图 0-38

图解构思在方案设计阶段往往需要进行多轮图示推敲（图 0-39 ～图 0-42）。首先，从构成家具技术的基本要素（功能、形态、色彩、结构、材料等）、人机工程学、技术支持等方面完善初步设计方案，使设计具体化。其次，进一步展开设计方案，还要考虑到人与家具的交互关系、家具与环境的关系，以及加工工艺的可行性等问题。使用者的特性与行为也是细化设计的重点，即人们对这个家具采用什么样的使用方式，使用时有什么习惯，在什么场景中使用，这些都会影响家具的形态。最终，设计师需要对众多的设计方案进行分析、对比与优化，选择最优设计方案并进一步细化，如明确所有零部件的比例与尺度、曲面程度，各构件的连接与合理性，以及操作部件的灵活性和适用性等问题。

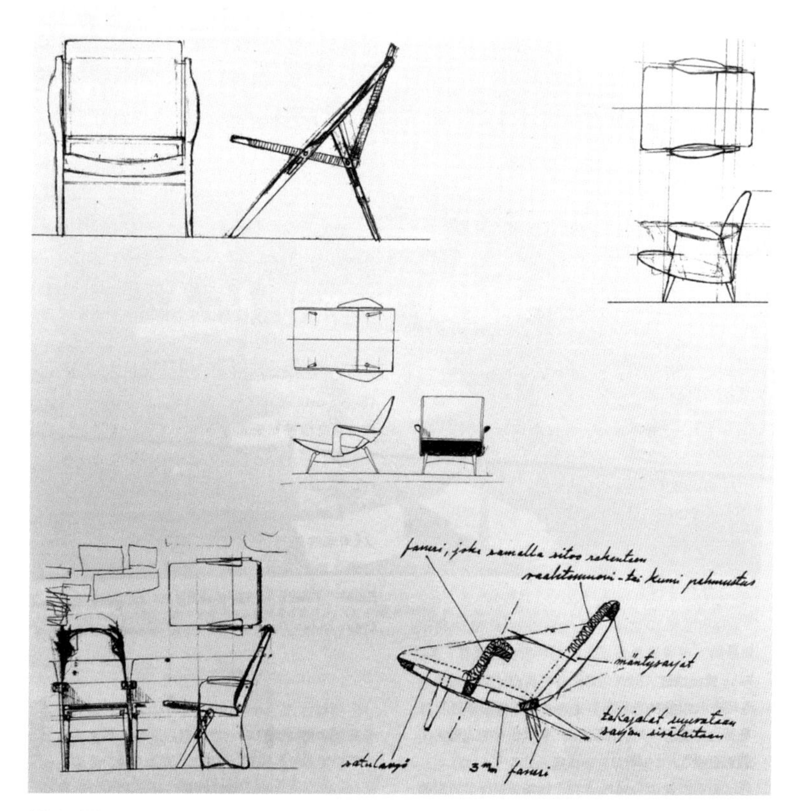

图 0-39

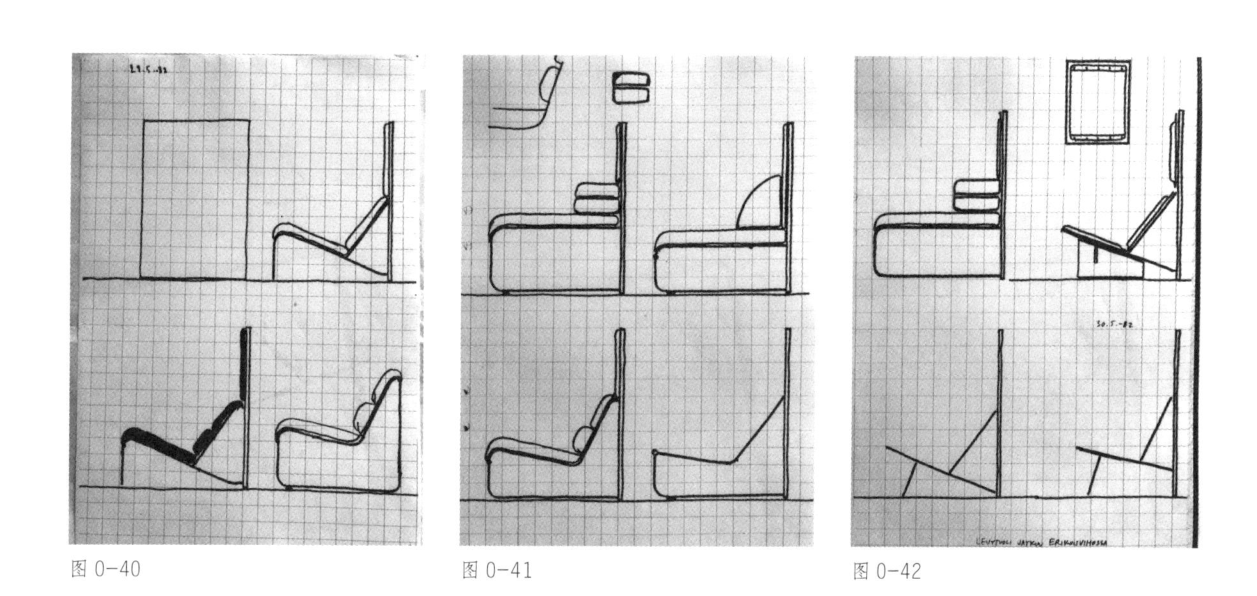

图 0-40

图 0-41

图 0-42

模型思维展示全方位细节

家具打样模型制作是一个产品从抽象的设计概念（设计草图、施工图等）到制作成实物的过程：一方面，家具打样模型是用于验证设计工艺、结构、流程可行性的第一步；另一方面，也是设计师从产品全方位的角度来感受与推敲设计方案是否合理完善的最好方式。从类型来看，家具模型可以分为 1 ：1 实物模型、缩小模型和人体测试模型。在欧洲设计大师的创作过程中，便能看到他们亲手制作模型并深入推敲设计细节的过程（图 0-43）。

图 0-43

设计大师威卡拉很早便在模型制作上表现出了天分。他儿时喜欢在门柱上雕刻各种动物，高中时又用了 6 年时间专门学习装饰雕刻。传统的雕刻风格和教育方法也许无法全面激发年轻学生的学习热情，但是在使用工具和对手工技艺的尊重方面却对学生们产生了深远的影响。因此，威卡拉在此教育背景下对各种手工工具都十分偏爱，并亲手制作设计模型。他曾说："用手制作设计产品对我来说意义甚大。当我用手亲自去使用某种材料时，它能引导或激发我进行新的尝试，它能把我带到另一个世界。对我来说，使用双手具有神奇的功效，即使我的眼睛失明了，我的双手也能让我感知外界运动和物体形状。"在设计创作过程中，威卡拉极为重视与工艺师的交流切磋，一旦设计出新的模型后，他就急切地要知道工艺师是如何将其做成产品的，并亲自参与其中。他认为，在现代工业设计中，与工艺师的密切联系和对工艺过程的熟悉对一名设计师来说是非常重要的。威卡拉强调了设计师在模型制作中的优势，因为在制作的每一个步骤中他都可以随时去体验和调整，机械化生产则不然，它无法让设计者体验到材料的特性，而且一旦加工完成就无法改变。这也就促成了威卡拉对于现代设计和材料应用独特的敏锐性和非凡的见解，无论产品设计中涉及的材料多么广泛，他都能将其属性和特质发挥得淋漓尽致。

图 0-44

芬兰设计大师库卡波罗的卡路赛利家具系列可以说是现代家具设计的经典之作，也正是库卡波罗对当时新材料玻璃钢深入的模型探索，直接促使了卡路赛利家具系列的诞生（图 0-44）。在 1950—1960 年，玻璃钢或增强型层压塑料在所有新材料中得到了最广泛的认可，它几乎是当时唯一可以弯曲的材料。人体构造和人体美感是库卡波罗首件卡路赛利系列家具外形设计的灵感来源，弯曲的外形以及符合人的生理特征的需求，是库卡波罗在设计塑形家具时首要考虑的问题。但在使用塑料设计的过程中要承担巨大的风险，对制造商来说，他们所冒的风险体现在今天投入耗费巨资研发的材料，明天就可能被别的材料所取代。毫无疑问，这些最基本的问题也困扰着家具业。到底什么样的外形能够最好地与塑料的特性相适应呢？哪种塑料才是制造家具的首选呢？库卡波罗认为，由于制造成本较高以及制造过程中玻璃钢飞溅出的小颗粒可能对人体造成危害，因此，增强型玻璃钢家具不会被大规模生产。然而，它们也有一些显著的优点，如相对容易的处理方式和广泛的使用场合等。玻璃钢的制作过程和钢筋混凝土的制作过程较为相似。库卡波罗说：“可以相信在我们这一代，将会有一种新的材料代替玻璃钢，但是它的制作过程却不会改变。”库卡波罗关于热塑性塑料的经验也验证了他的观点，即很少有制造商愿意通过铸模工艺来大批量生产塑料家具，因为他们不愿意付出巨大的制造成本来获取塑料制品的优越性能。在进行椅子模型试验时，库卡波罗特别强调了“泡沫塑料”的应用前景。但是直到现在，除了用织物做面层，他还没有找到使用这种泡沫塑料的最佳方法。

早在 20 世纪 50 年代后期，库卡波罗就想设计一种基于人体形状的玻璃钢椅子，他在 1958—1959 年完成了第一个玻璃钢家具模型，接着开始寻求进一步发展这种想法的机会。尽管库卡波罗一直梦想着利用当时的新材料玻璃钢来做一些新的东西，但这一想法在那个时代不太现实，这也正是他使用金属、木材以及胶合板设计家具的主要原因。

在20世纪60年代早期，这种新材料的价格相对较低，于是激发了库卡波罗制造新椅子的想法。他的首件模型的外形设计灵感是由“雪”产生的。特伦斯·考伦（Terence Conran）在《特伦斯·考伦论设计》（*Terence Conran on Design*）一书中曾描述过醉酒的库卡波罗是如何设计出“卡路赛利椅”的外形的，这是库卡波罗完全从舒适性和人体工程学的角度出发进行设计出的典型案例。某天晚上，库卡波罗喝了很多酒后，兴奋地往家里走，途中掉进了一个雪堆里，当他从雪堆中挣扎出来时，自己的身体在雪中产生的形状给了他设计椅子的灵感。

在最初构思的基础上，库卡波罗于1963年初开始着手技术上的研究，而这一探索过程主要通过人体测试模型的制作与研究来完成。他用金属网制作模型，以便测试身体坐上去后的舒适度。首先，库卡波罗坐在金属网上，使金属网可以按照他的身体曲线成型，然后将这一造型固定在管状构架上，再用浸透塑料的帆布覆盖于表面，将塑料打磨平滑后，就得到了座椅与人体接触面的精确造型（图0-45、图0-46）。作为知名的家具设计师，他最早使用玻璃钢作为家具设计材料，因此要经过反复试验，以寻求正确的制作方法来发展这一想法。1963年底，库卡波罗找到了一种方法，并将其告诉了海密家具公司的总裁海密先生（Mr Haimi），海密先生立即允诺库卡波罗可以在他工厂的一个车间内继续试验。于是库卡波罗又用一年的时间完成了模型制作工作（图0-47～图0-50）。椅子的造型最终确定之后，再用海密先生提供的玻璃钢制作成品。在此期间，他还必须考虑椅子腿部的支撑结构，库卡波罗一度考虑采用传统的4个支脚或5个支脚，以中心圆管与座位相连接的方式支撑，但这种方式在技术上和美学上都存在着一些问题。经过深思熟虑，他决定在脚部也使用这种新型材料，以便体现更为休闲的感觉。新材料可以按照设计要求被层叠成各种形状。库卡波罗说：“新奇的支撑形式的设计是由于受到玻璃钢层压模具的技术要求的制约，因

图 0-45

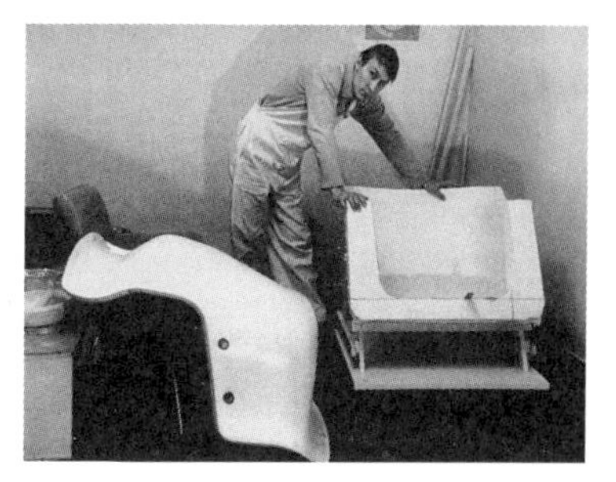
图 0-46

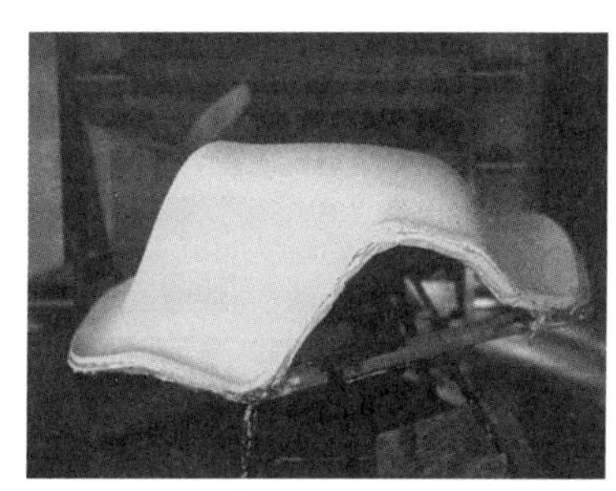
图 0-47

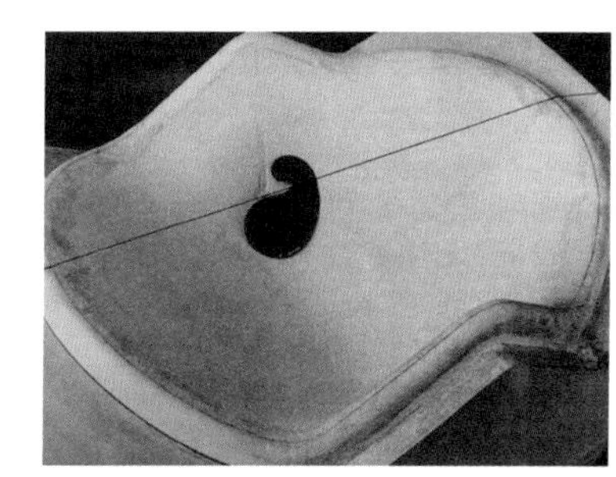
图 0-48

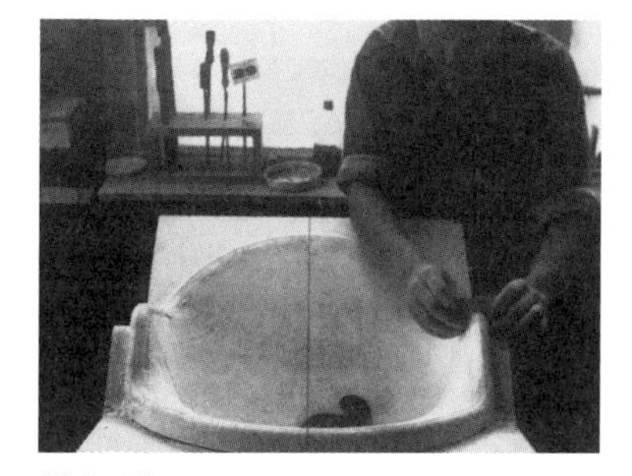
图 0-49

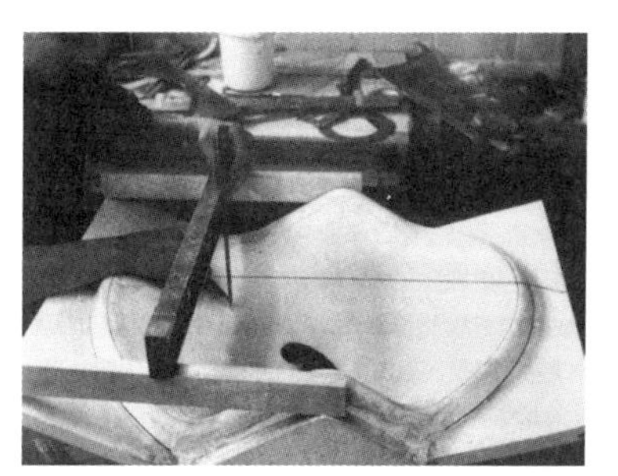
图 0-50

为用这种方法是不可能自然地生产出这样又深又窄的构件的。”

这种椅子的最大特色在于座位与腿部之间的连接形式。大多数的旋转椅是用钢管将两者上下直接连接的，库卡波罗则发明了弹性连接方式。这个特殊的部件主要出于美学上的考虑，同时又极好地满足了使用者对舒适度的要求。设计师希望座椅既保证舒适性，又具有美观的艺术性。很显然，如果使用圆管会破坏这种完美的形式，于是库卡波罗另辟蹊径，采用了簧片连接的方法。在测试过程中，他发现这种方式除了能保证良好的舒适度，还出人意料地提供了一定的摇摆度。事实上，还有一点也很重要——由于座椅相对较重、较大，圆管很难将上下两部分稳固地连接在一起，而簧片除了美观、舒适之外，还能够提供更为牢固的连接功能。库卡波罗认为座椅的制作过程与往常没有丝毫的不同，他和平常一样制作模型，然后反复测试再修改模型，只是结果有些不同寻常。

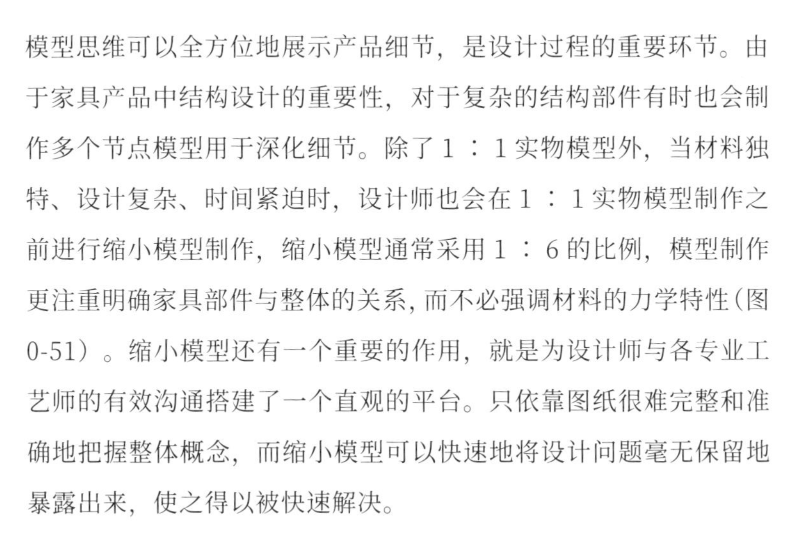

模型思维可以全方位地展示产品细节，是设计过程的重要环节。由于家具产品中结构设计的重要性，对于复杂的结构部件有时也会制作多个节点模型用于深化细节。除了 1 ：1 实物模型外，当材料独特、设计复杂、时间紧迫时，设计师也会在 1 ：1 实物模型制作之前进行缩小模型制作，缩小模型通常采用 1 ：6 的比例，模型制作更注重明确家具部件与整体的关系，而不必强调材料的力学特性（图 0-51）。缩小模型还有一个重要的作用，就是为设计师与各专业工艺师的有效沟通搭建了一个直观的平台。只依靠图纸很难完整和准确地把握整体概念，而缩小模型可以快速地将设计问题毫无保留地暴露出来，使之得以被快速解决。

图 0-51

绘制图示与模型制作相结合

在实际的家具设计过程中，基本按照“方案草图—模型制作—施工图—实物模型制作”的流程进行，绘制图示与模型制作往往是交替出现在设计过程中的，这也体现了设计师眼与手的完美配合。

以笔者团队设计的现代阅读椅系列家具为例，其使用场景可以是家庭书房、办公室、公共交流场所以及各类图书馆等多功能空间。设计的构思与实施可以分为两个阶段。第一阶段是对现代阅读椅的基本构架的研究、分析、选材，并最终确定一系列产品模式，该阶段主要是依据人体工程学基本原则和现代生态设计原则对阅读椅的各个构件进行分解图示设计，并以合成竹材为设定中的理想材料设计出现代阅读椅的几种基本模式，使其在满足阅读与休闲的基本功能的同时成为最经济合理的构架模式。第二阶段主要采用模型测试的方式，分为前期、后期两个部分，前期的软包坐面及靠背设计使阅读椅在人体工程学方面达到更理想的状态，伴随着相应框架的基本构件的调整和修改；后期的设计在软包坐面及靠背设计之外又增加了对各基本构件的选材、色彩的研究及定型，由此产生本设计中现代阅读椅丰富的类型和样式。

阅读是人类最高雅的行为，是人类文明发展的标志之一。无论在中国还是其他地方，阅读都分为两大类，即工作阅读和休闲阅读，从而相应地发展出两种类型的座椅——普通阅读椅和休闲阅读椅。本设计的目的首先是用现代设计的思维创造出一系列新型阅读椅；其次是尝试一种融汇了古今中外家具设计智慧的现代设计方法论，即在系统地分析研究世界家具发展史的基础上，总结归纳出适用于本设计案例的构思原型，继而以现代生态设计原则和人体工程学基本原则为设计依据，进行现代家具设计；再次是延续在本设计前已开始发展的新中国主义的现代设计美学，使之能够在更广泛的功能需求中得到进一步的发展与完善。

基于上述设计思想，本设计最终在欧洲和中国的传统家具系统中发现并研究阅读椅的设计原型，进而使用不同的设计要素作为本设计的创意起点，即中国传统阅读椅中的结构及造型体系，和欧洲传统阅读椅中对舒适性的追求及相应的设计手法。这两个方面的创意起点在设计过程中并非泾渭分明、非此即彼，而是彼此渗透、相互促进的，在相融促进的过程中灵感不断互动，引导着设计的构思进程，直至完成产品的设计语言及应用手法。本设计基于生态设计的思想，对硬木与合成竹材都有进一步的探索和使用，不仅寻求最佳的构造模式，也尝试不同的产品表达方式。与此同时，本设计注重探讨色彩与材料的互动运用，为客户提供尽可能多样化的选择，而装配式的结构模式同样基于产品外包装、DIY 理念和便捷的运输方式。

该阅读椅基本框架的设计实际上是两套构件体系的相互交融，并最终确定构造定位的过程，即由一对侧支架组成的一套构件和由坐面板、靠背板及靠头板组成的另一套构件。这个基本框架的设计构思完全来自对中国传统家具的研究分析，其侧支架的简化式攒接构造来自中国传统建筑及家具实例中的格架及门窗设计模式，坐面、靠背、靠头构件的基本构造亦源自中国传统建筑及家具中的板条式面板设计模式。这些基本构思引导着本设计的演进过程，进而形成了最初的草图设计（图 0-52）。

无论传统图书阅读还是电子阅读都呈现出同样的增长态势，因此人

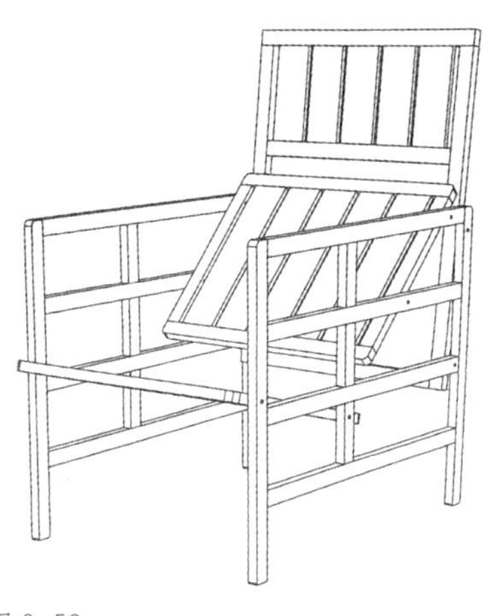

图 0-52

们对阅读椅的设计要求越来越专业，这些要求主要体现在坐面、靠背及靠头的位置和它们之间的置放夹角上。人们正常阅读时的坐姿取决于坐面及靠背的位置，但阅读间歇时休息的状态则取决于靠背与靠头的位置。设计师随后又做出两个测试模型用于深入系统地调试阅读椅的最佳构成状态。因此，在最初的设计草图完成之后，设计师团队制作了两个测试模型，通过坐面、靠背及靠头构件在不同位置的角度变化来打造合适或最佳的阅读椅构造方式。同时，软包

图 0-53

设计既是对阅读椅舒适度的进一步追求，又是对现代阅读椅的重要思考，这种思考表现在该椅的软包设计既可以在前述框架的基础上加设软包面料元素，也可以改变基本框架的构成模式及元素尺寸。为此，设计师从不同形态的软包构件着手，使用不同联结方式与基本框架融合，进行多层面的测试及评估，涉及坐面、靠背、靠头软包构件，选用相同或不同强度的海绵、不同质地与色彩的面料来进行测试，色彩系统的选择与测试评估及基本框架的设计同步进行（图 0-53）。在模型测试阶段，也对部分节点模型进行了测试，用来探讨设计方案中的关键节点。

第一部分为源自中国独特攒接构造的侧支架构件（图 0-54）。攒接构造是中国古代建筑、室内装饰和家具设计中广泛使用的一种构造模式，具体是指在特定框架中用小料通过精密榫卯联结的方式形成格式图案，其图案可繁可简，依设计意图而定。本设计中的侧支架构件由两个基本元素组成：其一是小料截面元素，其二是大料截面元素。前者指用设计预想中最小的可能性截面的材料做侧支架构件的元素，此处的侧支架用于非软包系列阅读椅，同时探讨该系列阅读椅的基本框架设计；后者则尝试用相对较大的截面材料做侧支架构件元素，此处的侧支架则用于软包系列阅读椅中。在此种情形下，一方面要考虑侧支架本身采用的是简洁的方式，因此需要相对大些的截面元素；另一方面要考虑到软包构件质量相对较大，如何与侧支架的构造方式相协调。无论哪一种情形，具体的截面元素尺

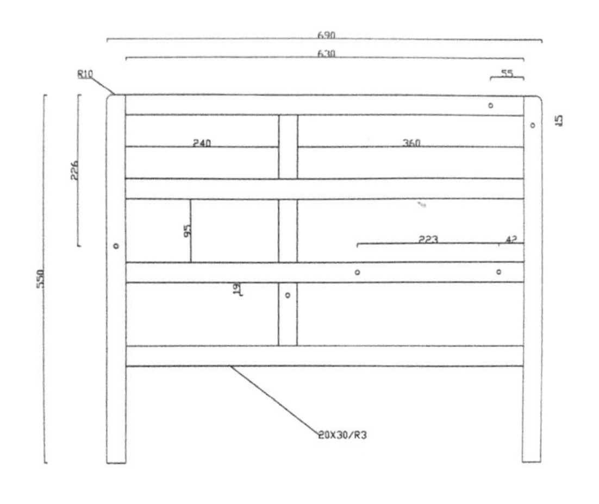

图 0-54　阅读椅系列侧支架构件

寸还须视材料而定，如用紫檀木可用最小截面；用水曲柳木，则必须用大截面；用合成竹材，可以适中选取。本设计的基本侧支架始于“一横两竖”的外框，以及底面开口的“门”状模式，然后从联结坐面、靠背和靠头构件的功能角度和图案设计角度出发，进一步设计侧支架，并演化出多种类似栅格的模式（图 0-55）。从数学上讲，这种侧支架图案模式的演化是无穷尽的，但严格的功能需求会将这些图案模式限制在一定的选择范围内。本设计的软包系列侧支架取大截面单板元素，即宽一些的板条做基本攒接元素，同样始于最基本的“一横两竖”外框，但其内部的图案则趋于极简而呈“门中倒 T”式，这是因为软包阅读椅的坐面、靠背及靠头构件都较厚重，因此其设计模式力求古典端庄，侧支架模式亦相对简单，每一单板元素的大截面也能保证坐面、靠背及靠头构件有足够可选择的联结点，而前者极小单板元素的侧支架则依赖众多的攒接单板元素为坐面、靠背及靠头构件提供尽可能多的联结点。

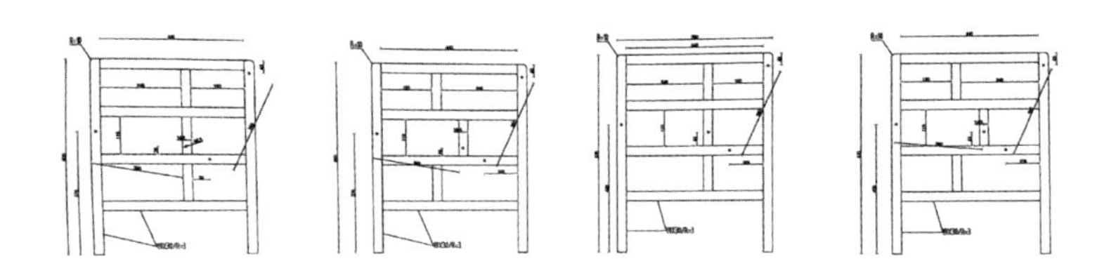

图 0-55　侧支架构件的不同的原型构图

第二部分为坐面、靠背及靠头构件的尺寸与比例。一般而言，广义的阅读椅可泛指各类扶手椅，而现代阅读椅则是一种主要用于阅读的休闲椅，其主要设计要素是系统地考虑分别支撑人体的臀部、背部和头部的坐面、靠背和靠头三大构件的细节设计，以及它们相互之间角度关系的选择性设计。本设计首先用两个侧支架构件来界定该阅读椅的基本构造，而后在侧支架界定的空间内置放坐面、靠背及靠头构件，其基本模式为“门中交叉”，其中 a 为坐面，b 为靠背，c 为靠头。它们当中每一个构件置放的位置和角度都可以变化，直到它们之间的夹角关系达到本设计所认可的最佳值域。总体设计思维是在完全保证 a、b、c 三个构件结构强度的前提下能提供舒适的弹性，使人体在与之接触时能感受自由的舒适度，多块板条之间的 10 毫米缝隙为使用者的身体各部位留有透气之处（图 0-56、图 0-57）。本设计中每一个构件都遵守相应的规则，其中两个侧支架均垂直置放，而 a、b、c 三个构件则取适宜的倾角设计，这能使现代阅读椅发挥其完善的功能作用。

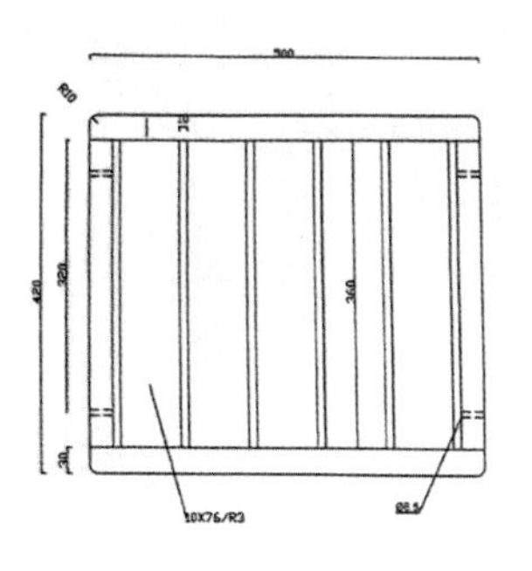

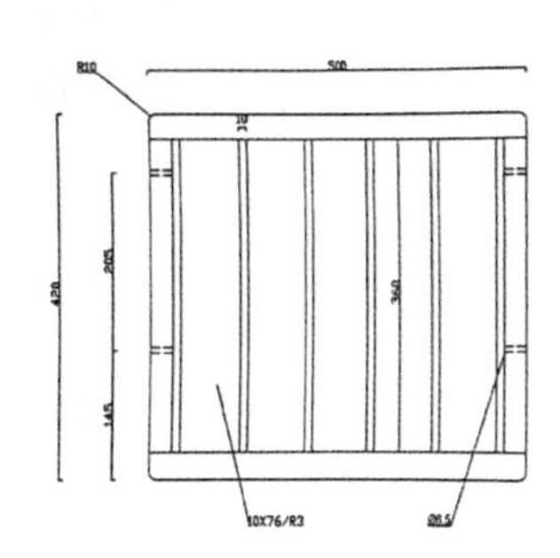

图 0-56　两种坐面（a）尺度

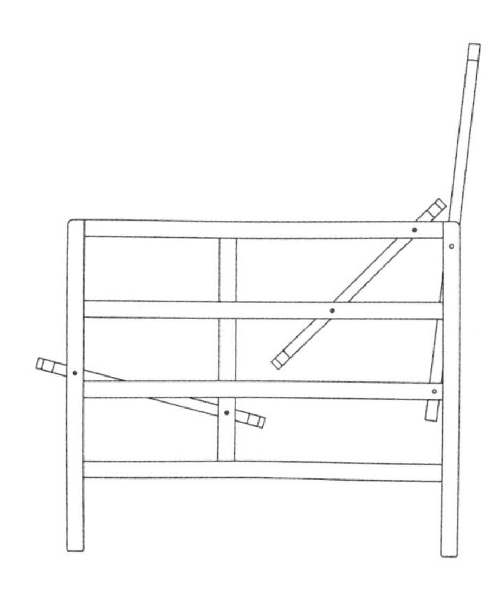

图 0-57　a、b、c 三个构件与侧板的关系

第三部分是软包设计及色彩、面料的选择。在本设计中，坐面、靠背及靠头的软包设计包括两种基本模式。其一是固着式，即软包材料与 a、b、c 三个构件框架的螺钉紧密固着于一处。其二是分体式，即软包构件经过另外的设计后用搭扣附着在 a、b、c 构件上。此

种模式方便拆装以更换、清洁，同时也方便用户在不同季节交替使用，如夏日取下软包，冬日加上软包，最大限度地提高了使用的便捷度。现代人体工程学告诉我们，普通人体在任何姿态下的舒适度首先都取决于骨骼的基本搁置方位，其次是皮肤的接触状况，再次是人体对色、香、味、听诸功能的满足程度。因此，本设计的构思首先致力于发现最合理的阅读椅框架及主题构件的倾角设计，而后进一步考虑使用者直接接触到的各个构件表面的软包的设计，最后是面料的色泽及织物的材质选择。第一类固着式的软包设计需要对前述 a、b、c 三大基本构件的框架做适当调整，以求方便软包元素的装配。选择适当的海绵或其他泡沫塑料，以不同色泽纹理的织物或皮革表面覆料，底板上的金属抓钉留孔，其位置与框架上的螺钉钻孔位置对应，最终以螺钉钻入抓钉的方式进行连接，这种方式便于以后更换构件。第二类分体式的软包设计完全维持前述 a、b、c 三大基本构件不变，进而另外设计分体独立的软包垫构件。总体而言，a、b、c 三部分独立软包垫的侧边框采用直角，上下边框采用圆角，以符合方便安装和使用舒适的需求。该类软包由两个部分组成，即内部作为内核的海绵或其他泡沫塑料和外部作为表皮面料的皮革或织物。此外，a、b、c 三个构件软包元素的色彩取决于面料的种类，如选用皮革，则有黑、白、红、棕四色，也可根据客户的需求专门定做其他颜色，用织物则有更多的选择空间，事实上每一类织物均可提供不同的色彩及材质。

LECTURE 1

Rietveld: Journey of Pioneering Modern Furniture

第 1 讲

里特维德：现代家具开创之旅

里特维德是来自欧洲木工传统地区的职业木匠，其早期建立的木工作坊拥有温馨和谐的工作环境。他与风格派的互动彻底解放了自己的设计方法思路，同时也推进了风格派绘画艺术的发展。1917 年，他设计了家具史上开天辟地的作品——“红蓝椅”，他亲手制作的几种“红蓝椅”模型标志着现代家具的诞生，其简洁的结构形象、与设计方法一脉相承的几何美与最基本的人体工程学融为一体。从此，里特维德创意无限，1923 年，他以全新创意设计了“柏林椅”；1924 年，他以“红蓝椅”设计思维设计了“施罗德住宅”（Schröder House），树立起 20 世纪建筑史的一座丰碑；1932 年，他又以“Z 形椅”（Zig-Zag Chair）震惊世界；1942 年，他的“全铝椅”让材料与方法深度交融。里特维德在开拓现代家具理念方面从未停步。

吉瑞特·托马斯·里特维德是将风格派艺术从平面延伸到立体空间的重要艺术家之一，是家具设计史上现代家具的开创者，也是现代设计运动中创造出最多的“革命性”设计构思的设计大师之一。

里特维德出生在荷兰一个名为乌得勒支（Utrecht）的城市，他的父亲是一名木匠，他 7 岁时就已经在父亲的作坊中学习木工手艺了。1911 年，他开设了属于自己的木工作坊，利用晚上的时间去夜校学习建筑绘图。虽然里特维德没有专业、系统地学习过建筑或设计，但他对任何知识都异常用心，并能提出自己独特的见解。

1918—1919 年，里特维德设计并制作了他一生中最具代表性的作品——“红蓝椅”的正式版本，它表达了一种基本的“非静态的”构成准则。1919 年，他成为荷兰著名的风格派艺术运动的第一批成员。除了他，风格派运动的核心人物还包括同时拥有设计师和理论家两个身份的提奥·凡·杜斯伯格以及现代派画家蒙德里安。许多思想前卫、崇尚创新的建筑师、设计师、艺术家和理论家都是风格派的成员，强大的阵容促使风格派成为与德国包豪斯齐名的现代艺术设计流派。“红蓝椅”系列家具在《风格派》艺术杂志上一经刊登，立即在同行中引起轰动并得到社会的广泛关注。1923 年，这批作品在德国包豪斯展览中展出，对同时代的设计师产生了不同程度的影响。“红蓝椅”（图 1-1）这件作品具有激进的纯几何形态和当时的人难以想象的形式。它由13根薄板条构成横栏和柱子，2根厚板条构成扶手，2块矩形木板构成靠背和坐板。这把椅子最引人注目的地方是横栏和柱子延伸过了它们的连接点，靠背与坐板也略有突出，13根板条相互垂直形成椅子的空间结构，各构件之间用螺丝加固，以防结构有损。这种结构有助于各部分的连接，每个部分之间既不会相互影响，又能呈现出一种简洁、明快的几何美，使得整体空间自由而清晰。由于受到风格派的影响，从20年代开始里特维德就限制了自己设计的家具的颜色，只有黑、白、灰、红、黄、蓝六种颜色。这把椅子最初是灰黑色的，它的第一种配色方案可以追溯到1923年，在形式上它是对蒙德里安作品《红、黄、蓝的构成》的立体化翻译。里特维德通过使用单纯、明亮的色彩来强化结构——红色的靠背、蓝色的坐板、黑色的横栏和黄色的板条横切面，完全不加掩饰地采用了与风格派美学思想一致的原色。对这位自学成才的天才而言，"红蓝椅"只是他丰富多彩的家具设计生涯中的一个开始。

图1-1

里特维德的设计范围很广，更加神奇的是，在他几乎每个系列的设计中都有超凡脱俗的作品。1919年，他设计的纯粹以横竖构图元素组成的工作台几乎是对蒙德里安绘画的一种立体诠释，这个工作台在设计上可以明显看出带有格林兄弟1913年为自己住宅所设计的办公桌的影子。而 1923 年，里特维德为柏林博览会荷兰馆设计的“柏林椅”则可以说是对历史上所有椅子设计的彻底颠覆，它是一把由横竖相间、大小不同的八块木板不对称地拼合而成的椅子。

1923 年，里特维德用圆棒制作了一把“钢琴椅”（Piano Chair）（图 1-2），并用木钉进行固定。这些圆棒是从木工处购买的零部件，里特维德认为圆棒是向机械生产迈进的一步。尽管皮质坐面与靠背为“钢琴椅”提供了更大的舒适性，但与方木相比，圆棒固定处的接触面积更小，因此导致椅子的结构并不稳定。同年，里特维德为乌得勒支天主教军事之家提供家具和室内设备，其设计的“军椅”（Military Chair）（图 1-3）的横杆和支柱处用螺母和螺栓固定，横杆略微延伸到接合处之外，但没有延伸到家具的其他板条上。军用家具系列比里特维德第一批实验性质的椅子设计更坚固，大部分椅子的构架漆成黑色，横切末端是对比色，靠背和坐板是黑色、白色或其他不同的颜色。在 20 世纪 20 年代现代设计运动发展的早期，里特维德的先锋作用并不限于家具设计领域。1924 年，他设计了他一生中最重要的作品，也是建筑史中的里程碑——施罗德住宅，其设计思想和手法与“红蓝椅”如出一辙，同时也贯彻着杜斯伯格的设计理论和蒙德里安的艺术理念。仅此两项，就足以奠定里特维德在现代设计领域中的大师地位。

图 1-2

图 1-3

同其他几位经典设计大师一样，里特维德也始终关注着设计与工业化生产的结合以及适于现代社会生活的新材料的运用。一般认为，包豪斯的布劳耶尔是第一位使用弯曲钢管设计家具的人，但实际上，里特维德几乎在同一时间，甚至比布劳耶尔更早就开始使用这种充满生命力的新型家具材料，这从施罗德住宅的餐椅设计中可以看出。事实上，当时双方的交流很多，相互影响很明显，只是布劳耶尔的“瓦西里椅”更为优雅，在设计上更为彻底而已。在此后的几年中，里特维德运用弯曲钢管和当时很新潮的弯曲胶合薄板完成了一系列大胆而新颖的家具设计。1927 年，他的首批钢管家具投入生产，由阿姆斯特丹的麦兹公司（Metz & Co.）生产。其中管架椅（Tube-Framed Chair）（图 1-4）是里特维德第一次使用弯曲的管状金属进行设计的，它的荷兰名字叫 Beugelstoel。该管架椅由两个独立的侧托架和一个弯曲的胶合板坐面组成，设计原型由纤维板和铁棒制成，但里特维德用钢管替换了铁棒，用胶合板替换了纤维板。这个设计比大多数的管架家具更吸引人，因为它不是一个简单的木制模型，加入的金属钢管在椅子的设计中起到重要的支撑作用。尽管有了这个良好的开端，但里特维德的管架椅仍不为人知，直到最近，这个设计由于对 20 世纪家具发展的重要性才得到承认。

图 1-4

1930 年，里特维德应室内家具设计师威廉·佩纳特（Willem Penaat）之邀为麦兹公司设计了一套标准化家具系统。该家具系统基于 30 厘米标准化尺寸的木板制成，如图 1-5 的书架所展示的，木板被安装在金属支架上，并由钢管连接。里特维德经常在他的建筑设计中使用 1 米的标准化尺寸，并在房间的墙壁和家具之间留下足够的空间。次年，里特维德和特鲁斯·施罗德（Truus Schröder）共同设计的 R6 桌子（图 1-6）由两个部分组成，并通过对比色和不同材料进行强调，桌子有镀铬钢底盘，木制桌板喷涂成白色或黑色，还有两个白色的抽屉。用于储物的边柜主体部分为黑色木板，边缘部分为白色，最初有一个玻璃顶被喷涂成白色。这张桌子最早于 1931 年在乌得勒支的一间样板房中展出，可能是里特维德专门为这个项目设计的。展出的所有家具都由木头、胶合板、金属、玻璃或橡胶制成，主要采用灰色、白色和黑色。书桌是由 30 厘米的标准化模块组成的，样板间里其他存储家具也都是基于这个标准化模块组装而成的。

图 1-5

图 1-6

图 1-7

里特维德另一个令世人震惊的设计是在 1932—1934 年设计并制作的“Z 形椅”（图 1-7）。为了设计这把“Z 形椅”，里特维德绘制了无数草图，最早的一份草图可以追溯到 1932—1933 年。此外还有两件样品，一个用纤维板制成，另一个用钢加固的胶合板制成。经过多次试验和材料的替换，最终，里特维德将 4 块松木板用鸠尾榫（楔形榫头）和黄铜螺丝连接在一起，为了提升椅子的支撑力，把三角形的楔子填充在座底、腿、坐面的连接处（可在实物中看到）。虽然里特维德没有成功地用一块材料折出椅子，但这种形式与他极力减少家具体积的努力完美契合，在功能上直接扫除了落座者双腿活动范围内的所有障碍，是家具设计空间组织方式上的又一次革命。关于这件惊世之作的设计理念，一般都认为是为回应杜斯伯格 1924 年发表的一种理论呼吁——要在艺术构图的竖直和水平的元素之间引入斜线来解决横竖构图元素间的冲突。不论理论上如何解释，“Z 形椅”在家具设计中的革命性都是不言而喻的，实际上这种设计中的“斜线”元素早已出现在“红蓝椅”中，而椅子设计中明确的“斜线”元素曾出现在霍夫曼 1908 年设计的一件休闲椅作品中。笔者曾在相关论文中试探性地研究过这种“斜线”元素是如何在椅子设计中发展起来的。早在中国宋代的座椅设计中就开始出现这种设计元素，在以后的发展中，这种以斜靠背为关键要素的中国躺椅、休闲椅以及春宫椅成为中国家具中非常重要的一个类别。无论如何，“Z 形椅”开创了现代家具设计的一个方向或一个类别，后代不少设计师不断在其设计理念的基础上进行了新的诠释。

里特维德是一位关注社会、关注普通人生活的设计大师，尽管其设计中不断出现革命性创新，但为社会大多数人服务始终是他的宗旨。在 20 世纪 30 年代经济萧条时期，里特维德开始用最廉价的普通板材设计家具，完成了名为“大众艺术”的系列家具设计。在以后几十年中，以普通钢管、板材、胶合板为主要材料的设计，构成了这位经典设计大师家具设计的主体。

20 世纪 30 年代，里特维德设计了几张休闲椅和桌子，它们的框架是由圆形木板组成的，椅子的背部和座位由整块弯曲的胶合板制成，侧面和椅腿由实木板制成（图 1-8）。这个模型的结构是由管架椅变化而来的，圆角板给它带来不同的审美特征。在休闲椅的设计图纸中已说明要考虑增加坐垫或地毯，这一考虑在他的下一个休闲椅设计中得到了体现。这款休闲椅是里特维德设计的第一件软垫家具，最初的版本可以追溯到 1937 年。该休闲椅的靠背和座椅被设置成 90 度角，并稍微向后倾斜，交点位于地板上，承担着座椅后脚的功能；椅子以木材为框架，加入软垫，并用带有装饰性缝线的蓝紫色织物覆盖（图 1-9）。这款设计被麦兹公司制作成沙发，与里特维德之前的简化设计相比更加舒适，用来满足私人客户的不同需求。

图 1-8

图 1-9

1927 年，里特维德用一张纤维板制作了“比尔扎椅”（Birza Chair），之后，他为了继续寻找更好的材料与形式的组合，绘制了无数草图，并尝试用不同的金属、藤条材料进行制作，同时完成了用有机玻璃和纸板制成的小模型。然而，他的小儿子威姆·里特维德（Wim Rietveld）影响了他。威姆是一名金属工人，拥有自己的精密机器，他和父亲在 1942 年制作了一个全尺寸的铝制模型——管状的座椅，后腿分开，座位和两边的支架通过手工敲打、扭曲、铆接在一起，折叠的边缘和圆孔加强了材料的结构强度。二战后，里特维德的“铝椅”（Aluminium Chair）（图 1-10）出现在前卫杂志 *Open Oog* 上，并于 1949 年在巴黎的室内艺术沙龙中展出。尽管如此，里特维德还是没能为这种以极端形式出现的“铝椅”找到合适的制造商。里特维德本人虽然很欣赏铝制模型椅，但对它也产生过疑虑，他认为只有性格古怪的人才会把这种椅子放在客厅。1950 年，阿姆斯特丹市立博物馆（Stedelijk Museum Amsterdam）收购了这一模型。10 年后，代尔夫特科技大学的创始人想收藏这把椅子，因此，里特维德、威姆和埃格伯特（Egbert）于 1960 年用埃格伯特的技术仪器在 Epe 工厂又生产了 3 个样品。也许是因为边角处的铝材表面开始脱落，这一产品最终没有投入批量生产。

在 20 世纪 20 至 30 年代，里特维德已经在一些椅子的设计中使用了弯曲胶合板，二战之后，他再次对胶合板产生了兴趣，试图以消耗最少的材料和劳动力制造最轻的休闲椅。1950 年，里特维德为荷兰家用电器制造商 Tomado 设计了大厅中展示的休闲椅，它由 6 块胶合板组成，该模型于 1952 年在丹麦展出后被称为“丹麦椅”（Danish Chair）（图 1-11）。

图 1-10

图 1-11

里特维德一生中有许多旷世名作，并非像当今绝大多数评论家认定的那样“并不舒服”或“并非为舒适而设计”。从功能上说，它们非常符合人体工程学的要求，使用起来也很舒服。笔者曾专门去赫尔辛基家具店中试坐“Z形椅”，感觉丝毫不比后世许多更“完善”的设计缺乏舒适度。至于“红蓝椅”，笔者工作的库卡波罗事务所中就有一把，因其坐面靠背都是光板，看起来确实没有给人“舒适”的感觉，然而坐上去之后发现实际上是非常舒适的，库卡波罗教授说这就是人体工程学的含义。依靠椅子的结构而非面料的薄厚来获得舒适感，是里特维德对家具设计的又一重要贡献。

在现代家具设计史中，几乎没有哪位设计师能像里特维德那样设计并创作许多划时代的作品，这些作品又对后世众多设计师们产生深远而持久的影响。从某种意义上说，里特维德是一位设计导师，其设计更多的是在为同代或后世设计师指明一个方向。

LECTURE 2

Breuer, Mies and Corbusier: Love to Steel Pipe

第 2 讲

布劳耶尔、密斯和柯布西耶：钢管之恋

布劳耶尔、密斯和柯布西耶这三位影响全球的 20 世纪职业建筑大师用钢、玻璃和混凝土开创了建筑的现代诗篇，他们的家具也尽情地谱写着“钢管之恋”的乐章。

钢管，是这三位大师家具设计方法论中的主角；钢管，是这三位大师家具设计材料的出发点；钢管，是这三位大师对现代家具材料的礼赞。

布劳耶尔的艺术理念来自以格罗皮乌斯、保罗·克利、康定斯基为代表的包豪斯经典设计大师的谆谆教诲。布劳耶尔的划时代家具创意都来自他对日常的观察，如 20 世纪 20 年代中期，他受到阿德勒牌自行车手把的启发，着手创造了一种全新形式的扶手椅——“瓦西里椅”，它的结构完全是由无缝焊接的钢管制造而成的。在 20 世纪 20 年代末的欧洲，无论布劳耶尔还是密斯、柯布西耶，都采用镀镍或镀铬的钢管与黑色织物或皮革相结合的手法，设计制造出了众多举世闻名的座椅。

1925 年，“瓦西里椅”标志着现代金属家具的兴起，“瓦西里椅”将钢管从“平凡”引向“高贵”，钢管从此为现代家具设计方法提供了无限可能。布劳耶尔随后使用的铝、胶合板、藤等材料，都与钢管的用法一脉相承。

密斯的钢管家具虽受布劳耶尔启发，却以优雅的弧形开拓了钢管性能的新领域，尤以钢管悬挑椅的构造为代表，与马特·斯坦（Mart Stam）、布劳耶尔共开悬挑椅新格局。

密斯由钢管悬挑椅起步，大胆拓展钢片、钢板与钢条的全面应用，成就金属家具的辉煌。柯布西耶的钢管家具虽受到了布劳耶尔的“瓦西里椅”的启发，但他另辟蹊径，引入人体工程学理念，由此设计出以钢管为框架的现代沙发，以焊接钢管为主导的钢管休闲椅，以及用钢管和生铁共同铸就的可调节躺椅。

19 世纪，钢的发展给材料世界带来了巨大冲击，尤其是以金属材料压制而成的钢管，质量轻、强度高，很快就在自行车制造中得到了使用。此外，从缝纫机到火车头，可锻高强度金属也在更多产品的加工制造中得到了应用。在 20 世纪很多重要的革新设计中，材料技术的进步起着举足轻重的作用。从 20 世纪 30 年代起，家具也开始探索钢管的可利用性，坐具、餐桌、咖啡桌和手推车等必要部件上的弯曲钢管，有助于创造一种崭新的家具外观，而且倾向于现代室内风格。以前笨重的支撑结构被带有金属光泽的开放式造型所取代，简洁的线条更利于将功能美学带入室内空间。钢管作为一种新的材料，在家具设计尤其是椅子设计中被广泛使用，这在当时的产品制造中是具有革命性的。

1. 马塞尔·拉尤斯·布劳耶尔（Marcel Lajos Breuer，1902—1981）

布劳耶尔是包豪斯经典设计大师中最年轻的一位，1925 年，仅仅 23 岁的布劳耶尔就设计出后来家喻户晓的“瓦西里椅”，该椅因第一次使用弯曲钢管这一新材料而名垂史册。然而，在布劳耶尔漫长的设计生涯中，材料的新或旧并非他设计中的主要力量，对他而言，现代社会中的任何材料只要经过恰当的理解并合理使用，都会在设计中表现出内在的价值。

布劳耶尔生于匈牙利，父亲是一位医生，他从小喜爱绘画及雕刻，18 岁时获得一笔奖学金去维也纳艺术学院学习。然而，设计思想非常激进的布劳耶尔在维也纳只待了 5 个星期，他认为以自己的艺术才华更应该投入到实用艺术中去。于是，他进入一家建筑事务所实习，但在实习过程中却发现自己对许多基本工具都不熟悉，布劳耶尔认识到从头学起的重要性。最终，他来到德国，进入刚成立的包豪斯开始系统地学习。在包豪斯期间，他分别结识了格罗皮乌斯、密斯、柯布西耶等设计大师，在建筑设计方面受他们的影响很大，但布劳耶尔在家具设计方面的天分却令所有同仁敬佩。

布劳耶尔在包豪斯读书的 4 年，是现代艺术运动早期最活跃的时期之一，这使布劳耶尔有机会接触到各种先锋派艺术观念，其中最具影响力的就是表现主义、风格派和结构主义。格罗皮乌斯所聘请的包豪斯教师中就有许多这些艺术流派的代表人物，如基础课教授约翰尼斯·伊顿是一位表现主义的主要代表人物；而著名画家保罗·克利和瓦西里·康定斯基更是影响力极大的抽象派表现主义画家；杜斯伯格的风格派及结构主义也时常进入校园，加上后来取代伊顿任教基础课的莫霍利 - 纳吉所代表的新结构主义思潮，都对布劳耶尔有相当大的影响。然而，勤于思考又善于动手的布劳耶尔并没有茫然，而是消化吸收各种有用元素并形成自己的设计理念。布劳耶尔最初的家具设计和制作更多地使用实木胶合板，这段时间他在很大程度上是追随里特维德的设计方向，但同时对里特维德的设计做了进一步的发展，以求更完善的功能，如有弹性的框架，曲线形的坐面、靠背，选择适当的面料等。毕业后，布劳耶尔留校任教，成为包豪斯的教师，并负责讲授家具设计专业的课程，这使得他有机会进一步拓展并突破自己以前的设计思路。

1922 年，20 岁的布劳耶尔设计这把“板条椅”（Slatted Chair）（图 2-1）的时候还是包豪斯的学生。这把椅子集中体现了包豪斯创立之初的美学和设计思想，满足了人们对新建筑的需求。正如人们所说的那样，这把椅子明显受到了俄国构成主义和荷兰风格派的影响，虽然形式上与“红蓝椅”有相似之处，但有两个明显的区别：一是“板条椅”的扶手和围栏没有向外延伸；二是坐板和靠背没有采用木板，而是选择了纤维布料，使椅子更加舒适。“板条椅”是包豪

图 2-1

斯设计目标的一个良好范例，它证明了布劳耶尔的能力。布劳耶尔对已完成设计的形式、功能进行了微调，以方便工厂生产成品。第一个版本的椅子使用正方形板条做腿，用长方形板条做其他部分。虽然这个模型被列入包豪斯家具作坊 1924—1925 产品系列，并命名为 TI1a，但只制造出来了十几把，没有投入工业生产。然而，布劳耶尔的作品后来在世界范围内得以大量生产，其中包括著名的钢管椅 B3，也就是“瓦西里椅”。这也许可以解释为什么板条椅是包豪斯设计的标志之一，也是这所传奇设计学校早期著名的产品之一。

图 2-2 这把椅子是布劳耶尔在包豪斯的学徒生涯即将结束时设计的，因此推测设计时间大约在 1924 年，这是他鲜为人知的一个设计，可能只是一个小系列中的作品。尽管布劳耶尔早期的作品微不足道，但产生了深远的影响。这把椅子采用木制的框架，坐面和靠背处采用的纤维织布使其比木制酒吧椅更加舒适。在接下来的几年里，布劳耶尔一直坚持这一设计原则，这一点在他广为人知的钢管作品中得到了证明。

当包豪斯由魏玛（Weimar）迁至德绍（Dessau）后，校长格罗皮乌斯为诸位教师设计了新住宅，并请布劳耶尔为这批住宅设计家

图 2-2

具，其中为康定斯基住宅所设计的“瓦西里椅”就是这批家具中的一件。这件作品设计于 1925 年，并受到包豪斯的影响，比如，其方块的形式来自立体主义，交叉的平面构图来自风格派，暴露在外的复杂的构架则来自结构主义，在此基础上他又引入了弯曲钢管这种新材料。在第一版“瓦西里椅”的基础上，布劳耶尔不断地试验，从 1928 年起封闭了靠背，然后沿顶部打开，直到成功地用螺丝接头取代了焊接，他至少制作了 5 个不同版本的椅子。这件作品对设计界的影响是划时代的，它不仅影响着布劳耶尔以后的设计作品，也影响着成百上千的其他设计师，如柯布西耶 1928 年设计的“巴斯库兰椅”（Basculant Chair）就受到了“瓦西里椅”的启发。

对布劳耶尔来说，钢管椅 B3（图 2-3）意味着要冒很大的风险，他将其描述为“我最极致的作品，不管外观还是材料的使用，最缺乏艺术性，最没有逻辑性，最不‘舒适’，最呆板”。在第二次世界大战之前，这把椅子的销售很不景气，但由于它独特的外观，钢管椅 B3 最终成为新的具有客观性象征的产品。

大约从 1962 年开始，“瓦西里椅”拥有了广泛的市场，并被世界上许多厂家大量生产，至今仍以各种变体形式制作着。与“瓦西里椅”同时设计出的“拉西奥茶几”也是一件杰作，它可能是历史上最简洁的一件家具，而弯曲钢管的构思很可能启发了另外两位建筑

图 2-3

师——荷兰的马特·斯坦和德国的密斯，他们各自独立地设计出了悬臂椅。有趣的是，这 3 位设计师所设计的类似的悬臂椅在欧洲市场都很受欢迎。这件家具的多功能性对后来的设计产生了很大的影响，它证明了布劳耶尔的理念——通过简洁的手法，家具才能更完善地具备多种功能，以适应现代生活的多方面活动。

布劳耶尔自己设计的悬臂椅（B32/Cesca）（图 2-4）在马特·斯坦设计出悬臂椅两年之后问世，与后者相比更加完善。这把椅子没有后脚，在设计中，布劳耶尔引入古老的藤编坐面及靠背，并与当时最现代化的弯曲钢管结合起来，使之更加舒适。自“瓦西里椅”成功以后，他始终继续探索着弯曲钢管的进一步开发利用，并在 1929 年巧妙地在悬臂椅的基础上设计出带有扶手的悬臂椅 B64（图 2-5）。这把休闲椅无论坐面还是扶手都具有弹性，这是对家具舒适度的进一步探索。同时，作为第一位使用弯曲钢管设计现代座椅的设计师，布劳耶尔认识到这种材料会给人带来冷漠的触觉，因此从一开始他就考虑采用其他触感更好的材料接触人体。如在“瓦西里椅”中使用帆布或皮革，悬臂休闲椅则用编藤和软木，避免了人体与冷漠的钢管做直接的接触。作为现代材料的钢管与传统软木和藤条材料完美结合，最终呈现出的是一把永恒优雅的椅子。靠背下三分之一处轻微的弯曲大大增强了它的优雅和舒适，这是布劳耶尔所有悬臂式椅子的显著特征。

图 2-4

图 2-5

悬臂椅和悬臂扶手椅被广泛模仿，但很少获得生产许可。新版本由加维纳和诺尔（Gavina and Knoll）国际公司与布劳耶尔本人合作生产。加维纳和诺尔国际公司以布劳耶尔养女弗朗西斯卡（Francesca）的昵称 Cesca 为名字出售悬臂椅和悬臂扶手椅。

“B25 钢管休闲椅”（图 2-6）在 1929 年首次出现在索耐特目录中，这是布劳耶尔设计的第二把休闲椅。该椅用一根连续的钢管形成了与“B25 座椅”同样形式的框架，坐面和靠背是用藤条制成的，编织到钢管框架上并与前腿固定在一起，后面用弹簧连接悬挂到扶手上，弹簧的使用替代了冷硬的钢管，为使用者提高了舒适度。靠背由后面的横栏支撑，通过活动接头与座架连接。像雅各布斯·约翰内斯·皮特·奥德（Jacobus Johannes Pieter Oud）、艾蒂安·科尔曼（Etienne Kohlmann）和路易斯·索格诺特（Louis Sognot）这些同时代的设计师也在他们的家具设计中使用了弹簧，但这些作品大多是试验性的，和“B25 钢管休闲椅”一样只在市场上出现了很短的一段时间。

“B7 办公椅”（Office Chair）是布劳耶尔第一把使用钢管设计的转椅。这把椅子的前身是由布劳耶尔自己的公司制造的，椅子由 4 条钢管腿支撑，在椅腿距地面 10 厘米左右的位置向上倾斜，与座位下方旋转结构的轴线相连接。这里展示的是第二版（图 2-7），

图 2-6

图 2-7

由索耐特公司在 1930 年生产。由木坐板和艾森加恩（Eisengarn）帆布制成的靠背构成了一条开放的组合线，与之前的模板完全相同。然而，这个模型只有 3 条钢管腿，不是向上倾斜到座位的底边，而是腿与旋转轴相连，旋转轴较长，大约在半空中形成一根垂直的柱子，这已成为索耐特公司的标准设计方案。另一个版本是有扶手的 B7A（图 2-8），它的靠背是用木板制成的，而不是艾森加恩帆布。自 1935 年开始，“B7 办公椅”和 B7A 再一次使用 4 条腿制造生产。

在对弯曲钢管做了多年探索之后，布劳耶尔又继续对其他家具材料，如铝合金和模压胶合板，进行了卓有成效的探索。1933 年，他决定用铝合金作为构架材料设计休闲躺椅（1097/Lounger）（图 2-9）。在休闲躺椅的框架上，靠背、坐板和椅腿的部分由整条铝制材料根据躺椅所需的形状弯曲而成。这个休闲躺椅需要两根这样的铝条，在座椅表面和靠背之间的区域通过横向板条的连接进行加固。每个躺椅都需要一个特殊的模具用于座椅下的支撑连接，因为支撑臂靠在两侧的角度总是不同的。同年 10 月下旬，布劳耶尔在瑞士申请了相应的专利，11 月他参加了在巴黎举办的国际铝业联盟会议，制造商评审团和一个专门评审团经过设计评估，授予布劳耶尔的设计方案一等奖。自 20 世纪 30 年代初以来，铝由于其轻质的特性，一直被选为现代家具的优质制作材料。布劳耶尔用他的休闲椅提供了一个令人信服的案例，证明材料可以用在精简的生产过程和极简

图 2-8

图 2-9

的设计中，完美实现现代设计的理念。

从 1935 年起，他再次转向使用胶合板材料，并很快以胶合板取代了前段时间家具设计中的铝合金。“伊索肯长椅”（Isokon Long Chair）（图 2-10）标志着布劳耶尔作为家具设计师的最后一个高潮。在友人格罗皮乌斯的帮助下，布劳耶尔移居英国，与英国设计师 F.R.S. 约克（F.R.S.Yorke）合作，在伊索肯（Isokon）家具公司成立的过程中专注于现代胶合板家具的设计，完成了以胶合板为主体的一系列家具设计。布劳耶尔的长椅并不是新的设计，而是在铝制躺椅的基础上将材料替换为胶合板。由此可以看出他对新材料技术和美学的掌控能力，且不愿在家具设计上投入更多的时间和精力。这两种躺椅的区别之处在于要求使用不同的制作方法和特殊的材料。铝制躺椅的框架由每边一个金属条组成，在底座后端将金属条切成两半，形成扶手。相比之下，“伊索肯长椅”的木框架是由两个独立的部分组成的，通过销钉连接在一起，短的脚片（short foot piece）弯曲倾斜形成扶手，长的脚片（long foot piece）用来支撑坐板，座椅下面的横梁连接了两侧的扶手，用来稳定结构。靠背和坐板由整张胶合板制成，嵌入框架并固定起来，然而固定的部分被认为是一个缺点，布劳耶尔在几次尝试后找到了解决的办法。他为伊索肯家具公司设计的家具系列还包括一把短椅、一张餐桌（图 2-11）、叠落式桌子（图 2-12）、叠落式椅子（图 2-13）等。

图 2-10

图 2-11

1937 年，他应已去美国的格罗皮乌斯的邀请到哈佛大学任教，在美国继续用胶合板设计家具。但在美国，他更多地投身于建筑设计当中。他对待建筑设计的理念同对待家具是完全一致的，且同样在建筑设计领域取得了辉煌成就，不过相比之下，他在家具设计方面对后世的影响似乎更大一些。

2.路德维希·密斯·凡·德·罗（Ludwig Mies van der Rohe，1886—1969）

尽管密斯基本上被看作一位建筑大师，但其充满创新意识和设计活力的家具设计也使他成为第一代现代家具设计大师之一。其家具设计的精美比例，精雕细琢的细部工艺，材料的纯净与完整，以及直截了当的设计观念，典型地体现了现代设计的观念。

密斯生于德国亚琛（Aachen），这个城市古老而简洁的建筑给他留下了深刻的印象。出身于石匠家庭的密斯很早就娴熟地掌握了各种工具的使用技巧，从最初的石材到后来的钢和玻璃，他对材料一直充满尊重和敬畏。密斯最早曾在贸易学校受过两年教育，15 岁时，父亲认为他具有绘图才能，于是他跟随几位当地建筑师接受专业训练，后来在柏林著名家具设计师布鲁诺·保罗（Bruno Paul）的事务所学习，并于 1907 年通过满师考试，随后接到第一项住宅设计任务。幸运的是，业主不仅事先送密斯去意大利考察古典建筑，而且完全按照密斯的第一个设计方案施工，此时密斯刚满 21 岁。此

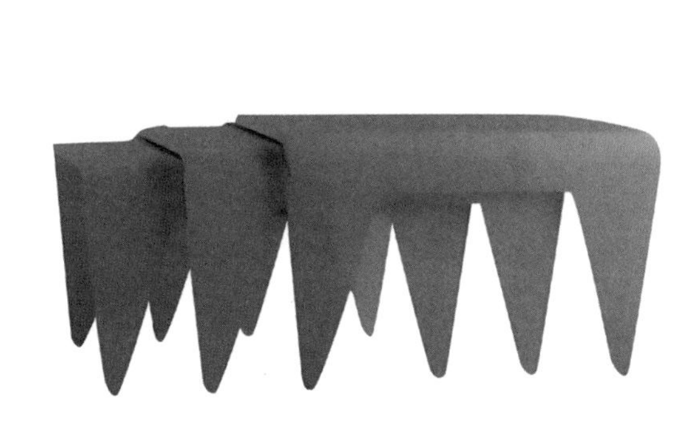

图 2-12

图 2-13

后的 5 年是密斯设计生涯中最关键的时期，他在建筑先驱彼得·贝伦斯事务所工作的三年间，曾与另两位大师——格罗皮乌斯和柯布西耶共事，后来又去荷兰海牙学习设计先驱汉德瑞克·彼图斯·伯拉吉（Hendrik Petrus Berlage）的设计思想和手法，在此期间他也了解了美国建筑师赖特先进的建筑设计理念，这些经历都是密斯设计哲学形成的基础。第一次世界大战之后，俄国结构主义对空间而非实体的强调、荷兰风格派对简化构图形式的强调都对密斯产生了极其深远的影响，并在他后来的设计中纷纷体现出来。

图 2-14

两次世界大战之间是密斯的创作旺盛期。1925 年，他为自己设计了桌子（图 2-14）和与其匹配的木椅、书架、餐具柜等家具，第一个版本据说在密斯的工作室和他柏林的公寓中。桌子之所以引起了关注，是因为桌腿和桌面的连接方式。如图 2-14 所示，桌面与桌腿接缝处齐平，并垂直覆盖于桌腿。这就造成了一种错觉——桌子仿佛是由实心的立方体切割而成的。几个不同的版本是为不同项目或客户制作的，其中一些保存了下来。第一个版本（73 厘米 ×95 厘米 ×95 厘米）具有餐桌的尺寸特征，这两张桌子安装在位于布尔诺（Brno）的图根哈特别墅中，其中一张桌子用作桥牌桌（70 厘米 ×100 厘米 ×100 厘米），另一张带有蛋壳装饰的桌子（65 厘米 ×90 厘米 ×90 厘米）放在图根哈特别墅密斯女儿的房间中。

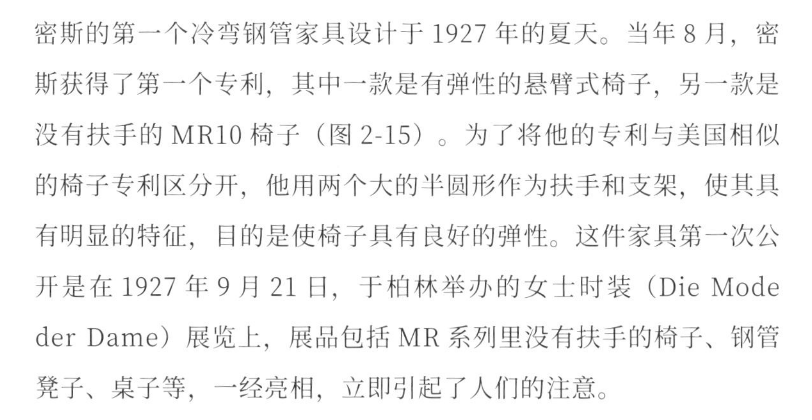
密斯的第一个冷弯钢管家具设计于 1927 年的夏天。当年 8 月，密斯获得了第一个专利，其中一款是有弹性的悬臂式椅子，另一款是没有扶手的 MR10 椅子（图 2-15）。为了将他的专利与美国相似的椅子专利区分开，他用两个大的半圆形作为扶手和支架，使其具有明显的特征，目的是使椅子具有良好的弹性。这件家具第一次公开是在 1927 年 9 月 21 日，于柏林举办的女士时装（Die Mode der Dame）展览上，展品包括 MR 系列里没有扶手的椅子、钢管凳子、桌子等，一经亮相，立即引起了人们的注意。

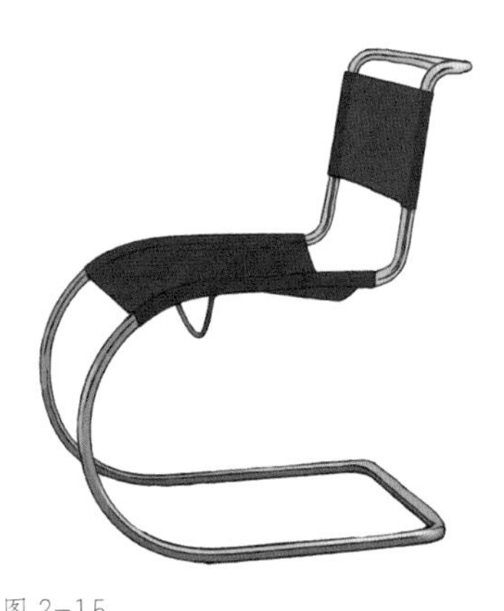
图 2-15

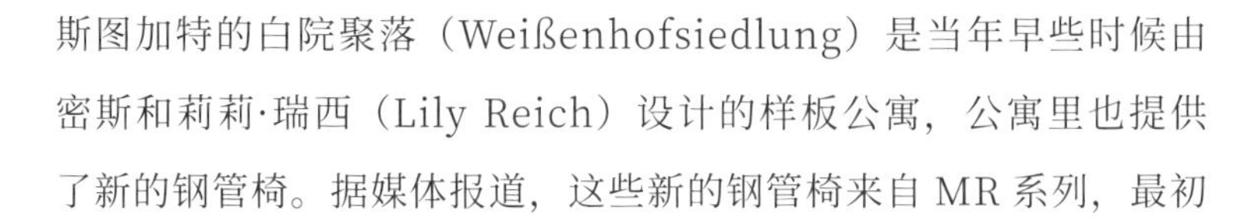
斯图加特的白院聚落（Weißenhofsiedlung）是当年早些时候由密斯和莉莉·瑞西（Lily Reich）设计的样板公寓，公寓里也提供了新的钢管椅。据媒体报道，这些新的钢管椅来自 MR 系列，最初

是镀镍的版本，而镀铬的版本第一次制作于1929年5月下旬，它们在巴塞罗那世界博览会德国展区内展示。坐面和靠背可以用皮革或艾森加恩帆布制成，早期的模型背部有小空洞，用螺丝固定在侧面，而不是用带子系紧。然而，这种固定方式使产品易开裂，即使后期用铁扣加固也无法改善。

1928年6月，密斯为藤条制品申请设计专利失败。之前没有证据表明任何MR系列椅子或扶手椅上有藤条制品，于是他决定申请将其作为一种新型实用专利加以保护。1931年9月，密斯与苏黎世的Thonet-Mundus公司签订独家协议生产他的钢管家具。1937年，密斯和安东·洛伦兹（Anton Lorenz）决定将1927年8月申请的专利保护期延长10年，从此以后，几乎所有由钢管制成的悬臂椅，不论具体形状如何都要支付版税。这有力地说明了密斯的设计是多么具有革命性。

1927年，密斯在斯图加特主办了现代住宅展览会，展出欧洲各国主要现代建筑师的作品。密斯在自己设计的4层公寓中，首次放置了刚完成的“先生椅”（MR90）（图2-16），这把以弯曲钢管制成的悬挑椅显然受到一两年前布劳耶尔和斯坦作品的启发，却以弧形表现了对材料弹性的运用。如前文所述，这种弹性后来被布劳耶尔尽情地发挥到极致。这把“先生椅”后来又被密斯以同样的构图手法直接加上了S扶手，显得天衣无缝，更加高雅。1931年，密斯又在最初版本“先生椅”的基础上设计出一系列躺椅，同样取得了成功。尽管这些椅子价格昂贵，但由于社会的需求始终没有间断，其变形系列亦在后来的生产中不断出现。

图2-16

著名的“巴塞罗那椅”（Barcelona Chair）是现代家具设计的经典之作，被多家博物馆收藏。这把椅子是1929年春天继“巴塞罗那奥托曼椅”之后，密斯为巴塞罗那博览会德国馆设计的。为了与著名的德国馆相协调，这把体量超大的椅子也明确显示出高贵而庄重的身份。最初，它们是为参加开幕剪彩的西班牙国王和王后准备的，事后看来，当时设计之初对于正式的、直立的坐姿的问题考虑不周，因此这把椅子只有放在展馆的环境气氛中才最合适。展馆中的椅子靠背背带是水平排列的，后来所有型号的靠背背带都是垂直排列的。镀铬版本的“巴塞罗那椅”的构架呈弧形交叉状，既美观又具功能性，由手工磨制而成。坐面和靠背是由两块长方形的猪皮垫制成的，因此价格也十分昂贵。20世纪50年代，来自芝加哥的盖瑞·格里菲斯（Gerry Griffith）制作了一个不锈钢模型，事实证明，在美国，不锈钢版本的椅子最受欢迎，而欧洲生产的仍是镀铬的版本。

德国馆和“巴塞罗那椅”引起前去参观的捷克人图根哈特夫妇的注意，他们于次年（1930年）邀请密斯在其家乡布尔诺设计住宅及家具，并要求与巴塞罗那德国馆及馆内家具风格一致。密斯为他们设计了一组家具，用与“巴塞罗那椅”相同的材料和工艺制作。第一件后来被称为“图根哈特椅”的休闲椅（图2-17），从构思上是对前几年设计的“先生椅”及“巴塞罗那椅”的一种综合，主要构架之间仍是设计师惯用的焊接方式。这件作品虽不如前两件影响大，但实际上使用起来更加舒服。第二件是方形矮桌，结

图2-17

构极为简单，十字交叉的主体构架支承着玻璃桌面，体现了密斯设计哲学中内在统一的一面。这个看似简单的矮桌并非一蹴而就，密斯曾画过数十种不同构思的草图，尝试过多种方式，如圆桌面，弯曲腿、三条腿或五条腿，斜腿式样或托泥腿式样，经过反复推敲后最终得以实现。第三件被称为“布尔诺椅”（Brno Chair）（图 2-18），是以主人所在的城市命名的。这是为餐厅设计的餐椅，最初曾考虑直接使用加了扶手的“先生椅”，但由于大弧形扶手向前延伸太多，作为餐椅使用显然很不方便，于是密斯重新设计了一把悬臂椅。由于使用的钢管质量轻且便于快速移动，当坐着的人站起来的时候椅子有可能快速翻倒或向后滑动。为了防止这种情况发生，密斯慎重地选用橡胶楔子插入钢管前脚下，事实证明，改进后的这件作品非常适合用作餐椅。“布尔诺椅”结构不同于“先生椅”，构架材料选用的冷弯钢管与前面所说的“图根哈特椅”相同，主体构架与扶手形成一个框式，坐面与靠背几乎成直角与主体构架相连，整个餐椅以简洁优雅的形式展现。除了钢管的版本，还有一种由扁钢制成的变体版本（图 2-19），该版本用樱桃红色的皮革做靠背和软垫，在图根哈特的房间中出现过。诺尔公司重新发行的扁钢版本的“布尔诺椅”在密斯的系列作品中是最成功的，但至今仍可买到的钢管版的“布尔诺椅”却几乎无人关注。原来的产品和销售数据一直保持平稳，这就是为什么早期流传下来的少数型号具有如此重大的意义。

同年，密斯还为美国建筑师菲利普·约翰逊（Philip Johnson）的

图 2-18　　图 2-19

住宅设计了一张榻，这是密斯第一次在一件家具中同时使用钢和木两种材料。该榻是他与家具面料处理专家莉莉·瑞西合作设计的，此前的“巴塞罗那椅”也是请瑞西设计的坐垫。这张榻是对历史上存在过的许多床的彻底简化，目的是与当时仍流行的厚重、烦琐、有各种包面的古典或新古典床榻完全决裂，如同古埃及的床那样再次回到最简单的设计。

1930 年，密斯继格罗皮乌斯、汉斯·迈耶（Hannes Meyer）之后成为包豪斯的第三任也是最后一任校长，一年多以后，学校被迫从德绍迁到柏林，随着不断增加的政治压力，密斯于 1933 年 4 月关闭了包豪斯。随后，密斯在柏林待了四年多，直到 1938 年最终下定决心去美国出任伊利诺伊理工学院建筑系主任。教学工作并不妨碍密斯从事大量的建筑及家具设计，这段时间他也构思了许多新型家具。比如，1946 年，他设计出一种由整体塑料模压而成的椅子，只可惜当时的材料及技术都刚起步，成本极其昂贵，而建筑设计任务又异常繁忙，因此只好作罢，直到 20 世纪 60 年代才由丹麦设计师维纳·潘东最终成功制作出这种类型的椅子。

3. 勒·柯布西耶（Le Corbusier，1887—1965）

柯布西耶是对当代生活影响最大的建筑师、设计师，是 20 世纪文艺复兴式的巨人，他毕生充满活力，永无休止地进行创造和设计活动。在现代建筑运动中，他最有效地充当了 20 世纪 20 年代的功能理性主义和有机建筑前后两大阶段的旗手。柯布西耶多才多艺，他的设计作品涉及多个领域，他既是建筑师、规划师、家具设计师、挂毯设计师，又是现代派画家、雕塑家、多产的作家，发表有 50 多部专著和无数文章。为了布置他本人设计的具有超前意识的室内空间，他决定自己设计家具，于是同室内建筑师夏洛特·帕瑞安德（Charlotte Perriand）和皮埃尔·让纳雷（Pierre Jeanneret）一道，设计出一系列划时代的现代家具。

“柯布西耶”最初是写作用的笔名，他本名查尔斯·爱德华·让纳雷-格里斯（Charles Edouard Jeanneret-Gris），出生于瑞士著名的钟表城拉绍德封（La Chaux de Fonds）。柯布西耶自幼聪颖好学，格外受到父母的器重和着意培养。他在当地的工艺美术学校上学时，他的老师查尔斯·拉波拉特尼（Charles Leplattenier）鼓励他学习建筑，从此他开始了长久的建筑考察。1907 年，柯布西耶到维也纳考察，在那里见到约瑟夫·霍夫曼并参观了阿道夫·路斯的建筑作品。这两位建筑师在建筑、家具两方面都对他产生了极大的影响。从 1908 年到 1910 年，他先到巴黎考察，在法国建筑师奥古斯特·佩雷（Anguste Perret）事务所中工作，而后又去德国学习工业设计，在著名的贝伦斯事务所学习了半年，其间结识了同在贝伦斯事务所工作的格罗皮乌斯和密斯。1911 年以后，柯布西耶又开始旅行考察，先后到巴尔干半岛及希腊，然后返回家乡和以前的老师拉波拉特尼一起参与教学，同时进行建筑设计的相关工作，他的第一件作品就是为老师拉波拉特尼设计的住宅。此前，荷兰建筑师彼图斯·伯拉吉（Petrus Berlage）主办了美国建筑大师赖特作品展，柯布西耶很赞赏赖特的空间设计观念。1915 年，他拜访了法国建筑师托尼·加尼叶（Tony Garnier），其对混凝土材料的灵活运用对柯布西耶后来的设计产生了极大的影响。

1916 年，经过 10 年旅行、考察和思考之后，他决定离开家乡去巴黎开创自己的设计和艺术事业。有备而来的柯布西耶对一切都显得坚定而自信。他是一个精力充沛的人，每天的时间都安排得满满当当：上午绘画，下午进行建筑设计和家具设计，晚上的时间用来写作。柯布西耶对当时流行的各种艺术风格、设计理论都有接触，并以诚挚的心态吸收它们的精华，深入思考，不盲从跟风。对风格派、表现主义、结构主义、超现实主义等他都不完全接受，因为他发现这些风格流派并不适用于社会；他也不赞同贝伦斯对设计的纯实用态度，他认为这样做缺乏艺术感，但又极为赞赏贝伦斯的功能主义和工业化生产；他欣赏赖特的开放平面，也喜欢路斯和霍夫曼的国际风格；他决心吸收佩雷在建筑中大胆使用现代材料的方法，并赞叹加尼叶卓有远见的构造技术。此外，在各地的古代建筑文化中，尤其是希腊神庙中纯净的形式、几何的构图和完善的比例都让他受益匪浅，这些因素后来都被他应用在自己的建筑设计和家具设计中。

柯布西耶的才华在建筑上得到了淋漓尽致的发挥，在家具设计上虽数量并不多，但每一件都有独创的设计思想，对后世及当代设计师有深远的影响。柯布西耶非常希望他设计的家具能为普通百姓服务，但实际上在很长一段时间内，这些家具都只能为少数上流社会阶层所享用。

1914 年，柯布西耶开始根据他在法国博物馆和家具店看到的东西来制作自己的家具。以他在博物馆看到的古老家具为模型，并严格遵循选定的历史模型，根据当代的品位和制造方法进行调整，有时会根据相关案例改变具体细节和使用的材料。例如，阿纳托尔·施沃布（Anatole Schwob）椅子（图 2-20），选用胡桃木作为主要材料，靠背部位用带有图案的胶合板填充。这把椅子并不是原创，它模仿了 1790 年乔治·雅各布（George Jacob）做的椅子（图 2-21），该椅坐面是用藤条编制而成的，靠背处为卷帘格栅镂空装饰，框架用红木制成。1915 年，柯布西耶为罗伯特·迪蒂谢姆（Robert Ditisheim）设计了书柜和规划柜（图 2-22）。书柜由木材制成，漆象牙白色和绿色，有可以倾斜打开的隔间。书柜的铅笔草图（图 2-23）绘在了方格纸上，曾在柏林凯勒和赖纳（Keller&Reiner）展览中展出。1915—1916 年，柯布西耶陆续设计出扶手椅和写作扶手椅。扶手椅（图 2-24）的靠背框架向两个方向弯曲，并由 6 根木棒组成，让人想起雅克布·弗雷斯（Jacob Frères）设计的扶手椅。相比之下，细节的缩减使它更加优雅，这种典型特征表现在细节部位上，如扶手上的把手与刀锋状的椅腿连接在一起。写作扶手椅（图 2-25）水平的半圆形扶手和靠背在前腿的两侧以一个螺旋形手柄结束，靠背的轮廓和前腿都是圆形的，后腿和座位的框架是有棱角的。靠背和坐面的面料选用光滑的带有绿色条纹的黑金色丝绵织物，这种织物通常用于 1915 年左右生产的高品质家具中。1919 年，柯布西耶在给弗里茨·恩斯特·杰克（Fritz Ernst Jeker）的一封信中确认了他是这把椅子的设计者，这种低靠背的椅子非常舒适，给房间带来了高雅的感觉。

1927 年，只有 24 岁的法国室内设计师夏洛特·帕瑞安德为她在巴黎的工作室设计了第一把钢管椅。在她的笔记中引用了很多可参考的样板，包括柯布西耶广为流传的弯木扶手椅 6009。1928 年之后，

图 2-20

图 2-21

图 2-22

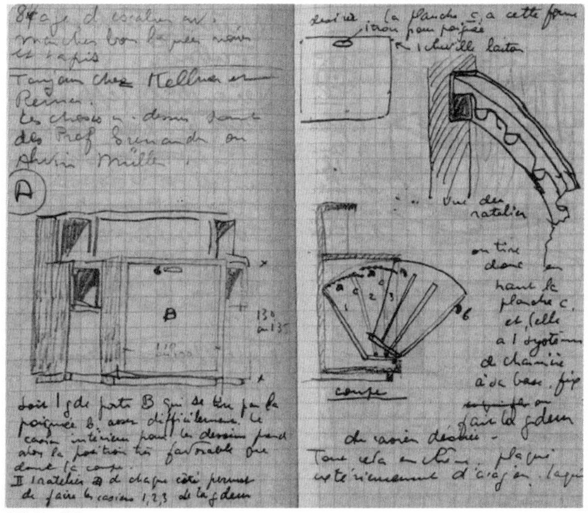
图 2-23

图 2-24

图 2-25

她同意将该座椅纳入柯布西耶和皮埃尔·让纳雷合作设计的钢管家具系列中，并在 1929 年巴黎秋季沙龙展览的公寓中向公众展示，获得了极大的好评。旋转扶手椅（Fauteuil Tournant）（图 2-26）以弯曲的金属钢管作为靠背，并安装了一个内部填充羽绒的圆形缝纫式靠垫。由 4 条钢管制成的椅腿焊接在椅座垂直中心的管子上，椅座是一个管状钢圈，内部由 9 条钢弹簧连接，借助滚珠轴承进行旋转，上面覆盖皮质软垫。旋转椅于1930年由索耐特公司生产制造，共生产了 250 件，1978 年再次投入生产，采用镀铬钢框架，软垫内填充聚氨酯和聚酯材料，用皮革或织物覆盖，皮革表面涂带有一定光泽度的黑色、灰色、浅蓝色、绿色、波尔多红、赭黄漆或亚光黑色漆。2011 年，该椅的户外版本投入生产，框架结构为光滑不锈钢，软垫内填充生态纤维，外部包裹 PVC 聚酯织物，共有 5 种颜色。

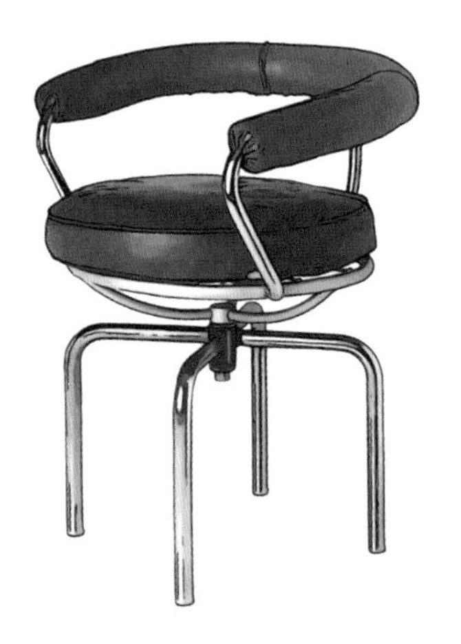

图 2-26

柯布西耶躺椅（Chaise Longue）作为一个伟大的标志性设计，由柯布西耶、让纳雷、帕瑞安德三人合作完成。它设计于 1928 年，也是他们合作的第一年。虽然他们的其他椅子都采用最初的“原型”，但这把休闲椅有几个前身。例如，雪橇的形状参考了托奈特的弯木摇椅，也参考了早在 1925 年就引起柯布西耶注意的帕斯科医生（Docteur Pascaud）的座椅，这个座椅很笨重且装有软垫，是用一个手动曲柄调控的。设计新的休闲椅最大的挑战是构建一个可摇动的支架，在没有任何机械的干涉下总能保持平衡。它由上下两部分构架组成，除去下面的基础构架，上面的躺椅部分可当作摇椅使用。第一个版本摇椅部位的支架是弯曲的钢管，由金属弹簧和钢丝网作为马皮软垫与头枕的支撑，但这个版本很快就被推翻了。第二个版本就是最终版本（图 2-27），底部支架被喷涂成浅蓝色和深灰色，侧面由薄钢板制成。这件躺椅的结构反映了当时流行的“纯净主义”的概念，上部主体构架使用当时盛行的弯曲钢管，但下部基础部位则使用廉价的生铁四足。

柯布西耶对每样材料都精心选择，因为他提倡的现代设计理念是室内不应堆砌，而要精简，因此要选取最少的、最精致的日用家具。这把躺椅是他为室内设计的最休闲、最放松的一件家具，它有极大的调节度，可从垂腿坐姿调整到躺卧等各种姿势。关于这件划时代设计作品的创造灵感，许多研究者费尽心思试图从西方传统家具中寻找答案，其实中国传统家具中许多躺椅样式给柯布西耶提供了某种程度上的灵感，因为许多流落海外的中国竹躺椅在欧洲，尤其是在法国都不难看到。

毫无疑问，躺椅是柯布西耶三人组最著名的家具作品之一，躺椅软垫最初选用兽皮（马皮）是出于设计师的个人偏好。在后来的几十年中也出现过很多不同材料、不同型号的版本。如 1965—1974 年生产的躺椅，钢基底座被涂成黑色或砖红色，上部镀铬钢管框架采用悬架弹簧，并使用塑料连接，上面覆盖马驹皮的软垫，头枕内填充羽绒，外包黑色皮革（图 2-28）。1974 年以后生产的躺椅则使用松紧带连接，钢基底座被涂成亚光黑色、灰蓝色或黑绿色。

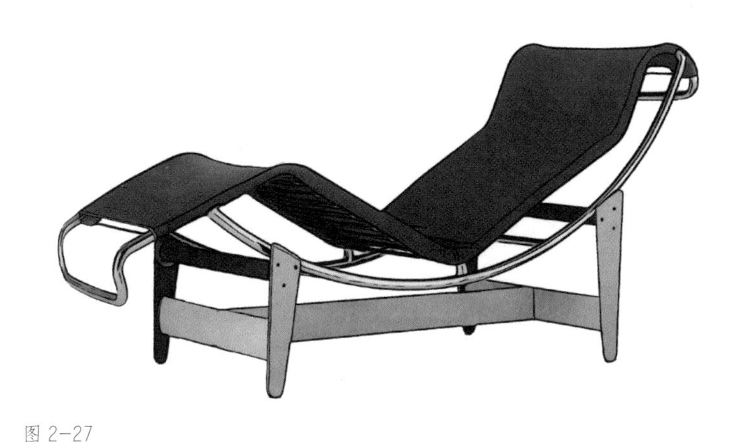

图 2-27

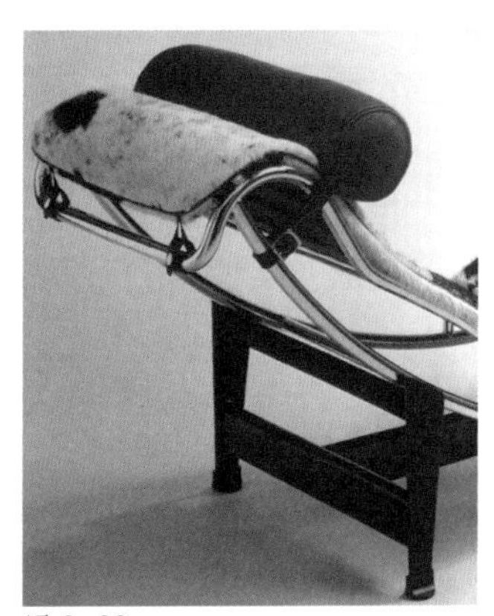

图 2-28

1928 年的豪华舒适沙发椅（Grand Comfort）（图 2-29）突出地体现了柯布西耶三人组追求家具设计以人为本的倾向。这把沙发椅被看作对法国古典沙发所做的现代诠释。它以新材料、新结构来设计新沙发椅，简化与暴露的结构最直接地表现了现代设计的做法。沙发椅的整体构架是喷漆的金属钢管，座椅底部为尖角框架并安装木脚，中间由弹簧金属板条连接，几块立方体皮垫依次嵌入钢管框中，直截了当又便于清洁换洗。这是一件既高贵又简洁的实用家具。在设计手法上，柯布西耶受到了霍夫曼 1910 年设计的“库马斯椅”（Kubus Chair）的影响。

随后几年，该沙发椅又陆续推出了不同的版本，在 1965—1978 年时，其主体框架为镀铬钢，软垫内填充物为橡胶椰子纤维、聚氨酯泡沫和涤纶纤维。1978 年生产的版本为镀铬钢框架，或涂以有一定光泽度的黑色、灰色、浅蓝色、绿色、波尔多红色、赭黄色或亚光黑色，软垫也有不同的颜色和材质供顾客选择（图 2-30）。2008 年生产了 80 周年纪念版，钢架漆成了亮蓝色，坐垫内部填充羽绒，由天然皮料包裹，限量生产 500 件。2010 年至今，再次生产了单座、双座、三座等不同型号的沙发椅，分别用于不同空间。

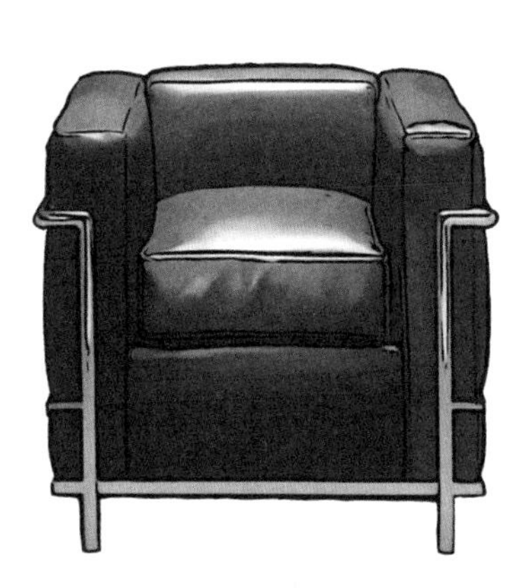

图 2-29

图 2-30

对于前两种设计，柯布西耶很快意识到了它们的局限性——重量过大，并不适用于普通办公或居家室内。因而，他们三人在 1928—1929 年又设计出“巴斯库兰椅”（Basculant）（图 2-31），该椅无论在视觉上还是实际重量上都很轻便，一举成为受大众欢迎的家具之一。与前两种版本不同的是，这把椅子的支撑部位与主体部位是融为一体的。主体构架材料是钢管，但柯布西耶并未像另外几位大师一样以弯曲的方式使用它们，而是用焊接方式制成主体构架，使得“巴斯库兰椅”更像是一台机器，这也是柯布西耶一贯提倡的机器美学的灵感体现。扶手部分使用的皮带类似于机器上的传送带，而靠背悬固在一根横轴上更增加了机器上的运动感。

1930 年，索耐特公司制造了大约 350 把皮革或帆布材质的“巴斯库兰椅”和一把较小的豪华版。1978 年，意大利的卡西纳（Cassina）公司聘请帕瑞安德为顾问，并扩大了生产范围，增加了许多新的颜色和材料。如 1978—1992 年生产的版本是钢管框架镀铬或涂亚光黑色漆，坐垫和靠背为防撕裂的自然色帆布，帆布边缘缝有同色皮条，配以同色皮革扶手（图 2-32）。2011 年至今生产的 LC1 椅是为切齐别墅（Villa Church）设计的特别版“LC1 椅”，坐垫和靠背内部填充聚氨酯材料，外覆蓝色绸缎，皮革扶手或蓝色缎面扶手都配有灰色皮革接缝。

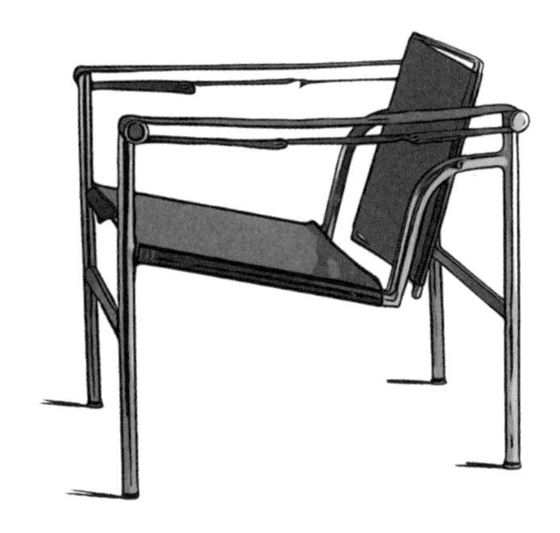

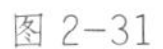

图 2-31

图 2-32

瑞士学生宿舍（The Pavillon Suisse）是一座四四方方的住宅楼，由 6 根混凝土柱子支撑，一楼的公共休息室毗邻一个大厅的入口，这是柯布西耶和让纳雷为巴黎大学设计的，建于 1930 年至 1933 年。从 1927 年起，他们就和帕瑞安德一起工作，总共完成了 50 个房间。三人在公共休息室和办公室使用的 B307 玻璃桌（图 2-33）由托奈特在 1933 年提供。这些桌子的框架由涂漆的 T 形材料制成，插入镀铬钢管，上面放一个厚平板玻璃或铸玻璃桌面。这张桌子的低成本版本（图 2-34）是专门为学生的房间制作的，焊接的框架和脚都漆成灰色，把一块四边都有油边的木板拧到框架上，并以此作为桌面。

图 2-33

图 2-34

1954 年 5 月，柯布西耶获得了委托设计巴黎城市大学巴西住宅大楼的合同。1956 年 2 月，他听从助手的建议，根据 1955 年为法国南特的雷泽公寓设计的家具模型，开始设计大厅的家具。两年后，当他再次回到工作中，得到了以前工作室合伙人帕瑞安德的支持。

正是她的参与促成了最终多功能单元橱柜（图 2-35）的设计，包括这里展示的单元橱柜，可作为卫生间清洁区、工作区及卧室之间的隔断。面对清洁区的一侧，左边有 5 个深的隔层、4 个不太深的塑料抽屉和 2 个开放式的隔层；右边有 4 个大的隔层用来放鞋子等物品。橱柜的另一端是用来放书的架子。除了智能的布局外，彩色抽屉也特别引人注意。它们明亮的色彩与灰色的塑料推拉门、橡木贴面的框架和房间本身的彩色墙壁形成令人愉悦的对比。1958 年 11 月，在帕瑞安德的帮助下，该产品完成了最后一次修改，1959 年 2 月在巴黎投入生产。

图 2-35

柯布西耶设计的这些主要家具——休闲椅、豪华舒适沙发椅、“巴斯库兰椅”，首次用于 1928—1929 年设计的巴黎切齐别墅，并于同年在巴黎秋季沙龙公开展出。他为切齐别墅设计的这组家具中还有一张桌子，这张桌子比上述家具的设计都简洁精练，用金属支架支撑一块桌面就是这张桌子的全部结构。和其他设计一样，这张桌子也受到了机器美学的影响。这段时期，柯布西耶对飞机非常着迷，在设计中，椭圆断面钢管的应用显然出自飞机的机器美学。包括这张桌子在内的上述所有家具，至今仍在许多地区制造、生产着，它们强劲的设计生命力是不言而喻的。柯布西耶这批优秀的家具都产生于他早期的设计生涯，实际上，这些家具设计中的许多观念深深影响着柯布西耶以后的建筑设计。

LECTURE 3

Aalto, Mathsson and Mollino: Praise of Plywood

第 3 讲

阿尔托、马松和默里诺：胶合板礼赞

来自森林的芬兰建筑大师终生保持着对大自然和生态环境的热爱，这也促使他们用胶合板来对抗钢管，从而主导现代家具的又一场革命。

阿尔托早年的家具设计尚有北欧传统的痕迹，而包豪斯的大师们时常给偏居欧洲一隅的阿尔托带去设计时尚的信息。也许是 1926 年夏天，莫霍利 - 纳吉去芬兰度假时，带给阿尔托一把最时尚的“瓦西里椅”，使受到震撼和启发的阿尔托决心革新现代家具。然而，与密斯、柯布西耶不同的是，阿尔托并未从钢管材料出发，来自芬兰的他想到的是在芬兰发展已久的胶合板。阿尔托时刻关注普通人日常使用家具的感受，他敏锐地发现了钢管材料的冷漠气质，并决心用全面革新的现代胶合板取代钢管。

1928—1930 年是阿尔托全力试验现代胶合板的时期，他精心研究人类自古埃及时代起即已应用的各类弯曲板、层压板和胶合板，最终发明出全新的专门用于现代家具的桦木胶合板，也由此将芬兰胶合板和芬兰现代家具带到全球领先的地位，直到今天。

1929 年，阿尔托创作出“帕米奥椅”（Paimio Chair）和三足凳，从此使胶合板成为现代家具新贵并迅速成为主角。此后，阿尔托的胶合板家具层出不穷，尤其是胶合板悬挑椅、悬挑沙发和悬挑躺椅，更是全面展示了胶合板材料的潜力和魅力。

1936 年阿尔托牵头创办的阿代克（Artek）家具公司一直到今天依然是引领全球家具设计时尚的企业之一。阿尔托的设计几乎穷尽胶合板的全部可能性，他的设计在很大程度上只是被模仿，却很难被超越。

然而，瑞典的马松和意大利的卡洛·默里诺（Carlo Mollino）经过潜心钻研，最终发展出了属于自己的设计语言。

马松在瑞典自家工厂研制胶合板，全力开发胶合板的弯曲与抗压性能，发展出独具瑞典特色的弯曲胶合板家具系列，宜家的崛起更让胶合板走进全球的千家万户。默里诺则以意大利人的艺术气质和浪漫情怀，努力开辟现代胶合板的雕塑化领域，从而研发出以三向度空间创意为出发点的雕塑形座椅、桌柜和室内设施。

胶合板以其惊人的强度和耐性，尤其是超越钢管“冷漠”本性的优势，成为从20世纪直到今天家具行业的万能材料，对胶合板的礼赞，成为现代家具设计师的必修课。

从19世纪奥地利索耐特家具公司在薄木弯曲工艺上的发展，到20世纪三四十年代先锋派的设计师和制造商都试图找到一种使木材更轻，更适合大批生产，更符合人体工程学的加工方法。用人造树脂来粘接薄木能制造出一种强度更大的材料——胶合板。尽管新材料和新造型使现代设计在欧洲和美国发展迅速，但它从一开始就存在根本性的弱点——难以使大多数人满意。钢材的冷漠，造型的单纯，为现代设计的进一步发展设下了自身障碍，因而内在的调剂和自我丰富势在必行。

在这种情形下，北欧学派正式亮相。除钢材外，他们亦使用各种各样的木料，在创造构造形式的过程中并不过分强调机器美学，正相反，手工技艺被摆在非常重要的位置。北欧学派主要由瑞典、丹麦和芬兰的设计师组成，而其出类拔萃的领袖人物则是芬兰设计大师阿尔瓦·阿尔托。二战之前，阿尔托对曲木进行了根本性的改进，并率先于1933年申请了曲木技术发明专利，随后瑞典设计师马松和意大利设计师默里诺也利用胶合板的特性和弯曲美学设计生产了一系列座椅。

1.阿尔瓦·阿尔托（Alvar Aalto，1898—1976）

阿尔托生于芬兰一个叫库塔尼（Kuortane）的小镇，1903年举家移居芬兰中部城市尤瓦斯加拉（Jyvaskyla），并在这里完成了中小学教育。1916年，他考入赫尔辛基理工学院，由于芬兰独立战争，阿尔托直到1918年才正式入学，3年后他完成了学业。阿尔托思想的形成与他成长的家庭环境密不可分，他的外祖父是森林学教授，父亲是一名土地测量员，他们为少年阿尔托营造了一个了解森林，与自然亲近的机会，这是其他设计师不曾享有的特殊经历。

1923年，阿尔托在尤瓦斯加拉开办他的第一个设计事务所。次年与阿诺·玛赛奥（Aino Marsio）结婚，两人乘飞机去意大利度蜜月，在当时看来这是非常大胆而新奇的方式。这次航空旅行使阿尔托立即对飞机着迷，同时也为他提供了许多创作灵感，他从飞机上看到芬兰国土的平面形式。从意大利回来后，两位建筑师开始了建筑、家具、工业设计等多方面的成功合作。如他们共同设计的“39号躺椅”在1937年巴黎世界博览会的芬兰馆首次向国际公众展示。这件躺椅是阿代克家具公司的产品，该公司是阿尔托夫妇两年前与艺术收藏家、赞助人迈尔·古利奇森（Maire Gullichsen）和艺术史学家尼尔斯·古斯塔夫·哈尔（Nile Gustav Hahl）共同创立的。阿尔托为他的“31号椅”（图3-1）设计了悬臂式木制框架，这个框架不是支撑座椅外壳的，而是支撑延伸的靠背表面。椅腿是向两侧分开的，比扶手略宽，弧度更大。扶手和靠背向后倾斜以适应躺着的人。躺椅的前端远远超出了框架，坐板与靠背由一张胶合板弯曲而成，通过木钉与框架连接。在巴黎展出的模型用类似牛皮的织物做装饰，而在两年前，阿尔托在苏黎世的科索酒吧（Corso Bar）用斑马纹布料覆盖椅面。除了胶合板和织物的版本外，该躺椅在1947年还生产了帆布条编织或皮革编织的版本。

阿尔托是一位早熟而又幸运的设计天才，早在二战前就已享有国际声誉。芬兰作为真正独立的国家比阿尔托本人还年轻20岁，这个年轻而充满朝气的国家为自己的设计师提供了必要的创作空间，其自然资源又为阿尔托的设计提供了灵感和操作可能。从一开始他的设计就表现出了与其他几位经典设计大师的区别，充分利用场地与阳光的关系，掌握光学与声学的研究成果与应用，同时精心选择恰当的建筑材料，因而阿尔托理所当然地成为芬兰设计的旗帜并不断被委以重任。1933年，世界最重要的建筑杂志《建筑导报》在伦敦举办阿尔托作品展。同年他移居赫尔辛基，不断承接重要建筑工程，逐渐成为领导芬兰新潮流的建筑师，随后他又以参加国际竞赛的方式分别赢得1937年巴黎世界博览会及1939年纽约世界博览会芬兰馆的设计权，并使之成为建筑史上的经典之作。这

图3-1

两个芬兰馆也是阿尔托在芬兰之外的第一个建筑，使他受到了极大的国际关注。1939 年，阿尔托第二次去纽约时，见到了当时声名鹊起的美国建筑大师赖特，一生孤傲的赖特毫无保留地赞叹和推崇阿尔托，这几乎成为欧洲建筑师的一个孤例。不久阿尔托被聘为麻省理工学院建筑系教授，对当时美国的建筑设计界有很大的影响。1949 年，他的妻子阿诺去世，阿尔托辞去美国教职，回芬兰专注于设计。3 年后，阿尔托与另一位建筑师艾丽莎·玛琪纳米（Elissa Makiniemi）结婚，从此开始另一段成果同样丰富的设计旅程。在几位最重要的建筑大师、设计大师中，只有阿尔托始终能够挥洒自如地处理设计和生活中的一切问题，他确实准确抓住了这个时代的设计命脉。

阿尔托杰出的建筑设计分布在世界许多国家，建筑中的家具也随之传遍世界，阿尔托的家具设计在强调工业化生产的同时又非常注重人情味，从而适于各种场合使用。他对木材的革新和使用让人们对现代家具更具信心，尤其对家庭而言，木制家具更受欢迎。

“15 号扶手椅”（图 3-2）是阿尔托与家具制造商奥托·科霍宁在 1929—1930 年开发的 4 个相关模型之一。该椅的坐板与靠背是胶合板，靠背是弯曲的，以适应人的背部，后腿向上延伸形成扶手并支撑靠背。这种可堆叠的椅子有两个版本，一种是前腿连接在坐板表面外部（图 3-3），另一种是椅腿连接在坐板下面。阿尔托和妻子阿诺在 1930 年举办的名为“最小居住空间合理化”的展览上展

图 3-2

图 3-3

示了“15 号扶手椅”，该展览是芬兰工艺美术设计学会年度展览的一部分。“46 号堆叠椅”（图 3-4）是阿尔托夫妇在这次活动中展示的三室公寓的家具之一，它不仅比这里展示的模型更大、更重，而且在钢管框架上有两个支配孔。1932 年，在苏黎世文克·西隆·纽伯尔（Werkbundsiedlung Neubühl）庄园的开幕式上，西格弗里德·吉迪翁要求阿尔托夫妇展示这把堆叠椅。由于芬兰的生产问题，吉迪翁和阿尔托同意由瑞士 Embru-Werke 公司制造，wohnbedsrf 公司发行。从 1932 年开始，“46 号堆叠椅”由 Embru 公司生产的钢管框架和芬兰进口的胶合板外壳来完成组装。在这个过程中，外壳是放在橡胶垫圈上而不是垫片上，椅子的外形也变得更窄、更高。

1930—1931 年，阿尔托设计了高背悬臂椅（Highback Chair）（图 3-5），这个模型后来被简称为高背椅。它与阿尔托其他设计的不同之处在于其靠背是三维造型，而非二维造型。高背椅的坐板是平的，末端向下面弯曲，就像“31 号椅”一样，以微微凹进去的靠背来适应人的坐姿。1932 年，在赫尔辛基北欧住宅博览会上，高背椅公开展示。可能是因为生产三维靠背特别复杂，所以除了在米兰展和其他国际展览的照片中，高背椅很少有复制版出现。

弯木悬挑椅的诞生是阿尔托为 20 世纪家具设计做出的杰出贡献。自马特·斯坦于 1926 年设计第一件悬挑椅以来，钢材一直被认为

图 3-4　　图 3-5

是唯一能用于这种结构的材料。然而，到了 1929 年，阿尔托的好友，匈牙利艺术家、摄影师、电影制作人拉斯洛·莫霍利·纳吉（László Moholy Nagy）的《建筑材料》（*Von Material zu Architektur*，1929）一书对其家具设计产生了重要影响。阿尔托称这本书奇妙、清晰、美丽，鼓励了他对木材的不断探索与实验。

经常出国活动的阿尔托对其他设计师试制悬挑椅的情况非常了解，他决心另开新路。经过多年努力，他对木料的使用开发几乎达到了极致，并于 1933 年用层压胶合板成功设计并制作出全木制悬挑椅。这是阿尔托第一件重要的家具——“帕米奥椅”（图 3-6），该椅使用的材料全部是他三年多来研制的层压胶合板。这也是他为早期成名建筑帕米奥疗养院（1930—1933）设计的室内家具，在充分考虑功能、轻便的前提下，这把充满雕塑美感的座椅整体以优美的造型展现。“帕米奥椅”的波浪形框架由几层薄薄的木板黏合在一起并压制成型，阿尔托将贴面纵向排列，每个贴面都在不同的点位完成，使框架看起来没有缝隙。最初，阿尔托用山毛榉做框架，1934 年他转为使用桦木。“帕米奥椅”最明显的特征是座板和靠背上的圆弧形转折，只在顶部和底部结束的部位与框架连接，并完全考虑到座椅的美观和结构功能的需要。靠背上部的三条开口也不是装饰，而是为使用者提供的通气口，此处是人体与家具最直接的接触部位。帕米奥疗养院建筑设计的总体风格仍属于 20 世纪 20 年代严肃的“国际式”，但这件杰出的家具已明显表露出北欧学派对

图 3-6

过于冷漠的“国际式”的修正，开始让人们感到“国际式”也可以产生温暖的感觉。

阿尔托对这种结构兴趣很大，之后许多年都在这种结构的基础上不断翻新设计，如上文提到的阿尔托夫妇 1936 年共同设计的躺椅和 1947 年以帆布条编织作为坐面靠背的悬挑椅（图 3-7）。阿尔托非常重视家具设计的连续性，他认为一种设计不可能一次就很成熟，它总有可改进之处，至少可以变换成多种不同的面貌以满足社会大众的不同需求。例如，1932 年他设计的“混合椅”（Hybrid Chair）（图 3-8）是其家具设计历史上一个重要的转折点。该椅类似于他两年前设计的模型（图 3-4），这款可堆叠的座椅是用一片胶合板安装在钢管框架上而制成的。然而，在这个案例中，阿尔托选择了一块更宽的胶合板，并在纵向两侧增加了切口，向上弯曲成为扶手。他的“帕米奥椅”大约是在同一时期制作的，并为疗养院医生办公室创作了一种混合椅的变体作为办公椅。座椅的外壳覆盖着黑色仿皮革，安装一个圆锥形的钢板作为基架，形成一个高度可调的转椅。此后，阿尔托又用不同色彩、不同材料赋予各种座椅多姿多彩的面貌。成立于 1935 年的阿代克家具公司专门经销阿尔托的家具，笔者每次进入其展示厅都能强烈地感受到阿尔托的这种在设计上无止境的探索精神。

维堡（Viipuri）图书馆是阿尔托通过 1927 年的设计竞赛赢得的第一个重要设计工程，但出于种种原因工程的实施一直拖到 1933 年才开始。1933 年，阿尔托为这个图书馆设计了一种叠落式圆凳

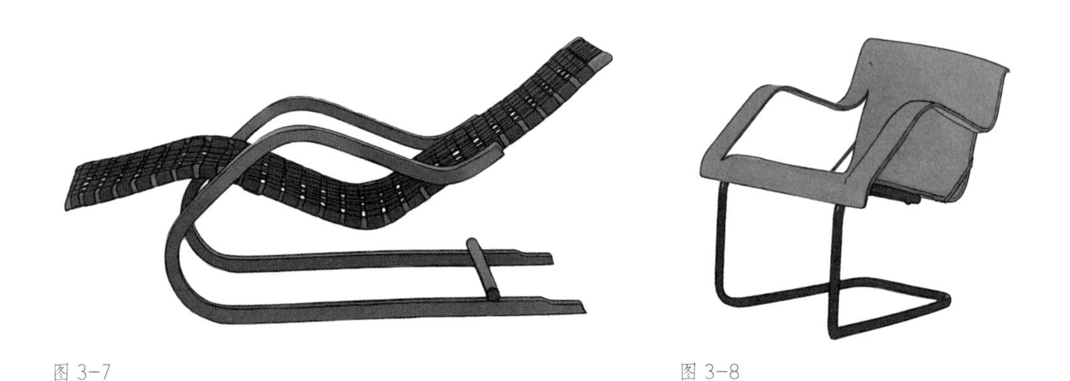

图 3-7　　图 3-8

图 3-9

（Stool 60）（图 3-9）。其最惊人的特点就是后来被称作“阿尔托凳腿”的面板与承足的连接，这种以层压板条在顶部弯曲后用螺钉固定于坐面板上的结合方法非常干净利落，面板与承足的连接本是一个古老的难题，却被阿尔托如此轻而易举地解决了，阿尔托为此于 1935 年获得专利。这种圆凳只由四个极为简单的构件组成，一个坐面和三条木腿，很难想象出比它更简洁的座椅了。腿足部位扩出坐面使圆凳便于叠摞，而叠摞所形成的三重螺旋轨迹本身又构成了一件有趣的雕塑艺术品。这件家具的设计尺度、比例均可依具体场合的使用需要进行调整，同时也可加上或高或低的靠背，形成普通椅或酒吧椅。靠背与腿足的连接同样以螺钉直接结合，构造体系完整统一。为了符合阿尔托灵活标准化的概念，这种弯曲的木腿也被用于其他类型的家具中，如 65 号椅子（图 3-10）和 L 腿桌子（图 3-11）。同年 11 月，在伦敦福特纳姆 & 梅森百货公司举办的阿尔托家具小型展览上，公众第一次见到了这种凳子。1934 年，这种凳子出口了 2000 个到英格兰，直到今天已生产了 800 万个。阿尔托在这件家具中充分表现出他将木材作为现代家具设计的主体材料时，物美价廉、简单便捷的结点设计。1954 年，阿尔托总结道：“无论在历史上还是现实中，家具设计最基本的问题是垂直与水平部分之间的连接元素，甚至可以说这就是它的风格因素，在这种方式下椅子腿仿佛是建筑柱的妹妹。”

阿尔托家具设计中的一个重要特征是他乐于接受挑战，总是试图解决不寻常的实际设计问题。这方面最著名的例子是他在 1936 年为

图 3-10

图 3-11

服务现代家庭日常生活而设计的一种室内手推车。这种手推车系列的前身是 1933 年为帕米奥疗养院设计的医用手推车，该设计共有两层，供护士每天调换护理用品时使用。和“帕米奥椅”一样，帕米奥手推车的主体构造采用层压胶合板，整个设计再次体现了阿尔托作品典型的简明、醒目的特点，加上不同色彩的配置，视觉效果极为强烈。1936 年，阿尔托针对普通家庭使用的需要重新设计了这个手推车，在改为单层的同时加上一个藤编吊篮作为使用层的补偿（图 3-12），有效地增添了家庭式的温暖气氛。随后几年，阿尔托又对这个家用手推车做了许多材料、色彩的更换。这种引人入胜的设计也被十分协调地应用于阿尔托的许多建筑作品中。

在芬兰语中，“Aalto”是波浪的意思。也许是巧合，从维堡图书馆演讲厅（1935）天花板上的巨大波浪，到 1939 年纽约世博会芬兰馆像极光一样的媒体墙，再到麻省理工学院 Baker 宿舍（1949）的砖砌波浪，在 1930—1950 年这一时期，有机波形成为阿尔托建筑的中流砥柱。1936 年，阿尔托设计的 100 号屏风（图 3-13）将 20 世纪 30 年代中期的波浪形应用到屏风中，这件家具本身就是一个临时的、可移动的墙壁，与建筑有着内在的相似性。该屏风由 80 根松木窄条组成，每根略大于 2 厘米宽，1.5 米长，由水平钢缆通过 4 个点连接。这样的连接使屏风非常灵活，一个人能用无数种方式来摆放，而波浪的形状也使它很稳定，不使用的时候还可以卷起来存放，以便节省空间。

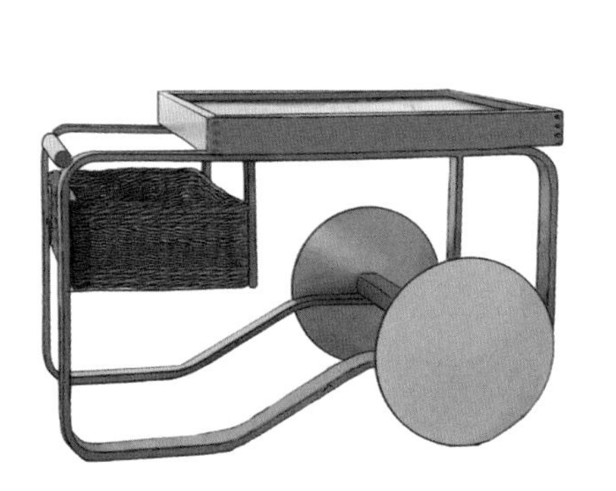

图 3-12

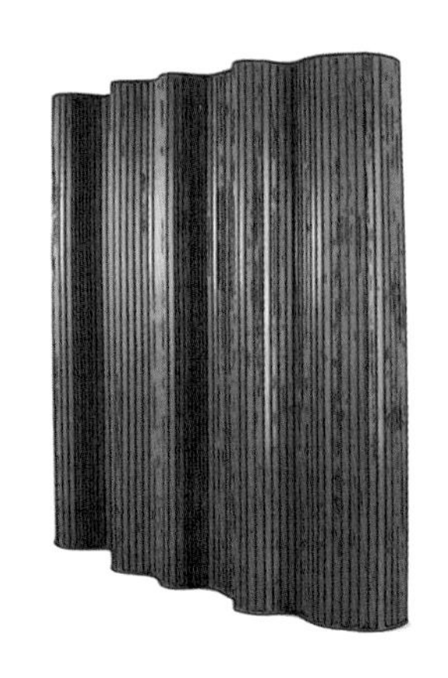

图 3-13

1954 年设计的扇足凳（图 3-14）是阿尔托又一件令人叹为观止的家具杰作，它以微妙而精巧的技术有机地创造出一种非常漂亮的扇形足，并直接与坐面相连。这种扇形足最大限度地宣告了结构的可能性和木料的自然美，无论阿尔托本人还是公众都认为这是他对现代家具结点探索中的最大成果。这种扇足凳系列可以用三足、四足、五足、六足等，加上材料、面料的转换，真正组成了一个家具大家族。这种扇形元素也同样被阿尔托用于他的许多建筑设计中，如赫尔辛基理工大学新区的主体建筑群、芬兰文化会堂（1958）、德国沃斯伯格文化中心（1958—1962）以及德国不来梅公寓楼（1963）等。

作为举世公认的 20 世纪最多产的建筑大师和家具设计大师，阿尔托 60 多年硕果累累的工作几乎无人能比。他的设计本身都与芬兰密切相关，芬兰的社会传统和严酷的气候环境使阿尔托对设计与人，以及设计与自然的关系极为敏感和关注。他将自然界的某些现象作为设计的线索，且在设计过程中又总是能符合建造的规律。

阿尔托的个性使他特别善于吸收别人的长处并将其成功地转化为自己的设计灵感，同时在方法上保持实验性和实用性，他时刻创新的思维提醒自己不断对新事物进行挑战，从而最大限度地保证作品的质量。在室内与家具设计、城市规划、建筑设计、玻璃设计等诸多方面，阿尔托都被誉为顶尖级大师，他对现代设计运动做出的巨大贡献，对世界设计舞台的影响，随时间的流逝也越来越强烈。

图 3-14

2. 布鲁诺·马松 (Bruno Mathsson, 1907—1988)

马松出生在瑞典一个名为瓦那穆（Varnamo）的小城，他是木匠世家的第五代传人，从小就在父亲的家具作坊里当学徒，并终其一生都在这里工作。与里特维德、布劳耶尔、密斯、柯布西耶和阿尔托等第一代现代家具设计大师相比，这可能是现代设计大师中仅有的例子。马松在第二代现代家具设计大师中是最早成名的，他设计出弯曲木家具的时期与阿尔托相同。1930 年，由瑞典建筑师古纳尔·阿斯普朗德（Gunnar Asplund）设计的斯德哥尔摩博览会场馆将瑞典的现代设计引向一个高潮，而当时正是传统保守主义与现代主义激烈斗争的时刻。20 世纪初的瑞典艺术设计风格不拘一格，设计师和艺术家深受北欧民族浪漫主义的影响，从中吸取灵感。正是在这种大环境下，年轻的马松凭着他对新潮现代设计风格的热情，开始以现代设计观念进行他的家具设计。令人惊奇的是，马松从最初设计的弯曲木椅开始，在以后的几十年间都沿着同一条思路向前发展，但直到今天其作品仍充满时代气息。

1933 年，马松推出了他的第一把由弯曲胶合板和编结的麻织带为构件的“36 号休闲椅”（Liggstol Mod.36）（图 3-15），该椅下面的框架是由弯曲压层山毛榉制成的，上面坐面和靠背的框架是用桦木制成的，其中坐面与靠背用黄麻织带融合成一条连续的曲线。马松将家具的设计建立在对人体的研究上，为此他还思考了在三种不同环境下使用的椅子，如工作中的座椅以直立的姿势坐着，休息时以斜倚的姿势靠着，放松休闲时则完全躺下来。

图 3-15

1936 年，哥德堡设计博物馆展出了马松的系列设计，这批以前所未有的造型出现的弯曲板条休闲椅立刻引起了广泛关注。早期的“36 号休闲椅”有固定宽度的腿，一个距离地面几厘米的板条连接在两腿之间。20 世纪 40 年代，他把板条向上移动了几厘米，使之更加靠近框架，随后的几年，马松在“36 号休闲椅”的基础上添加了扶手和一个可以固定在框架上的阅读桌（图 3-16），后来又在躺椅上添加了轮子（图 3-17）。

图 3-16

图 3-17

1943 年，他重新设计了“佩妮拉 1 号椅”（Pernilla 1），使它的靠背向后倾斜。1944 年设计的“佩妮拉 2 号椅”基本造型介于工作椅与“佩妮拉 1 号椅”之间，椅子的框架牢固地支撑着靠背，休息时头可以靠在向前倾斜的皮质靠枕上（图 3-18）。同年，马松又设计了一款带有扶手和较长脚踏板的躺椅，脚踏板的末端向上弯曲，靠背顶端有一个向前倾斜的颈部支撑，整张躺椅覆盖有白色或黑色的羊皮，被命名为“佩妮拉 3 号椅”（图 3-19）。自 20 世纪 70 年代以来，该坐面和靠背的木材也由层压山毛榉制成。佩妮拉系列已经成为现代休闲和舒适的象征，这也是马松家具设计渐进的方式。

马松的设计明确宣告了一种有机设计的诞生，虽然早些时候芬兰设计大师阿尔托也推出了一批更为成功和有轰动效应的有机设计，但两人具体构造的手法却全然不同，这本身就是一个非常有趣而值得研究的课题。他的设计最引人注目之处就是简单而优美的结构所形成的一种轻巧感，而材料的选择也构成了独特的气质，椅子的造型也是随人体形态的变化而来的。

1952 年，马松和 87 岁的丹麦数学家、诗人皮特·海因（Piet Hein）在哥本哈根第一次见面，他发现海因是一位与他志趣相投的自由思想者。海因曾在斯德哥尔摩皇家美术学院学习美术，后来在哥本哈根才转向研究哲学和物理理论。他将斯德哥尔摩城市广场设计成一个“超椭圆”的形状，尽可能方便交通。

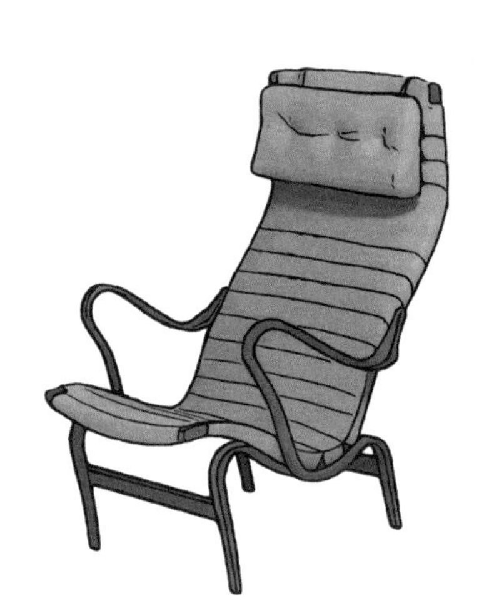

图 3-18

图 3-19

1964 年，马松与海因共同设计出一张极为优美的、介于长方形及椭圆形之间的桌子，这张桌子的超椭圆形式和跨度腿的想法就来自海因，根据海因的数学公式，显示如何创建“超级圆”“超级椭圆”和“三超椭圆”（图 3-20）。图中的每一个点都有数学上的定义，因此宽度和长度之间总是产生相同的形状。马松在 1965 年写道:“我们总是对对方怀有极大的钦佩之情，并毫不犹豫地以正确的角度共同思考。”

新桌子的形状和跨度腿推动了马松的 20 世纪 60 年代新家具的设计。为了推销他的新产品，马松在 1965 年创建了一家名为马松国际 AB 的公司，1993 年更名为布鲁诺马松国际 AB，超椭圆和跨度腿仍是马松国际 AB 公司最成功的产品。与此同时，马松开始尝试使用钢管结构，并推出了一款带有单轴钢管支撑的椅子，命名为“杰森”（Jetson），该名取自热门电视剧《杰森一家》。旋转的座椅设置在一个钢管基座上，这是一个革命性的新结构，1965—1966 年马松国际 AB 公司生产了该款座椅，最初座椅是由麻纤维制成的，现在由合成纤维制成。在 2005 年，布鲁诺马松国际 AB 将原模型命名为“杰森 66”（图 3-21）。

图 3-20

图 3-21

1969 年，马松再一次设计出对公众具有极大吸引力的椅子——“卡琳椅”（Karin Chair）（图 3-22）。事实上，当“卡琳椅”出现在市场上时，很快就有至少 20 家公司仿制它。尽管瑞典工艺与设计协会的版权审查委员会发现马松才是原创者，但要证明非法复制是很困难的，马松对剽窃这一现象感到很沮丧，他不愿因提起诉讼而中断设计工作。随后，马松用弯木创作了“卡琳椅”的姐妹版——“英格丽椅”（Ingrid Chair），用弯木替代了金属扶手和框架，靠背部位也有了不同的高度。这两款椅子于 1969 年 9 月在斯德哥尔摩北欧画廊（Nordiska Gallerite）首次展出，获得了很大的成功，并在瑞典销售良好。

在 20 世纪 50 年代到 60 年代早期，马松的家具对瑞典室内设计的流行做出了重要贡献，功能、简洁、形式和结构同时出现在一个优雅的设计中，成为瑞典现代设计的象征。马松的设计对弯木和钢管框架的家具给予了敏感和细致的考虑，他的家具轻便简洁，便于使用，且日益合理化的生产无疑也是一个重要的因素，使他的作品毫不费力地拥有现代感。

20 世纪 70 年代中期，一组新形式的座椅出现了，它们是“米凯尔椅”（Mikael Chair）、“米尔顿椅”（Milton Chair）和“米莉亚椅”（Miria Chair）。这些座椅的靠背和扶手都是用软垫制成的，包裹在钢管状的框架上。这些椅子更像是安乐椅，但实际上是会议椅。不同的名称只是指定了不同的框架，有些框架带有脚轮、滑块或单基座（图 3-23）。2000 年，瑞典担任欧盟轮值主席国期间，

图 3-22

委托制造了166把“米莉亚椅”用作国家元首和其他人员的会议椅。这些椅子的框架被漆成白色，带有轮子，并配以白色皮革。

1978年，克拉斯朗（Claes Ljung）在曼哈顿东63街的杜克斯（Dux）展厅展示了马松的家具系列，帮助美国人重新燃起了对马松家具的兴趣。卡琳和马松参加了在杜克斯展厅举行的开幕式，活动结束后，他们从那里飞到东京去看被收藏在日本的马松家具原型。尽管当时马松已经71岁了，但他仍然在为新的海外市场设计新作品。

在家具的生产与经营上，马松与阿尔托的情况极为相似。当他的设计成功推出时，尽管公众的热情极高并给出了一致好评，但当时的瑞典工业界却不愿冒险生产马松的设计作品。因此，马松决定在父亲的家具作坊中进行生产。这样反而带来了相应的好处，即设计师可以从头到尾监控质量，而且直接从作坊销售也能获得更大的利润，可以说在这方面马松再次成为先驱人物。后来，不断有其他厂家开始生产他的家具，尤其在1970年以后，他的设计作品完全成了瑞典家具设计的象征。

马松是现代家具设计师中最早研究人体工程学的先驱者之一。在他晚年时，这位毫不停歇的设计师开始运用人体工程学设计电脑桌。作为建筑师，马松又是最早考虑在设计中将地热和太阳能作为能量源的人。这位出身木匠世家的设计师有着独特的想法，在瑞典传统工艺的熏陶下结合现代主义理念，将瑞典现代设计引向高潮。直到今日，马松一直是瑞典最著名的家具设计大师。

图 3-23

3. 卡洛·默里诺（Carlo Mollino，1905—1973）

默里诺是意大利学派先锋人物中最重要的一位。意大利学派是二战以后锋芒最盛的设计学派，从 20 世纪 50 年代末到 20 世纪六七十年代是意大利学派的全盛时期，这与几个重要因素密切相关。

第一，意大利作为欧洲最古老的文化古国之一，有深厚的文化底蕴和优良的设计传统，一旦遇到适当的时机或体制，它们自然能够勃发出来。第二，意大利虽为二战的战败国，但在城市建筑方面损失并不大，因此战后并不像其他几个欧洲国家那样忙于重建家园，反而使一批又一批的优秀建筑师将注意力转向家具设计、工业设计等领域，由此形成强大的阵容。第三，战后意大利科技发展迅速，尤其在木工机械和各种新材料方面时时领先于世界，这使本国建筑师、设计师们有新的方式和材料来实现他们充满“前卫”思想的设计作品。第四，意大利在 20 世纪早期有一批非常优秀的先驱人物在家具设计领域已做出充满个性的探索。

默里诺生于意大利名城都灵，父亲尤吉尼奥·默里诺（Eugenio Mollino）是都灵负有盛名的建筑师、工程师。他从小在家庭环境的耳濡目染下，对建筑、工程、设计等都有很大的兴趣。默里诺所受的艺术技术和文学教育都对他的文化观产生了重大影响。1929 年，24 岁的默里诺在比利时根特艺术学院学习了艺术史课程，这段短暂的学习经历极大地开阔了他的眼界。他先是学习工程学，打下了坚实的结构基础，而后又进入瑞吉亚建筑学校主修建筑学，毕业后开始从事建筑设计。1933 年，他在都灵圣朱塞佩学院的导师、艺术评论家布拉泽·戈弗雷多（Brother Goffredo）曾写道：“默里诺首先是一位艺术家，彻底的艺术家。他对成为一位受人尊敬的中产阶级专业人士感到厌恶，这就是他的想法。”默里诺也是一位优秀的教师，1952—1968 年，他在都灵建筑学院教授建筑史课程，培养了一大批优秀的建筑师。在他的职业生涯中，他扮演了众多角色，包括建筑师、家具设计师、室内设计师、摄影师、服装设计师、评论家以及赛车设计师。他设计的著名赛车“奥斯卡 1100”获得了 1954 年勒·曼斯（Le Mans）24 小时汽车拉力赛的冠军。

默里诺的家具设计非常有个性，尤其表现在他对不同形式的积极探索中。1940 年，应意大利设计界掌门人吉奥·庞蒂（Gio Ponti）夫妇之请求，默里诺为他们设计了一把独特的椅子，由抛光铜架和包裹皮革的坐垫及靠背组成，坐面和靠背的双分叉造型显然是建立在分趾蹄的形式上。这种双分叉主题的造型之后又多次出现，如 1954 年为一个餐厅设计的餐椅，其分叉的靠背与后腿是“一木连作”的，靠背中间用铜螺钉相连（图 3-24）。而 1962 年为都灵建筑学院设计的椅子则在 1954 年餐椅的基础上又将双分叉靠背进行了雕塑化的处理，作为独立构件的靠背与两只后腿直接用螺钉相接（图 3-25）。

图 3-24

图 3-25

他的设计更多地是取材于传统式样，对新设计的造型掌握更为自由，也更为大胆。如他为都灵的米诺拉住宅（Minola House）设计的沙发即取材于欧洲传统的“翅膀式沙发”，但发展后的造型更为舒展，支撑部分也富于动感的形式。这件沙发制作于 1944 年，正是二战白热化之时，制作者精湛的手工艺弥补了战时材料的不足和低劣。默里诺在设计中对细节的处理可谓呕心沥血，每每显出高超的技艺，为原本平淡简单的造型增添了豪华的色彩。

1950 年，默里诺开始设计“阿拉贝斯科桌子”（Arabesco），并对胶合板的形态进行试验，他以工程师的务实态度参与了这个项目。与其他设计师探求胶合板不同的潜在使用性不同，他主要发掘胶合板的艺术表现潜力。这种极具挑战性的设计使用了一种新材料，所以制造商很难预测框架结构的稳定性。桌子的基座框架是用胶合板制成的，默里诺用螺丝钉将玻璃桌面拧到框架结构的两端，用来固定，框架上的开口既减少了胶合板的重量，又加强了结构稳定性。“阿拉贝斯科桌子”的玻璃桌面巧妙地模仿了莱昂诺尔·菲尼（Leonor Fini）一幅画中的女性身体的剪影（图 3-26）。

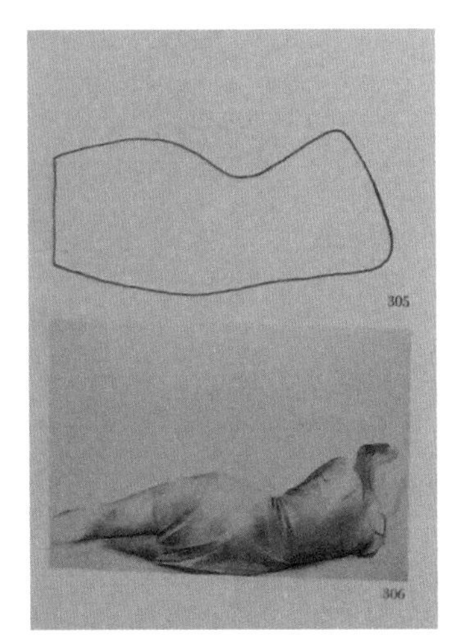

图 3-26

从默里诺的众多设计中可以看出，他对仿生形态方面有浓厚的兴趣。他的扶手椅的轮廓总是能够拟人化，并与他所画或拍摄的女性身体完全融合。而他为奥列格住宅（Casa Orengo）设计的衣帽架（图 3-27）和“高迪椅”（Gaudì Chair）（图 3-28）似乎受到了生殖符号的启发。在他的建筑中，情爱势在必行，成为一种程式化的、模糊的、持续的存在，感性地渗透在项目的每一个部分中。1944年，他特别为卡萨·艾达（Casa Ada）和切萨雷·米诺拉（Cesare Minola）设计了一款可以在床上吃早餐时使用的小桌（图 3-29），并把桌腿漆成黑色，就像他收集的《疯狂的马》海报里的舞者一样，这些腿的末端就像细高跟鞋一样。

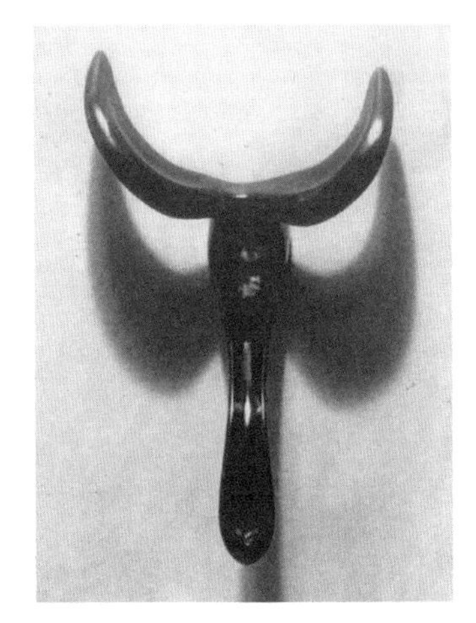
图 3-27

人们有时认为，由于默里诺的大部分工作是在皮德蒙特（Piedmont）完成的，所以他只是一个乡下人。这听起来很虚伪，他对新体验的不断渴求驱使他去遥远的国度。除非我们记得高迪，否则我们无法理解默里诺设计的卢特拉里奥宴会厅（Lutrario Ballroom）楼梯的灵感来自哪里。他参与设计的都灵皇家歌剧院（Teatro Regio）项目完全无法解释，直到我们想起纽约大都会歌剧院（The Metropolitan Opera House）或约恩·乌松（Jorn Utzon）的悉尼歌剧院（Sydney Opera House）建筑，才知道他

图 3-28

图 3-29

仔细地收集了相关资料以供参考。

1951 年，都灵的出版商、画家、艺术爱好者马里奥·拉特斯（Mario Lattes）的出版社办公建筑在二战中受损严重，于是他请默里诺为出版社装修办公室。默里诺为他设计的这张桌子极具特点，由 4 个板条穿过对角线腿的中心组成的木制框架支撑起了桌面的重量（图 3-30）。为了突出这个接合点的大小，穿过桌腿后可以看到每个板条的末端。抽屉的部分在桌子的一侧，通过一块小金属板连接到横梁和桌腿底部的特殊位置上。默里诺的结构设计成功补偿了抽屉在桌子右侧的重量，平衡了这个设计中的所有元素。该桌面由当时新兴的工业材料纤维——热压缩木材纤维与尿素树脂制成，有不易燃和隔音的效果。

1952 年，默里诺完成了意大利广播公司 RAI 会堂观众席的设计，这个工程被认为是他一生中最成功的室内设计，观众席上的沙发椅造型高贵、色彩活泼，给人们留下了难忘的印象。默里诺选择紫色的墙纸搭配灰色的结构，用暗橙色的织物覆盖会堂中大约 1500 把折叠椅（图 3-31）。座椅的靠背和扶手都是用胶合板制成的，软垫用昂贵的纯羊毛天鹅绒装饰，并根据默里诺的要求染色，底座则由黄铜管制成。为了避免磨损，在背后的凹槽部位设有脚踏板。该座椅的特别设计是为了让坐着的人在只有 60 厘米的宽度内获得最好的舒适感。

1952—1953 年，默里诺为工程师路易吉·卡塔尼奥（Luigi Cattaneo）在阿格拉设计了一座两层别墅和室内家具。该建筑是一个与设计结合的有趣案例，因为室内设计呼应了建筑使用的自然

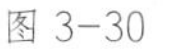

图 3-30

图 3-31

图 3-32

材料，餐厅椅子的设计完美表现了默里诺的能力。这款椅子有 4 种变体，它们更像雕塑而不是家具，这些椅子全部是通过模压胶合板来制作的，其中只有 2 个模型被制造了出来。该椅子让人产生了一种错觉，即整张椅子由一块连续的枫木胶合板构成（图 3-32），这多亏了阿佩利 & 瓦雷西奥（Apelli & Varesio）橱柜制造商工作坊的精湛技艺。这些胶合板经过模压与反模压被巧妙地黏合在一起，为了创造完美的表面效果，制作时小心地用浮石将木材打磨光滑，并用浸有酒精的棉片手工抛光。由于制作工艺复杂，材料成本过高，最终，卡塔尼奥的餐厅采用了与卡萨德尔索尔山区公寓（Casa del Sole mountain apartments，1947—1954）相同的椅子。默里诺为卡塔尼奥设计的椅子是他高度个性化设计方法中最引人注目的案例，也说明了他在 20 世纪设计中的独特地位。

1953 年，当默里诺几乎完成了意大利卡萨德尔索尔山区公寓的建设时，被告知要为 24 个房间设计基本的家具。他设计了一张简单的双层床、一张桌子和一把椅子，应用于整个住宅和餐厅中，这些具有功能性的家具，设计重点在于结构和稳固性。其中，椅子的设计灵感来源于传统的凳子，冬天在山上生产的凹形座椅通常通过椅子背部和后腿之间的连接来加强。默里诺在很多图纸中研究过这款凳子，它们采用了弯曲的座椅和普通的结构。然而，在新的设计（图 3-33）中，他异想天开地将靠背一分为二，使它看起来更轻便一些。这个想法在椅子设计中融合了默里诺高度的个性化、有机美学和乡土元素。1954 年，大约 150 件产品由埃托雷·卡纳利（Ettore Canali）独家生产。2004 年，卡纳利的孙子重新推出了这款椅子。

图 3-33

默里诺既是艺术家，又是建筑师，他有勇气、有能力让自己在设计的领域中自由行走。他对复杂网络的激情和痴迷与他的专业活动不断互动，并成为一个连贯统一的部分；他对色彩的运用没有局限于传统或现代的材料，而是在阿拉伯风格的多彩霓虹灯和斑斓变幻的色彩中，将自己转换成彩色的光，这是极其困难的。因此，要了解默里诺，就要正确地解读他的建筑语言，而不是去审视他的生活。

LECTURE 4

Prouvé: Metal Above Everything

第 4 讲

普鲁威：金属领导一切

由钢管引发的现代家具设计革命在全球范围内令家具的面貌焕然一新。布劳耶尔、密斯和柯布西耶作为一代建筑大师，用钢管和钢片在家具中表达着材料的优雅诗性。

而此后，现代金属家具发展的第二波洪流，则由法国建筑大师简·普鲁威（Jean Prouvé）担当旗手。他全面拓展不同类型金属的应用，多方位探索金属材料的强度与功能。普鲁威不仅在金属工艺方面家学渊源，而且在政治、企业管理、艺术创意诸方面有得天独厚的才能。

年轻的普鲁威早已学习和掌握了有关金属技艺的时尚，当他与柯布西耶和帕瑞安德相遇时，其源自金属材料的设计创造力终于被全面激活。他尝试并研发了几乎所有类型的金属材料，他将与金属相关的机械创意贯穿于家具设计中，他用“金属领导一切”的气概开创了金属家具的再度辉煌。

简·普鲁威是一位以金属为主要材料的现代设计大师。同时，普鲁威的身影又出现在政商两界，他当过市长，并长期担任公司的头号老板。

普鲁威虽生于巴黎，却是南锡人，父亲是著名的“南锡艺术学派”的创始人之一。普鲁威于1916—1919年在著名金属工艺师埃米尔·罗伯特（Emile Robert）的作坊学艺，后来又去巴黎学习金属的制作工艺。这段时期的学习影响着普鲁威以后的设计，他所设计的家具大多与金属有关。服完兵役后，普鲁威成了一名合格的金属工艺师，并于1923年在南锡开办了自己的金属工艺设计室。刚刚起步的工作室只为顾客设计、制作门、窗、栏栅花格等铁器或其他金属制品。自1924年起，他充分利用刚发明不久的电焊技术制作金属薄板家具，其设计中蕴含的强烈的现代工业美学气息立刻吸引了包括柯布西耶在内的前卫设计大师的注意，他们开始从普鲁威的工作室中订购他设计并制作的金属家具。

普鲁威的设计风格来自工业生产的因素远大于“国际式”的影响，他对材料的选择和生产的方式都源自飞机制造工业。早在20世纪

20 年代，普鲁威就以独特的工业手法设计出一批充满创意的金属家具，如折叠椅、躺椅、叠落式椅和旋转式办公椅等。除了以板状金属作为其家具的主体构架外，普鲁威设计中最主要的特点是对机械调节系统的探索，同时也使用流行的现代材料，如层压胶合板等。

普鲁威的设计新颖又大胆，他时常结合机械装置设计出各种可调节的椅子，并多次获得国际奖项。他对建筑和家具制作越来越感兴趣，并将自己描述为一名建造者。建造者一词表明普鲁威在这一领域的独特方法，这得益于他的工程学知识、强大的金属制造技艺以及跨学科的建筑和设计方法。早期的家具设计并不总是特定的委托产品，而是来自他工厂的技术能力和他喜欢的新材料——折叠金属板。

图 4-1

普鲁威首次设计的座椅包括两个机械椅，分别是躺椅和可折叠堆放的折叠椅。1930 年，在巴黎“现代艺术家联盟”（UAM）的展览上，他的一批作品首次展出，其中包括三种可调式座椅，他也是该联盟的创始人之一。在这个设计中，带有折叠功能的座椅模型被设计为可横向堆叠，从而达到节省空间的目的。与 Grand Repos 躺椅系列一样，折叠椅的框架由可折叠的冲压钢板、平管和焊接圆管组成，底座和靠背的侧面是一个整体。枢轴结构可使座椅折叠和调节倾斜度，同时计算出适合椅腿的轮廓角度，以确保不管坐姿如何都有绝对的稳定性。连接立柱的杆有双重功能，既可作为加劲杆，又可作为移动椅子时的把手。折叠椅的金属表面漆成黑色，靠背和坐面上是红色帆布（图 4-1）。当时，普鲁威的小作坊还没有合适的机器用来弯钢，这些工作是在其他车间的机器的帮助下完成的，因此只有很少的折叠椅被生产出来。该折叠椅通过折叠、焊接钢板和简单的机械调整来提供座椅的强度和舒适度。作为一名家具设计师，这是他作品中反复出现的主题，并成为普鲁威自己的美学特征。

1930 年，在巴黎“现代艺术家联盟”展览上同时展出的 Gand Repos 躺椅（图 4-2）与同时代设计的其他座椅完全不同。普鲁威的目标是制作一把坚固、稳定、舒适的椅子。它有一个简单的机械装置，可以放置在坐面下方的位置。坐面和底座是分开的，元件由钢板制成，用手按压和折叠。底座的框架由 U 型材构成，弹簧隐藏在座椅底部，滚珠轴承的导轨使座椅从坐姿模式滑动到斜躺模式——一个简单的动作足以引起姿势的变化，用填充的织物覆盖在金属坐板和扶手上，使它变得更加舒适。这种型号的椅子只生产了几把。

普鲁威本人使用的座椅现被收藏在巴黎蓬皮社中心。这件手工作品的重量、尺寸和型号都促使普鲁威不断地改进他的家具，他后来选择生产不可调节且更便宜的 Cité 躺椅（图 4-3）。Grand Repos 躺椅与普鲁威 20 世纪 30 年代初的创新建筑构件密切相关，其功能也依赖于复杂的机械系统。可以说，它比任何其他家具都更能体现普鲁威的构造原理。

1930 年，普鲁威接到布置南锡大学新蒙彼瓦斯宿舍的任务，即 180 个房间中的 60 个，这是他第一次尝试大规模的家具生产。他为每个房间配备了一张桌子、一把椅子、一张没有床头板的床、一把躺椅和一个书柜。他的设计主要使用抛光的橡木和深浅不同的红色折叠钢板，与其他两个供应商为宿舍提供的传统木制家具完全不同。普鲁威的家具简单经济，同时使用最少的材料，这是因为他经常使用金属薄板而不是大部分人使用的钢管。Cité 躺椅的设计既坚固又舒适，坚实的基础是由折叠钢板和两个 U 形侧面组成的，中间用横梁连接固定。座椅采用的是钢管框架，上面覆盖弹力面料，靠背后面的皮带扣可以调节织物的张力。座椅平滑的倾斜轮廓与精

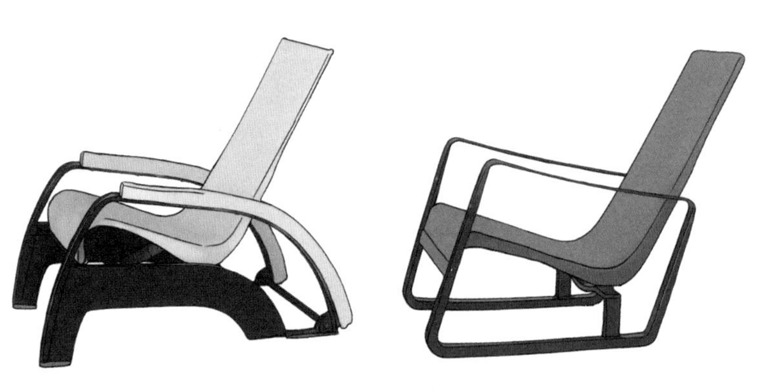

图 4-2　　图 4-3

简的框架之间的对比鲜明地体现了它的双重特征。Cité 桌子具有稳定的折叠式钢制底座和一个简单的木制顶部，适合于带有直立 C 形立柱的狭小空间。配套的椅子是普鲁威作品中的一个例外，几乎完全由弯管和扁平管制成，由于资金限制，他只能选用这些材料。在宿舍床的设计上，他将床头柜与床头板结合（图 4-4），并添加了突出的木架，其中一个架子上有抽屉，从而完成了包含收纳功能的整体设计。这是普鲁威的第一个大型家具项目，体现了他独立、前卫的精神，也预示着后来的创作方向。直到 20 世纪 50 年代，桌子都由不同的尺寸和材料制成，1953 年，这些床被进一步改造后供家庭和学校使用，并大量生产。

1936 年，普鲁威改造了南锡大学宿舍的床，用于法国梅斯法伯特中学宿舍，并命名为“102 号法伯特床”（Fabert bed）（图 4-5）。这两张床的主要结构是相同的，“102 号法伯特床”由一个金属板框架、床头板和脚踏板组成。脚踏板旁边有一个开放性的盒子。弹簧床垫在底座之上，底座由三角形轮廓支撑，旨在提高框架的刚性。床头与床尾的架子深度不同，较深的一个中间有隔板，原来是带有硬铝手柄的金属抽屉，它可以做临时书桌。在床脚底部有木制的贴片保护框架，每个房间的框架都被漆成不同的颜色。与床配套的还有 4 把椅子。为了保证家具各部分的强度一致，普鲁威设计了一些特殊形式，“4 号标准椅”（Standard chair）（图 4-6）就是很好的例子。为了创造这种轻而稳定的椅子类型，他开发了一种结构，

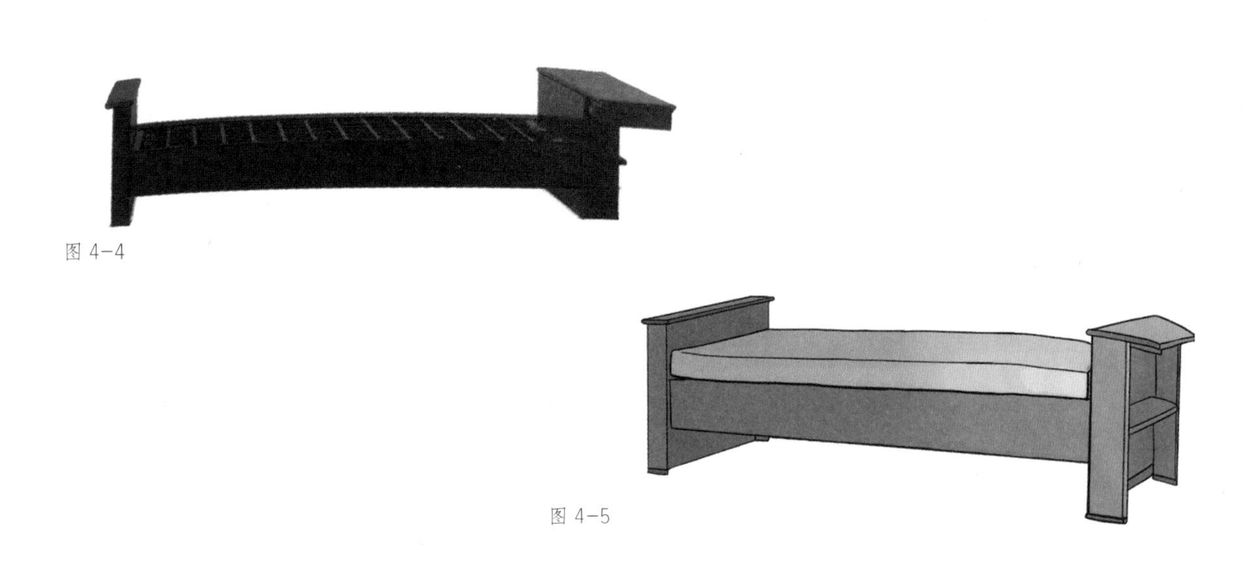

图 4-4

图 4-5

图 4-6

图 4-7

将管状前腿与故意设计的超大后框结合起来。这个框架由折叠钢板制成，主要强调了他对坚固性的关注。从一开始，标准椅就形成了普鲁威工作室生产的几种座椅模型的基础，再根据新的形式标准、技术考虑和市场需求不断修改。第一个模型的靠背和坐板由实木制成（图 4-7），在以后所有的版本中，普鲁威都使用模压胶合板，用可见的螺丝固定在金属框架上。第一个版本生产的“4 号标准椅”的典型特征是后立柱的锯齿状轮廓，后来的版本中连续的曲线决定了立柱的形状，这种形式的产品只生产了几十把，用于公共部门设施和寄宿学校。20 世纪 40 年代早期，由于战时金属被限制使用，于是他改变了模板的形式，致使一个完全由木材制成的 1941 年版本出现（图 4-8），并从 1942 年生产到 1947 年。这种木材版本很吸引私人客户，快速打开了新的家庭家具的市场。1950 年，随着钢铁短缺情况的缓解，一种新的金属版本出现了，它改进并简化了“4 号标准椅”。可拆卸的“300 号咖啡椅”（图 4-9）和预组装的更便宜的“305 号大都会椅”（图 4-10）这两种变体几乎同时生产，最终只有后者在 1951 年批量生产了 1000 把。

1937 年，现代艺术家联盟在巴黎世界博览会上展出了一个建筑风格大胆的玻璃亭。一方面，普鲁威作为建筑师做出了贡献，尤其是具有纪念意义的内部楼梯和中央纵梁宽大的玻璃幕墙，都是由普鲁

图 4-8

图 4-9

图 4-10

威工作室制造的。另一方面，他作为现代艺术家联盟的成员展示了一组以自己的名字命名，与南锡建筑师雅克·安德烈（Jacques Andre）合作开发的花园设施。两人在 1936 年的秋季沙龙上已经提出了一个为学校设计的桌子模板方案，包含一个用多孔钢板制成的书包收纳盒，由普鲁威工作室绘制系列模型。预先设计的现代艺术家联盟展馆中有 6 种家具的模型，2 个躺椅、2 个凳子，还有 2 个不同尺寸的桌子（图 4-11）。普鲁威工作室为家具制作金属框架，所有的框架都遵循相同的原则，其中包括简单的折叠钢板。这些钢板通过 T 形梁的横截面加固，钢板上打孔洞，椅腿呈锥形，其微妙之处在于越靠近地面孔洞的尺寸越小。穿孔有助于减轻家具的重量，使其更容易处理。椅子的立柱由管状撑条连接，这两根撑条经过计算，适合装入打孔的钢板中（图 4-12）。对于花园家具的制作，雅克·安德烈研究了人造琥珀的部分制作工艺，但发现这种新材料应用起来很复杂，需要 7 毫米的厚度才能正常使用。将片材浸泡在液体中之后，通过弯曲获得所需的曲线，这一过程是很困难的，以至于安德烈想以用玻璃纸编织的线代替人造琥珀。人造琥珀在室外经历了一场“劫难”：一张桌子因为阳光的照射而裂开，被迫移出展馆，其余的桌子、椅子和凳子也移入室内。尽管如此，这套花园家具还是被当时的评论家认为是整个展览中最原始的家具之一。

图 4-11

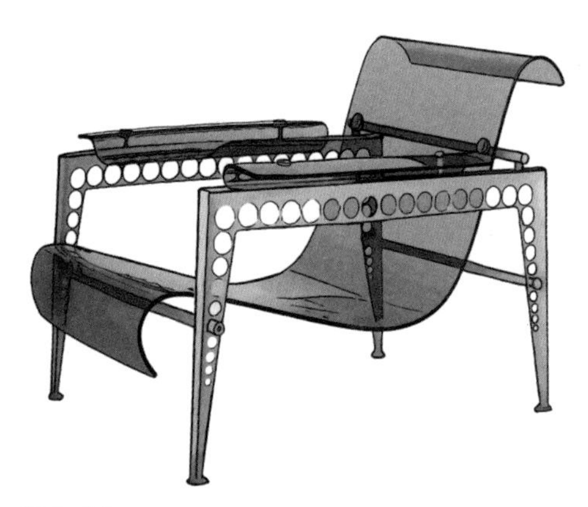

图 4-12

图 4-13

图 4-14

FV22是普鲁威设计的“访客椅”(Fauteuils visiteur)中的一款(图4-13)，第一个模型是1941年为医院设计的，后来进行了修改，以满足国内的需求（图4-14）。其他的调整是由于战时金属限制或为适应法国殖民市场的需求。在“访客椅”中，FV22是一种被称为袋鼠（Kangourou）的类型，其设计目的是提高舒适性和稳定性。其坐板上的木制框架被直接延伸到地板上，去掉了早期版本的钢管后腿，钢管的前腿同时也构成了扶手，并通过座椅下和靠背后方的支撑连接，前腿底部装饰球形木脚。其他的版本有铝制或胶合板制的座椅，或金属片垫脚。与其他“访客椅”不同的是，袋鼠这一类型几乎没有广告，也很少有复制品被生产出来。

1944年，随着法国解放，普鲁威被选为南锡市长，繁忙的公务并不妨碍他的其他活动。1947年，他大规模扩建工厂，并使之很快成为当时吸引青年建筑师的一个设计中心。

1949年，普鲁威设计开发的中央桌（Table Centrale）有几个变形版本，所有版本都将实心或层压木材制成的大型桌面与金属底座结合在一起。中央桌的梯形腿由金属板组成，弯曲的金属板焊接在一起，形成两个三角形部分。这不仅让桌腿有一个优雅的轮廓，还强调了它们的坚固性。根据桌面的尺寸，额外的金属支架可以焊接到横梁或桌腿的窄边上，圆形桌脚焊接在桌腿底部，将它们抬离地面。

普鲁威20世纪40年代的家具设计趋向于优雅，当然，这种优雅只是与他早期的粗犷风格相比较而言的。如1942年，休闲椅的主体构架换成钢管，但坐面及靠背部分则出人意料地使用了锌皮板，而腿的球状结构则在后来成为20世纪50年代日渐流行的式样。到1950年，他的设计中心已拥有250名工作人员。1954年，普鲁威辞去工厂老板的职务，去巴黎重新建立他的设计事务所，次年又与别人合作成立了一家家具制作公司，并一直为这家公司工作到1966年。

1950年，普鲁威和他的兄弟亨利·普鲁威（Henri Prouvé）共同为第六届米兰三年展设计了法国的部分。亨利委托普鲁威设计一个大的展示桌（图 4-15），桌面是用涂有胶木的层压胶合板制成的，放置在弯曲钢板的四段焊接外壳中，钢板与桌腿对桌面形成支撑。因为这张桌子，普鲁威被米兰三年展评审团授予银质奖章，但它是唯一的副本。

1951 年，普鲁威根据以前的模型设计了“S.A.M.502 号桌子”，横档的两端分别焊接到一个金属夹上，该金属夹用螺钉固定在每条腿上。横档的两端插到桌腿上的孔洞中，并用帽形螺母和螺钉固定。“S.A.M.502 号桌子”是最受欢迎的型号，但 S.A.M. 系列在 1958 年之前一直畅销，还有全金属的版本，如 S.A.M.503 号、金属基架木制桌面的 S.A.M.506 号。2002 年，维特拉（Vitra）公司重新推出了 506 号桌子。

康帕斯（Compas）系列桌子的底座是普鲁威在家具设计中开发的最后一种支撑结构。其中，1953 年设计的“512 号自助餐厅桌”（Table Cafétéria）（图 4-16）借鉴了倒 V 形的结构原理，虽然主要是为大学的自助餐厅设计的，但也销售给家庭使用。它的两组具有三角形截面的钢板腿焊接到大直径管状横档上，连接处被一个支撑桌面的三角支架隐藏在两端。康帕斯系列最初由普鲁威的工作室制作，该系列还包括不对称底座的课桌，可选择加装抽屉的课桌、带有储物格的课桌。2002—2009 年，维特拉以康帕斯的名义重新生产了“512 号自助餐厅桌”。

图 4-15

1956 年，他为让·扎伊大学城在巴黎附近的安东尼宿舍设计家具时，使用了几个版本的中央桌放在公共区域。这些桌子的桌面是由层压胶合板制成的，由两个或三个支架支撑，漆成灰色或黑色。同时设计有配套的“356 号躺椅”（图 4-17），这些躺椅中的 150 张用于宿舍，其余用作展示。“356 号躺椅”由一个大直径的钢管制成，椅腿和两个金属支架是焊接在一起的。支架的轮廓遵循胶合板座椅的曲线，用金属盖和专用螺丝将其固定在上面。优雅美观、永恒的审美首先源于椅座和框架之间的空隙；其次，在座位的设计上能让人保持一个良好的工作姿势。该躺椅同年由巴黎斯蒂芬·西蒙画廊发布，并于 1958 年被接手制作。

普鲁威一生的创造性工作赢得了设计界的认可与赞赏。他的家具产品的奇异之处在于，他将金属工程原理应用到了设计中，并强调其构造原理和创新的制造方法，金属构件之间的相互连续直接表现了他作品中的美学特点。

图 4-16

图 4-17

LECTURE 5

Jacobsen and Juhl: Art and Formal Beauty

第 5 讲

雅各布森、居尔：艺术与形式美

雅各布森是建筑师、设计师，也是艺术家。作为20世纪丹麦的首席建筑大师，雅各布森的建筑严谨规范，充满科技与材料的气息。然而，他的家具却永远以艺术与形式美为导向，任何材料的应用都是为了创造家具艺术的辉煌。他用三向度热压胶合板创作的系列“蚁椅”（The Ant Chair），是阿尔托家具之后胶合板设计的又一次高潮。他为萨斯酒店设计的系列沙发，则是精致钢管与皮革的典雅乐章。而当合成材料的时代来临，雅各布森再度高调亮相，“天鹅椅”和“蛋椅”成为现代家具的艺术典范。

居尔同雅各布森一样，他们都将雕塑语言融入家具艺术，却使用不同材料创作各自的艺术经典。当雅各布森尽情尝试胶合板、金属和合成材料，从而引领家具设计的艺术与时尚时，居尔坚定不移地沉迷于传统木构家具的智慧，他从中国家具、英国家具、丹麦传统家具中吸收构造灵感和雕塑化的造型语言，再将它们融入现代建筑的室内空间创作当中，同时辅以欧洲传统的皮革工艺，从而用纯粹的传统材料和手工技艺，创作充满现代艺术美学韵味和形式语言的家具。

进入20世纪30年代以后，丹麦现代家具设计先驱凯尔·柯林特（Kaare Klint）开创的丹麦学派呈现出全方位的发展，柯林特所倡导的在传统基础上进行创新的设计方法被许多一流的建筑师继承和发展。其中，既有他的嫡传弟子布吉·莫根森，也有对丹麦现代设计影响最大的设计师阿诺·雅各布森，还有间接受柯林特影响，发展出独特个性并自成一派的设计大师芬·居尔。这些设计师都尽情地发挥自己的才华，不盲从权威，使丹麦现代家具设计丰富多彩。

1. 阿诺·雅各布森（Arne Jacobsen，1902—1971）

与其他几位设计师相比，雅各布森的成名作都以胶合板为基本材料，他的家具富有创新意识，与工业化生产联系紧密，又充分结合市场的需求，从而获得巨大的成功。作为丹麦最重要的建筑与家具设计师，雅各布森的大多数家具都是为某一建筑而设计的，但同样适用于其他场合。

生于哥本哈根的雅各布森年轻时做过泥瓦匠，后考入皇家艺术学院建筑系，并于 1927 年毕业。学生时代的雅各布森就已初露锋芒，1925 年在埃里克·莫勒（Eric Møller）和弗莱明·拉森（Flemming Lassen）的帮助下，他首次担任家具设计师。1927—1929 年，雅各布森在保罗 · 霍尔松建筑事务所工作，积累了足够的经验后成立了自己的设计事务所。他早期的作品深受柯布西耶、冈纳·阿斯普隆（Gunnar Asplund）、密斯等人的影响，是最早将现代设计观念引入丹麦的设计师。

1929 年，雅各布森和拉森共同设计建造的“未来的家”就已非常前卫，甚至考虑在屋顶平台上建设直升机停机坪，这是一个与国际现代主义有明确联系的项目。他设计制作的“柳条椅”（图 5-1）优雅美观，其线条与现代主义理论形成了鲜明的对比。该椅的名字——Skovsneglen（森林蜗牛）来自大自然，自然界的各种元素也是他此后灵感的来源，同年在巴黎国际设计博览会上，他设计的椅子获得了银奖。

雅各布森早期的家具设计曾借助传统衍变到创新的阶段，最典型的例子就是他于 1935 年为一家餐厅设计的中国椅，后来被用于圣史提芬银行的室内。

1937 年，夏洛特堡春季展览上展出了他设计的另一把“柳条椅”（图 5-2），这两把椅子是雅各布森最早尝试在家具中使用曲线的作品，后来的“天鹅椅”“蚁椅”等家具都起源于此。

图 5-1

图 5-2

此后，雅各布森承接了大量建筑设计工程，并全面发展了他日益成熟的设计观念，如贝尔维尤剧院（Bellevue）中的“波浪椅”与房间内的其他元素形成对比，同时与剧院外的大海相互呼应。贝尔维尤餐厅中的壁炉，以柔和的线条使砖头和整个房间充满生机。1943年，在逃往瑞典之前雅各布森完成了两个大项目：奥胡斯（Århus）和索勒罗德（Søllerød）市政厅。他遵循丹麦传统，设计了市政厅塔楼、家具和灯具，所有设计均围绕“全环境”这个主题，此时突出的曲线线条也更加柔和。这批作品成为北欧设计风格的典型代表，也为他赢得了国际声誉。

二战后，从瑞典归国的雅各布森回到家乡继续他在绘画室的工作，在那里他再次尝试了新元素，开启了一个新的职业时期。在他设计出第一把椅子 27 年后的 1952 年，他以迈伦（Myren）开始了新的设计，这是对美国原型的改进，也是对数十年形式和材料的进一步发展。雅各布森开发了有扶手的“蚁椅”版本，并延长了后腿以支撑扶手，调整了椅子的外形来适应钢材。

雅各布森的成名家具是与层压胶合板密切相关的，二战前他曾用过这种流行的材料，随后，美国的伊姆斯夫妇（Charles and Ray Eames）开始尝试用双曲线层压胶合板制作椅子，并大获成功。雅各布森设法买到一件伊姆斯的最新双曲板椅，以确保在自己的研制中完全不会与其重复。1952 年，雅各布森设计出的“三足蚁椅”（The Ant Chair）（图 5-3）大获成功，并成为他设计生涯中的一个转折点，对丹麦学派而言，这是第一件彻底地反“传统设计习俗”的作品，为丹麦学派增添了活力。“蚁椅”也是丹麦第一把完全用工业化方式批量生产的椅子，它只有两部分，构造简洁，使用了最少的材料。雅各布森用这把椅子决定性的特征来直面这一挑战，变窄的腰部使胶合板可以弯曲到理想的曲度，它的名字也是从它与众不同的外形而得来的。“蚁椅”用 9 层胶合板、2 层棉布和 1 层贴面胶合板制作椅身，尽可能用最少的椅腿和最小的组件构成，3 条弯曲的钢管腿焊接在一起形成框架，只需要 4 个螺丝就能把框架固定在胶合板外壳上。轻便可叠放的“蚁椅”也是对丹麦新式住宅狭小的厨房和用餐空间的回应。“蚁椅”前卫的形象使制造商弗里茨·汉森（Fritz Hansen）不相信它可以批量生产，没想到 1952 年 10 月 24 日在汉森公司 80 周年之际一经发售，即创造了惊人的销售量，至今已卖出 300 万张，在商业上取得了巨大的成功。此外，蚁椅还有橡木、胡桃木、柚木和其他材质的坐板版本。后来，雅各布森还发展了“四足蚁椅”。“蚁椅”系列在雅各布森的全部作品中是一个特例，它既古老又永恒，其轻便、可叠落、多色彩、多材质的特性使之成为 20 世纪现代家具中销量最多的品种之一。

1955 年，雅各布森为汉森公司设计了另一把胶合板椅子，即 3107 号椅子，也被称为“七号”（Sevener）（图 5-4），后来它被称为“七号”系列椅子的基础元素。3107 号椅子不像“蚁椅”那么独特，因此对大众更有吸引力，也更适合私人住宅、公共机构、工作场所和教育场所等。与“蚁椅”相比，它有一个略大的座位外壳，靠背宽且高。它配有 4 条椅腿，并带有支架，比“蚁椅”更加稳定。3107 号椅子的形式来自使用的材料，因为要允许胶合板的三维弯曲，所以窄腰是必要的。在座椅外壳和框架之间插入橡胶，使外壳具有轻微弹性。由于它质量较轻，因此容易提起和堆叠。3107 号椅子是雅各布森最成功的座椅模型，自 1955 年以来已卖出 700 余万张。这个型号被认为是世界上最畅销的型号之一。除了 3107 号椅子外，该系列还包括一把可调高度的旋转座椅和一个安装固定立柱底座的

图 5-3　　图 5-4

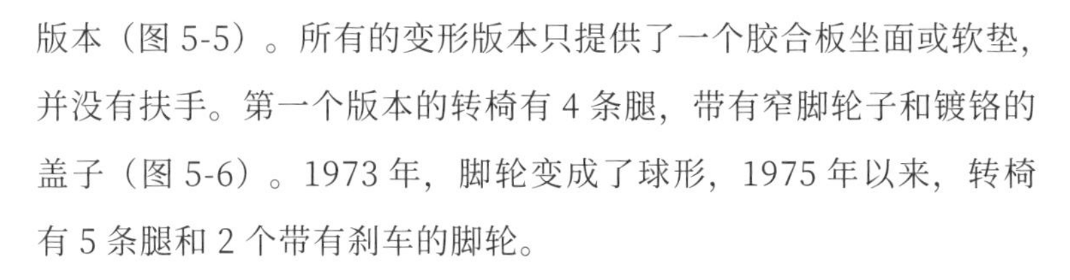
版本（图 5-5）。所有的变形版本只提供了一个胶合板坐面或软垫，并没有扶手。第一个版本的转椅有 4 条腿，带有窄脚轮子和镀铬的盖子（图 5-6）。1973 年，脚轮变成了球形，1975 年以来，转椅有 5 条腿和 2 个带有刹车的脚轮。

图 5-5

1956 年，雅各布森为北欧航空公司设计了一座机场候机楼和一个酒店。它们位于哥本哈根市中心，对于当地环境来说，一座 70 米高的建筑引起了激烈的争论。然而，雅各布森为酒店和机场候机楼创造了一个“全环境”，即完全依据街道的地基和周围环境，为酒店和候机楼设计了从建筑、室内到家具，甚至到餐具的所有的一切。在 275 个房间中安装有带抽屉的桌子、梳妆台、行李架、收音机和灯具。此外，房间中还摆放着“蛋椅”（图 5-7）和“天鹅椅”（图 5-8）。

图 5-6

为了实现“蛋椅”和“天鹅椅”的有机形状，与酒店室内的直线形形成对比，他抓住机会使用新材料，这是一种新发明的化学合成材料——聚苯乙烯。这种塑料泡沫在加热时几乎可以不受限制地塑形，并形成轻而坚固的块状物。“蛋椅”的座位内就填充了这种泡沫，外面覆盖织物或皮革。框架上的形式和旋转底座本质上和“蚁椅”相同，不同的是，“蛋椅”的外壳能够包裹住使用者的身体，在视觉上独立于支撑结构。座位与支架之间只有一个最小的接触点，从远处看，座椅外壳几乎是飘浮在空中的。1966 年，皇家酒店开业，

图 5-7

图 5-8

“蛋椅”主要用于大厅，在公共空间中，它的属性得到了最佳展示。“蛋椅”的形式可以帮助坐着的人远离周围空间，让人们的视线仍然保持开放，因为它能轻松地向任何方向旋转。在这种情况下，它不仅是一把椅子，也是一种社会工具。

图 5-9

“天鹅椅”虽然像“蛋椅”一样由聚苯乙烯制成，但“天鹅椅”外壳的形状可能源于胶合板椅子的概念，正如雅各布森在开发过程中绘制的草图和制作的模型的研究。该椅的外壳是由胶合板制成的，扶手与靠背之间的切口削弱了外壳体量。聚苯乙烯可能使座椅外壳封闭，但雅各布森保留了切口来模仿天鹅特有的似鸟、似花的外观。这款带有脚轮、可调高度的办公版本从 1958 年到 20 世纪 70 年代一直在生产。自生产以来，“天鹅椅”的基本版本直到今天仍在销售，也随着不同的需求发展出不同的变体，如铝制或钢制十字形底座版本（图 5-9）、层压柚木的版本（图 5-10）和“天鹅沙发”等（图 5-11），1963 年又添加了一个带有倾斜功能的底座。

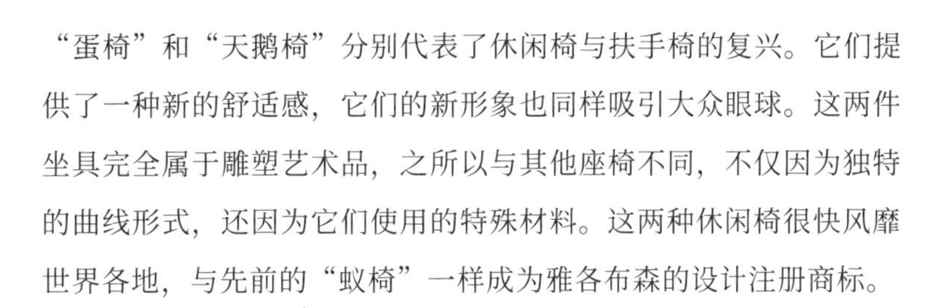

图 5-10

“蛋椅”和“天鹅椅”分别代表了休闲椅与扶手椅的复兴。它们提供了一种新的舒适感，它们的新形象也同样吸引大众眼球。这两件坐具完全属于雕塑艺术品，之所以与其他座椅不同，不仅因为独特的曲线形式，还因为它们使用的特殊材料。这两种休闲椅很快风靡世界各地，与先前的“蚁椅”一样成为雅各布森的设计注册商标。

图 5-11

1957 年，雅各布森设计了用于私人住宅的 4130 号椅子。座椅外壳的棱角边让人想起用于工作场合的 3103 号模型，但 4130 号椅子的椅腿由层压木替代了钢管，这 4 条腿最初是用螺丝和胶水分别连接到座椅外壳上的。由于这种结构相当脆弱，在生产的第一年就改进了方案，将椅腿交叉固定在座椅下方。当时，许多顾客习惯使用木制家具，不愿购买镀铬的钢腿椅子，雅各布森的 4130 号椅子结合传统与创新，将现代座椅外壳与人们熟悉的木腿组合在一起，这一策略无疑获得了成功，使这把椅子走进许多家庭。它于 1957 年在第十一届米兰三年展上首次展出，获得了米兰三年展的最高奖项——特等奖（Grand Prix）。从此，4130 号椅子也被称为“特等奖椅”（Grand Prix）（图 5-12）。

设计师的风格是不可预测的，雅各布森后期的设计作品与他 10 年前的风格明显不同。他后期的家具，如“牛津椅”（Oxford Chair）、“圣凯瑟琳椅”（St. Catherine Chair）、斜背椅（Tilt-back Chair）和公牛椅（Ox Chair）（图 5-13）都有风格上的变化，更倾向于几何化和直线形，展现了早期现代主义对几何形式的偏爱。

图 5-12

图 5-13

其中，雅各布森最满意的设计是他的建筑杰作——英国牛津圣凯瑟琳学院，并为这座建筑设计了一系列的椅子——“牛津椅”（图5-14）。与以往几件作品不同的是，这组“牛津椅”使用单曲线层压板制成，坐面与靠背板为一整块胶合板，并呈倾斜状。部分座椅配有扶手，带有皮革或织物软垫，座椅的高度可依据需要进行调节，底架为海星状金属框架配有小脚轮（图5-15）。“牛津椅”的形式和材料都展现了极简主义，高靠背的牛津椅从正面看几乎是长方形的，令人想起麦金托什和赖特椅子设计中常用的以家具构件作为室内分隔的方法。

雅各布森的家具设计表面上看成熟、现代，在专业人士眼中具有一种神奇的力量，有时甚至是超现实的幻想作品。然而，比种种设计理论和评论更重要的是，他的大部分家具设计都赢得了全世界的认可，获得了销售上的成功，从世界上最畅销的7把椅子就能说明这一点。这使他在有限的设计生涯中始终有足够的工程来源，从而在工作中有足够的选择余地。后来“天鹅椅”“蛋椅”也走出了酒店，进入许多家庭，与“蚁椅”“牛津椅”“AJ餐具”一样，不仅成为丹麦人家庭的一部分，也成为整个西方世界家庭的一部分。面向传统的现代设计师使我们进入现代生活，而雅各布森在跟进中发展，为我们融入国际现代文化做出了贡献。

图5-14　　图5-15

2. 芬·居尔（Finn Juhl，1912—1989）

居尔是丹麦学派中另一位风格独特的人物，他早年就认识到现代设计不仅需要新的、功能合理的形式，更需要一种新的美学观念。他对传统坐具结构元素进行重组和改进，将手工艺与现代艺术巧妙地结合在一起，创造出了独具一格的现代家具。居尔对材料也有深入的研究，尤其对不同木料和皮革的多种组合方式考虑得极为全面，最终形成的“悬浮式”椅座几乎成为居尔设计的标志性符号。

居尔生于丹麦首都哥本哈根，后考入皇家艺术学院建筑系，师从凯费斯科（Kay Fisker）教授。1934 年，居尔毕业后作为一名建筑师在威廉·劳瑞森（Vihelm Lauritzen）设计事务所工作了 10 年，在此期间除了做建筑设计外，还与著名家具制作人尼尔斯·沃代尔（Niels Vodder）合作，设计制作了一大批家具作品。他的椅子设计中雕塑般的构件造型、精心选用的材料及搭配组合，明显地区别于柯林特及其追随者们所倡导的，在优秀传统家具基础上进行再创造的设计模式，从而开启了丹麦学派向有机形式靠拢的新设计理念。居尔的设计创作受到原始艺术和抽象有机的现代雕塑的强烈影响，在他的所有设计中多多少少都能够见到亨利·斯宾塞·摩尔雕塑的影子。

1945 年，居尔建立自己的工作室，专注于家具设计。同年，他开始担任丹麦技术学院室内设计系的学术带头人，多年来一直工作在这一岗位上，对丹麦设计的发展方向在很大程度上起着主导作用。他使用雕塑式的造型手法，以实木材料为主体构架，配合皮革等织物设计了大量桌、椅、沙发等休闲类家具。他不断参加国内国际博览会，迅速取得国际声誉，成为二战以后丹麦学派的杰出代表之一。

图 5-16

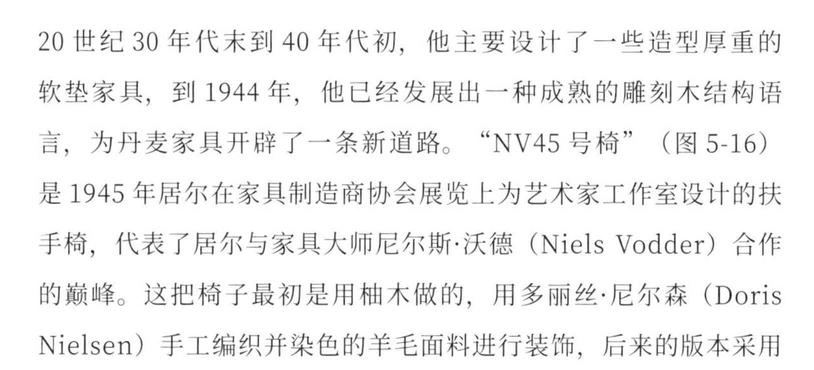

20 世纪 30 年代末到 40 年代初，他主要设计了一些造型厚重的软垫家具，到 1944 年，他已经发展出一种成熟的雕刻木结构语言，为丹麦家具开辟了一条新道路。“NV45 号椅”（图 5-16）是 1945 年居尔在家具制造商协会展览上为艺术家工作室设计的扶手椅，代表了居尔与家具大师尼尔斯·沃德（Niels Vodder）合作的巅峰。这把椅子最初是用柚木做的，用多丽丝·尼尔森（Doris Nielsen）手工编织并染色的羊毛面料进行装饰，后来的版本采用各种各样的木材、皮革或多种织物软垫，从视觉上看着很简单，但在技术上是复杂的。“NV45 号椅”代表了传统座椅的彻底突破，椅腿由横梁连接在四周，以形成坚固的笼状框架。居尔的伟大创新是去掉了横跨前腿和后腿的两个枨子，并用对角支柱代替它们。同时他以雕塑的方式处理木材，将弯曲的部分连接成一个连续的结构，其中一部分隐藏在装饰中。每一个部分都被处理成独立的形式，以膨胀和逐渐变细的戏剧化方式呈现出来。其高超的工艺技法表现在顶部关节处，在扶手部位膨胀并分成两个枝杈，连接到上部的框架和后腿处。硬木的致密纹理可以进行抛光处理，强调开放框架的复合曲线，使其看起来像是周围空间的一部分。同年，他还设计了同样结构的沙发，由柚木和古巴桃花木制成，并用牛皮做装饰软垫。

居尔设计的家具是豪华的，件件精雕细刻，表现出极强的个性，因此有时被视为傲慢唯美主义的一种表达方式，与现代家具设计的理性、简约理念相冲突。在这方面，他希望挑战数学逻辑，有时也挑战生产要求。

图 5-17

“埃及椅”（Egyptian Chair）（图 5-17）是 1949 年为展览设计的，由尼尔斯·沃德制作。居尔的灵感来自精致的埃及家具，尤其是从图坦卡蒙墓中发现的家具。后来，他在一篇文章中写道，在卢浮宫他第一次看到一把保存完好的埃及椅子，它很独特，一个由垂直的后腿组成的三角形，保持对角线向后的框架以及前后腿之间的水平导轨，这是结实而简单的构造。“老实说，我承认我偷了这种结构，就像我偷了直角和圆弧一样。我也承认埃及最简单、最优雅的家具比过去任何家具都更加吸引我。”

图 5-18

1949 年的“首长椅”（Chieftain Chair）（图 5-18）是他完美技术和优雅结构发展的顶峰。他实现了座椅和靠背与木制支撑结构视觉上的分离，使座椅的软垫部分看起来几乎是飘浮着的。该椅由柚木制成，配有同色的皮质软垫和靠背。他还在哥本哈根家具制造商协会举办的展览上展示了这把椅子，以及丹麦雕塑家埃里克·特瑟森（Erik Themessen）的木制雕塑，显然对他而言，灵感同样重要。丹麦国王弗雷德里克九世（King Frederik IX）参观展览时，还试坐了这把椅子。居尔在接受访问时开玩笑说这把椅子就是为首长设计的，从那时起，这个名字就被保留了下来。

居尔喜欢用柚木设计制作家具，因为柚木适合工业化生产，且不需要太多的加工。但柚木中含有大量的植物胶质，用来切割柚木的刀片很快会变钝，但是这个小问题并不影响产品的生产。他设计的一张安乐椅，用涂漆或涂油的柚木为骨架，由“悬浮式”椅座和靠背组成，上面带有手工编织的羊毛软垫，该椅在 1951 米兰三年展上获得金奖。1952 年，他与家具推销员保罗·隆德（Paul Lund）合作设计的第一件家具“壁炉椅”（Fireside Chair）问世，这把椅子碰巧是哥本哈根装饰艺术博物馆购买的居尔的第一件作品，当时售价是 41 美元。

1951—1953 年，居尔为博维尔克（Bovirke）公司设计了多把座椅和家具。首先是“简易座椅”（Easy Chair）（图 5-19）和沙发（图 5-20），“简易座椅”是居尔为博维尔克公司设计的第一件家具，由山毛榉制成，扶手上镶嵌红木。其次是他设计的第一款绝对适合工业制造的椅子（图 5-21），该椅后脚与靠背连为一体，上方的搁板处于正常桌面的高度，它也可以在处于不同坐姿时被当作扶手。这把椅子是由贝克家具公司在美国生产的。第三把扶手椅是一个变形版本（图 5-22），同样适合工业制造。图 5-23 所示扶手椅中，可调节的柳条靠背及配套的脚凳是由尼尔斯·沃德为 1955 年家具制造商协会展览制作的，扶手由压层柚木制成，靠背是由柳条编织而成的，尽管并不适合批量生产，但贝克公司还是将它们生产出来了。

从 1954 年到 1957 年的米兰国际博览会上，居尔共获六枚金牌。在哥本哈根木工行业协会组织的丹麦现代家具设计年展上，居尔的作品曾 14 次获得大奖，他成为丹麦木制家具行业最重要的旗手之一。在家具设计制作的过程中，居尔创造了许多精巧的构造方式，以独特的角度唤起了人们对材料的潜在认识，他的作品也被人们亲切地称为“优雅的艺术创造”。

图 5-19

图 5-20

图 5-21

图 5-22

图 5-23

LECTURE 6

Eames and Eero Saarinen: Experimental Revolution of Creative Masters

第 6 讲

伊姆斯与小沙里宁：创意大师的实验革命

当伊姆斯夫妇和小沙里宁作为20世纪旷世奇才会聚在美国匡溪艺术学院的老沙里宁旗下时，二战之后的美国设计学派横空出世。小沙里宁被誉为与赖特齐名的美国天才建筑大师，伊姆斯在建筑、设计、多媒体等领域硕果累累，而在现代家具领域的实验革命及其实践中摸索出的设计方法与理念上，他们也被公认为20世纪现代家具领域的领军创意大师。

伊姆斯的家具创意实验来自对胶合板的迷恋。当阿尔托的二维热压胶合板设计已臻于完美时，伊姆斯明白自己的创意突破在于三维胶合板。他进行的多年材料实验结出了丰硕果实，其工业化构件式的胶合板家具进入了经典行列。伊姆斯的实验革命随后由金属材料主导，不锈钢与铝合金在不同阶段各执牛耳，由此创造出了现代办公家具的成熟范式，从此与第一代建筑大师开创的范式拉开距离。当化学工业的蓬勃发展为设计师贡献出合成材料时，伊姆斯的家具进入了新一轮实验革命，再度创作了一批新时代的家具经典。

小沙里宁的实验革命均源自他对现代家具的梦想。作为20世纪最有创意的建筑大师之一，小沙里宁希望自己划时代的建筑杰作中能有相应的创意家具。他梦想着雕塑化的家具为现代生活增添光彩，于是用当时最时尚的金属与胶合板展开其实验革命。他梦想着纯净空间理念的独柱式家具，于是，“郁金香”系列的桌椅进入实验范畴。他梦想着人类生活中最舒适的休闲状态，于是，“子宫椅”（Womb Chair）系列在合成材料的实验中横空出世。小沙里宁作为创意大师的设计梦想，在新材料、新工艺的实验革命中不断实现。

二战后，美国真正的设计大师们开始脱颖而出。他们博采众家之长，利用美国蓬勃发展的高科技所带来的新技术与新材料，在当时的流行风格上进行再创造。查尔斯 · 伊姆斯是美国最杰出、最有影响力的家具与室内设计大师之一，他经过反复的试验，将木材模型调整为适合人体的形状，并在20世纪早期为美国海军的新装备发明了一系列造型方法。1940年，他和美籍芬兰裔建筑师小沙里宁合作为纽约现代艺术博物馆举办的“民用家具有机设计”竞赛设计的家具，把胶合板模压成极具特色的贝壳状。伊姆斯花费了大量的时间和精力试验薄木的层压和塑性技术，以实现不需要高投资和精密机械就能批量生产的工艺。他们在二战前和二战后的探索中为家具的构造注入了一种新的观念，即三维构件，这种质量轻巧、经久耐用的形式可以使用不同的材料制造，如胶合板、金属、塑料和网线等。他们是继里特维德之后，再次提倡对色彩进行大胆运用的设计师，为现代设计注入了新的活力。

1. 查尔斯·伊姆斯（Charles Eames，1907—1978）

作为一位异常勤奋的设计大师，伊姆斯一生中以杰出的眼光和手法解决了家具设计、电影制作、平面设计、摄影艺术和艺术教育等多领域的多个关键性问题，在每个领域的活动中，他都能以一位建筑师的眼光综合看待问题。

伊姆斯生于美国密苏里州圣路易斯，父亲是一位业余艺术家和摄影师。受父亲的影响，他很早就接触到摄影与艺术，并开始自学艺术的基本原理。高中时，他以优异的成绩获得奖学金，并进入华盛顿大学建筑系学习。当时的华盛顿大学仍是古典学院派，伊姆斯在大学期间被赖特的设计所吸引，两年后他离开这所大学，进入一家建筑事务所工作了 3 年多。1929 年，他去欧洲旅行，当时欧洲的现代设计运动方兴未艾，伊姆斯看到第一代现代设计大师们的许多作品，受到了巨大的鼓舞。1930 年，他回国后开设了自己的设计事务所。当时正值美国经济大萧条时期，事务所很少接到建筑设计任务，伊姆斯只好扩大业务范围，从事旧房改建，灯具、地毯、陶瓷和彩绘玻璃的设计。

伊姆斯的设计才华引起了时任匡溪艺术学院院长的老沙里宁的注意，1936 年，老沙里宁亲自提供给伊姆斯一笔奖学金鼓励他来匡溪艺术学院学习，在这里，他结识了小沙里宁、佛罗伦萨·诺尔（Florence Knoll）、哈里·伯托埃（Harry Bertoia），以及后来成为他妻子的瑞·凯塞尔（Ray Kessel）。老沙里宁慧眼独识，对伊姆斯悉心培养，次年便任命他为匡溪艺术学院实验设计系的主任。在以后的几年中，伊姆斯和小沙里宁一起在老沙里宁的建筑事务所工作，两人于 1940—1941 年合作参加纽约现代艺术博物馆组织的家具设计竞赛，并获得首奖。他们入选的作品是“有机扶手椅”（Organic Armchair）（图 6-1），该椅的独到之处在于其复杂的三维造型构件，并且创造性地使用了一种循环焊接技术，能有效地将木材构件与金属构件连接在一起。这种技术对此后的家具设计产生了极大的影响，并在世界范围内普遍使用。“有机扶手椅”所有的构件的制作、试用、调整等工作都是由伊姆斯和小沙里宁亲自进行的，他们用三维弯曲的胶合板外壳作为椅子的主体和扶手，希望通过创造一个单体外壳提供一种舒适的形式，且不需要任何装饰。他们提交的 6 项设计中，“有机椅”“边椅”（图 6-2）和“有机高背椅”（图 6-3）于 1941 年制造，并在现代艺术博物馆中展示、获奖。这种胶合板椅在市场上获得了巨大的成功，至今仍以多种变体的形式生产使用。对当时的社会而言，这批家具恰如其分地迎合了战后美国小家庭的经济需要，也为伊姆斯赢得了巨大的声誉。

图 6-1

图 6-2

图 6-3

1941 年，他与凯塞尔结婚，离开母校迁居加州。同年，他们在洛杉矶家中开设了自己的工作室，研究复合胶合板成型工艺，反复进行铸铝、玻璃纤维、增强塑料、钢条、钢管等新材料的试验，成功设计出许多个性鲜明又能批量生产的现代家具产品。

伊姆斯的许多成就都与他的妻子密不可分，在近半个世纪的成功合作中，他们对“形式追随功能”进行了美学和技术角度的新诠释。1940—1945 年，伊姆斯夫妇设计的“胶合板休闲椅”（LCW/Plywood Lounge Chair）（图 6-4）与“DCW 椅”（图 6-5）、“DCM 椅”（图 6-6）一起成为家具史上第一批连续生产的复合曲线胶合板椅，这也标志着他们与赫曼米勒家具公司的合作正式开始。

图 6-4

图 6-5

图 6-6

“胶合板休闲椅”的特点是引人注目的三部分胶合板底座——就像座椅和靠背的外壳一样——是在广泛的设计和选择过程中开发出来的。两个 U 形腿通过多层弯曲的组件保持在适当的位置，该组件也可以用作靠背的支架。伊姆斯夫妇将这种简单的构造巧妙地转移到其他胶合板椅子的金属底座上。如“DCM 椅”最初是三脚椅，后来发展成四脚椅，为了避免金属与胶合板连接的固定点上负荷过度，损坏木材，他们发明了实心橡木减震支架，粘在外壳的背面，然后用螺丝固定在底座结构上。

图 6-7

在二战期间，伊姆斯夫妇致力于军用胶合板产品，因此大大增加了他们在工业规模上对三维弯曲胶合板的认识和了解。随着战争接近尾声，他们又回到了家具生产领域，并从小尺寸的物品开始设计。1945 年，儿童家具系列诞生了，包括一张桌子、一把椅子（图 6-7）和一个凳子。桌子和凳子是由一块胶合板制成的。椅子由两部分组成，一个带有心形握孔的靠背，在座位处可以清晰地看到用三颗螺丝与椅子的其他部分连接起来。有弧度、略微倾斜的椅腿起到了加固的作用。由于当时还没有儿童家具的零售市场，所以只生产了 5000 把。该系列被证明是其他胶合板家具（如 LCW）最终所需技能的垫脚石。

1946 年，纽约现代艺术博物馆为伊姆斯举办作品展览，这是该馆首次为个人举办家具设计展览。LCW 椅子和其他胶合板家具展出后，专家们立即认识到这个创新系列的重要性。这种创新是在伊姆斯夫妇提倡的“让大众花费最少，获得最好”的理念下构思出来的。这一系列的椅子于 1949 年正式由赫曼米勒家具公司生产并经销。伊姆斯用挣来的设计费，继续他在设计上的探索。

1948 年，伊姆斯夫妇被邀请参加现代艺术博物馆举办的“低成本家具设计国际大奖赛”。他们受到汽车工业的启发，决定用金属来制作座椅外壳。从技术上讲，金属壳很可能可以用制造挡泥板的机器批量生产，但是由于在模具上需要大量投资，伊姆斯最终放弃了这个方向。次年，他在设计伊姆斯住宅时看到了塑料的好处，于是决定研究塑料外壳。

1950年他推出的“塑料扶手椅”(DAX/Plastic Armchair)(图6-8)是历史上第一把大规模生产的塑料椅子，它的出现预示着塑料家具时代的到来。在签订协议两个月以后，硬质扶手椅的量产版本第一次生产了2000把，并于1950年1月在芝加哥家庭家具市场上展出。“塑料扶手椅”和边椅外壳的迭代降低了形式上的复杂性，就生产数量而言，塑料材质的座椅是伊姆斯迄今为止最成功的设计，也可能是最具影响力的设计。

“雕塑式座椅”（La Chaise）（图 6-9）被认为是伊姆斯夫妇最著名的作品之一，尽管这一系列的制作在设计完成几十年之后才开始生产。该座椅主体由白色漆壳构成，5 根镀铬钢棒固定在橡木底座上，在不同的位置支撑着座椅主体。在伊姆斯的办公室中，仅创建了 2 个使用双层玻璃纤维、增强聚酯纤维和泡沫橡胶芯制成的手工层压模型。La Chaise 这个名字来源于雕塑家加斯顿·拉奇兹（Gaston Lachaise)，伊姆斯夫妇相信他的雕塑——《漂浮的人》（*Floating Figure*，1927）坐在他们的椅子上会很舒服。

1949 年，伊姆斯设计制造出“壳椅”（The Shell Chair）。在这种更完善意义上的三维造型构件中，他引入了当时刚发明不久的玻璃纤维塑料作为主体材料。这种“壳体椅”的原型是伊姆斯在 1948 年纽约艺术博物馆主办的“低造价家具设计竞赛”中赢得二等奖的设计，但当时玻璃纤维尚未问世，他构思的模型是用废金属

图 6-8　　图 6-9

皮革制而成的。1949 年底，他首先以新材料制成扶手椅，后来又制成靠背椅。这种椅子（图 6-10）的形式是模制玻璃纤维外壳与座椅腿的简单结合，椅腿由桦木、钢管两种不同的材质制成（图 6-11、图 6-12），新材料中的色彩运用也给该系列座椅增添了无限活力。

图 6-10

421-C 号存储柜（ESU/Eames Storage Unit）（图 6-13）是伊姆斯夫妇在 1949 年为自住宅设计的家具，这是一种符合工业化系列生产原则的独立式货架。早在 1940 年，伊姆斯与小沙里宁就反复致力于模块化存储单元的设计。这种高度可变的家具系统为结合预制模块化提供了无限可能，充分考虑到了家用家具的实用性与装饰性。421-C 号存储柜的支撑框架由角钢制造，有 5 种不同的尺寸，以黑色漆、镀锌或镀铬为基础元素。架子是用桦木、胡桃木或塑料层压胶合板制成的。背面和侧面由胶合板、穿孔金属或漆纤维板组成，有 8 种不同的颜色可供选择。为了加强框架，一些货架的隔层是开放的，并由两根交叉焊接在一起的钢条取代了彩色镶板。隔层可以用玻璃布层压板制成的滑动门关闭，有一段时间滑门是由黑色硬塑料制成的，后来用象牙色的玻璃纤维增强塑料或压花胶合板代替。这个柜子还包括 3 个木制的抽屉，有 4 种不同版本的桌面用来充当书架。1952 年，伊姆斯将在运输过程中容易弯曲的钢角柜脚

图 6-11

图 6-12

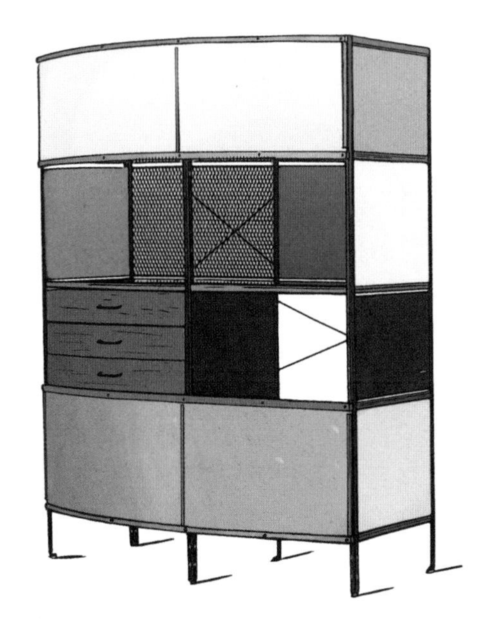

图 6-13

换成了螺纹连接的钢管脚。有人说这个存储柜是为客户自行组装而设计的，但事实并非如此，每个存储单元都装在一个坚固的集装箱内，完全组装好，以便顾客随时使用。

"钢丝椅"（DKR/Wire Chair）（图 6-14）创作于 1950—1951 年。适合餐桌的高度，由 K 线外壳和 R 线底座或铁棒底座组成。而伊姆斯的办公室也致力于设计这种底座的塑料边椅，因此，这两种设计都可以看作将座椅从一种材料转化为另一种材料。在家具产业中很少使用钢丝这种元素，但伊姆斯对钢丝的结构性能很着迷，最初仅用于桌椅的基础结构，从 1950 年起开始广泛使用。随后，他将诸如篮、托盘和购物手推车之类的焊接线材作为起点，进一步探索了这种坚固、轻巧的家具材料的潜力。第一个实验模型是由几个三角形组成的导线结构组成的，这种三角形的座椅结构最终被证明不适合作为一个坚固的座椅外壳。为了保证最大限度的稳定性，座椅最终由 35 根钢丝建造成紧密的网状的矩形网格结构组成，这种结构至今仍在使用。这些钢丝的两端被固定在两根较粗的钢丝之间，这也决定了座椅的外部轮廓。"钢丝椅"是使用电阻焊生产的，并在伊姆斯的办公室设计了最初使用的机械。椅子的线状外壳在透明度和光学亮度方面令人印象深刻，与所谓的伊姆斯塔式底座结合

图 6-14

起来，其视觉吸引力尤为明显。尽管“钢丝椅”是符合人体工程学的，但只能给人带来短暂的舒适，因为如果长时间坐在“钢丝椅”上，大多数人很快会感到不舒服。于是，伊姆斯夫妇设计了两种坐垫，一种是完全覆盖在椅子外壳上的坐垫（图 6-15），另一种是更便宜的两件套坐垫，被称为“比基尼”。后者使用的材料更少，生产速度更快。此外还有一些变形的版本，如木制椅腿版本（图 6-16）、4 条钢管椅腿的版本（图 6-17）、木制摇椅版本（图 6-18）和金属底座版本（图 6-19），这些版本也极大地促进了“钢丝椅”的成功。

图 6-15

图 6-16

图 6-17

图 6-18

图 6-19

“椭圆桌”，又名“冲浪板桌”（ETR/Elliptical/Surfboard Table）（图 6-20），据说椭圆桌子的发明完全是偶然的。在 1950 年的某一天，有人在伊姆斯的办公室使用了属于 LTR 桌子（这是不久前开发的矮的边桌）的两个线材底座用来放置长胶合板。虽然这个故事体现不断探索的精神，尝试不同的构造和模块，但没有解释桌子的形状。较粗的钢管形成 4 个 U 形的脚，其末端被弯曲成 90 度并压平，较细钢管形成 8 个 X 形用来加强结构，最上端有一个钻孔，可以拧进桌面底部与其连接。桌面未密封的边缘展示了胶合板的结构，并向内倾斜 20 度，让桌面看起来轻盈优雅。

伊姆斯夫妇自 1948 年以来一直用玻璃纤维增强的聚酯材料设计座椅外壳，然而就生产的数量而言都没有达到 1954—1955 年创作的“塑料堆叠椅”（DSS/Plastic Side/Stacking Chair）（图 6-21）那样的成功。该椅的两对腿是由 U 形钢管组成的，它们沿着外壳的曲度相互倾斜，通过两个焊接在一起的扁钢连接在椅座下面。减震支架为座椅外壳提供了灵活的连接，自 1998 年起，这些减震支架通过注塑技术集成到外壳中，从而使外壳可以直接拧到框架上。钢丝环焊接在椅腿的侧面用于加强结构，并且可以将任何数量的椅子连接成排。可通过堆叠来节省空间的“塑料堆叠椅”最初是为中学、大学、社区中心或酒店等场所设计的，至今仍是一个令人印象深刻、简洁又具功能性的设计案例。

图 6-20

图 6-21

伊姆斯设计的“670号躺椅”和“671号脚凳”（图6-22）是他的又一惊世之作，这并不是他第一次使用躺椅的概念。1940年，他与小沙里宁设计的有机扶手椅虽然在设计历史上被认为是躺椅的鼻祖，但伊姆斯夫妇在20世纪40年代中期用3个相连的胶合板壳制成的3个模型被视为“670号躺椅”的前身。1956年设计的最终版本的特点是真皮座椅，伊姆斯想营造出像棒球手套一样温暖而熟悉的感觉。在构思上，这件作品表现出了现代技术与传统休闲方式的结合，它完全是为舒适而设计的。3个胶合板外壳每一个都有不同的形状，1个为坐面，另外2个组成可以半环抱身体的靠背。椅子通过纽扣将3个填满羽毛和绒毛的皮革坐垫固定在这些外壳上，与两个独立的皮革泡沫扶手配合使用。为了节约生产时间，靠背使用的软垫和脚凳的软垫是相同的。隐藏在座椅下方的两个钢角将座椅外壳与椅背连接到一起，而椅背的两个外壳由两根铝管连接。软垫、支架、多个螺丝、装饰铆钉和缓冲器使其结构更加完整，并确保了座椅良好的灵活性，使该躺椅成为高度舒适的坐具。躺椅的主体位于一个由压铸铝制成的可旋转的五星状底座上，脚凳是一个四星状的底座，不能旋转。这种模制胶合板底板加上皮革坐垫的组合方式也非常有创意，后来设计师们在此基础上将面料技术发展得更加完善。自1956年“670号躺椅”设计生产直到今天，几乎保留了所有的主要构件。就销量而言，伊姆斯的其他设计可能更受欢迎，但这把豪华且声望很高的躺椅是他们迄今最著名的作品。

图6-22

图 6-23

此后，伊姆斯不断创造出充满创意的家具产品，如 1958 年的铝制家具系列。“684 号铝制休闲椅”（Alu Lounge Chair）（图 6-23）是伊姆斯夫妇 1957 年开始研究设计的，仅仅一年之后就达到了可以连续生产的地步。与伊姆斯办公室的其他设计相比，这件作品是在非常短的时间内完成的，这得益于设计师在不同技术和材料上不断积累的经验。“684 号铝制休闲椅”包括一把椅子和一把躺椅，有扶手的版本（图 6-24）和没有扶手的版本（图 6-25）。此外，该系列还包括一个脚凳（图 6-26）和配套的四星状底座的桌子。铝材作为防风雨家具，可放置于室外使用，在“684 号铝组休闲椅”案例中，两个侧面铸铝组件决定了它的框架轮廓，座椅的四星状底座也由铸造铝制成。“684 号铝组休闲椅”有一个引人注意的特点是椅子和底座之间的金属外壳包含了可以倾斜的机关。尽管伊姆斯最初的想法是创造在室内室外都可以使用的椅子，但“684 号铝组休闲椅”最终成了一件流行的室内家具。

图 6-24

图 6-25

图 6-26

设计于 1968 年的“伊姆斯躺椅”又名“软垫躺椅”（ES106/Soft Pad Chaise）（图 6-27），该设计的想法源自导演比利怀尔德（Billy Wilder），他想在自己的办公室里放一张躺椅小睡一会儿。躺椅要窄一些，这样当他睡着了翻身时就会滑到地上惊醒。该躺椅的框架由两个压铸铝部件组成，躺椅表面是符合人体工程学的形状，在两个地方有轻微的角度。6 个扁平的皮革坐垫放在紧绷的合成垫上，并用拉链固定在适当的位置上，还有几个不固定的坐垫提供了额外的舒适感。大量的科学研究结果表明，小睡有利于提高工作效率，专门为此设计的“伊姆斯躺椅”在今天和它诞生时一样重要。

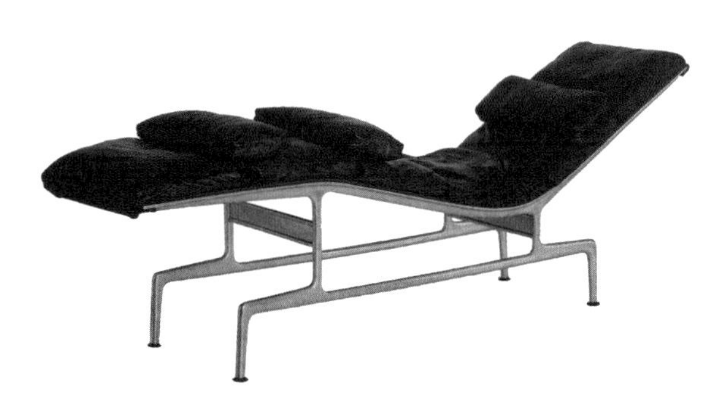

图 6-27

除家具设计外，伊姆斯在住宅设计、电影艺术和摄影艺术等领域的贡献也为世人所瞩目。他一生都热情洋溢、勤奋工作，他的设计作品是一个社会的产物，一方面他充分利用技术进步所提供的一切条件；另一方面也从阿尔托的胶合板家具设计中得到了很大的启发，同时受到布劳耶尔、密斯、柯布西耶等大师的影响。但他绝不把自己限于某一种思潮或技术派别中，一切设计都是从实际出发，从来没有任何口号，他对接触材料、选择材料情有独钟，在各种材料的使用中深入探索结构和细节。

伊姆斯设计的家具应用范围很广，适用于私人住宅空间、商业经营空间和公共办公空间。尽管他在创作风格上缺少连贯性，但他只强调每件作品的统一性和实用性，由此产生独特的设计态度，被称为“伊姆斯美学”。他从不考虑竞争，因此诸多发明设计从未申请过专利，然而伊姆斯的巨大成果早已赢得世界的公认，他被称为 20 世纪现代设计的卓越创造者。

2. 艾洛·沙里宁（Eero Saarinen，1910—1961）

艾洛·沙里宁出生于芬兰著名的设计师家庭，父亲老沙里宁是20世纪最重要的建筑师之一，同时也是最有影响力的家具设计大师。母亲洛雅·沙里宁（Loja Saarinen）是一位雕塑家、纺织品设计师。父亲设计的自住宅本身就是一座综合艺术博物馆，加上老沙里宁的朋友们都是欧洲艺术界、设计界的名流人物，小沙里宁与姐姐碧帕珊·沙里宁（Bipasha Saarinen）在充满艺术氛围的家庭环境下成长，与这些大师频繁接触，眼界开阔，心气极高。其父亲毕生强烈的竞争进取心态影响了小沙里宁，他在12岁时就获得了瑞典火柴设计国际竞赛的第一名。次年，老沙里宁获美国芝加哥特里本（Tribune）建筑竞赛二等奖，并赢得了巨额奖金，他们全家由此移居美国。老沙里宁在美国同样建造了充满艺术氛围的住宅，不久又受托创办匡溪艺术学院并任院长，同时接到了全校40座建筑的规划设计项目。

小沙里宁在这里完成了他的第一件家具设计——造型大胆、充满雕塑感的木椅。1929—1931年，他赴巴黎艺术学院学习雕塑，1931—1934年进入耶鲁大学建筑系学习，优异的成绩使他在毕业时获得了两年的旅欧奖学金。第一年，他四处周游考察各国古典建筑及现代设计大师的新作。第二年，他回到祖国芬兰，在雅尔·艾克龙德（Jarl Eklund）建筑事务所工作。1936年，他回到美国后正式加入父亲的事务所，并在匡溪艺术学院任教。在此期间，小沙里宁与许多美国一流的设计精英共事，并与伊姆斯共同斩获“有机家具”头奖。1938年，他与伊姆斯开发了一个弯曲的座椅形式，作为克莱汉斯（Kleinhans）系列座椅的基本设计元素，其设计灵感来自阿尔托的51号模型椅。他们发现阿尔托的座椅太平了，如果椅子的形状更贴合使用者的身体，将会提供更大的舒适感，于是他们决定采用更柔和的曲线形式来缓解阿尔托座椅的平面性。伊姆斯和小沙里宁使用以金属丝连接在一起的销钉垫做了一个人体工程学的测试装置，结果显示坐面的形状可以很容易地随人体的形态而变化。

二战期间，对材料的限制反而激发了设计师的创造潜能，最典型的例子就是小沙里宁1943—1946年设计的“蚱蜢躺椅”（61U/

Grasshopper）（图 6-28）。他注意到当时人们坐得更低，且有懒散的倾向，不像战前坐得那么正式。小沙里宁想跟上人们生活的习惯，他的设计灵感源自雕塑，使用复合模制胺化木壳进行试验，这种技术是他与伊姆斯 1940 年制作有机扶手椅时首次使用的。他用 3 个水平面组成一把椅子，以提供舒适的身体支撑，最初用多余的降落伞织带以网格编织的方式编成坐面和靠背，这是可用的少数纺织品之一。然而，最重要的是椅子的结构，它的椅腿和扶手是由两个完全相同的单件层压木框架弯曲成 S 形。四折的层压木给椅子充分的支撑，同时保持轻盈随意的外观，就像一只即将跳起的蚱蜢。正如佛罗伦萨·诺尔指出的，座椅框架和臂腿组件通过巧妙隐蔽的连接形成一个三角形，比传统的底座能提供更大的力量。1946 年，诺尔公司推出了这把“蚱蜢躺椅”，它的几个变形版本如 61W 和软垫版本也是首次推出。小沙里宁的“蚱蜢躺椅”常在机构内部使用，如位于艾奥瓦州得梅因市（Des Moines）的德雷克大学，在公共区域和单个宿舍房间中都使用了网格编织状的椅子（图 6-29）。

小沙里宁的家具设计使他成为 20 世纪最有创意的大师之一，他决心为 20 世纪的椅子形象赋予一种新的定义，即有机雕塑式的设计语言，这种设计语言随即成为 20 世纪 60 年代新生代家具设计的主流。

图 6-28

图 6-29

20 世纪 40 年代早期，与伊姆斯的合作形成了他第一阶段的设计风格，然而他始终不能满意椅子主体与腿足视觉分离的状态。他在华盛顿进行试验，用四分之一比例的小模型探索新的座椅形式，从而在创意和现有材料、技术的限制之间取得平衡。诺尔曾对小沙里宁说，她厌倦了又窄又长、单调的躺椅，她想要一把有一个巨大的杯状外壳，在里面既可以横着坐，也可以蜷缩着身体的椅子。1946 年，他设计出一件传世之作——“子宫椅”（Womb Chair）（图 6-30），该椅采用玻璃纤维增强的聚酯树脂为材料，既坚固又轻便。材料本身没有任何结构，能以较低的成本大量生产，因此，这种材料非常适合使用截锥方法制作椅子，小沙里宁在 1948 年为这项技术申请了专利。在最初的设计图中，椅壳是由胶合板制成的。该专利基于以下事实：圆锥体的几何形状可以提供弯曲的座椅外壳，从而完全包围坐在上面的人。专利精确地讨论了如何改变标准锥体的形状，并展示了如何将平板材料弯曲成截锥形椅子。通过将圆锥体向内折叠，形成两个扶手和一个座位，然后切掉折叠后的圆锥体的尖端，用泡沫和内饰将切割后的孔洞覆盖住，再加上一个小抱枕，这样就形成了“子宫椅”的基本形状。

关于“子宫椅”名字的由来有很多种解释。小沙里宁说，许多人离开母亲的子宫后，就再也没有真正感受过舒适和安全，尽管这个名

图 6-30

字听起来并不像是设计师使用的词语，但它反映了设计师发自内心地对舒适坐具的追求。他设计的构思也源自对人体舒适感的分析。长期以来，尤其在美国，人们对舒适的联想一般都是维多利亚时代那种传统的、堆砌而成的躺椅。小沙里宁决心为这种传统的东西创造一种现代的替代物，同时他又追求一种能与室内空间相协调的椅子，而“子宫椅”完全满足了这两种功能要求。

1948 年，诺尔公司在其纽约展厅的一次活动中推出了这款椅子，后来发展成完整的系列，包括沙发、凳子都非常成功。“子宫椅”符合“现代主义体积超过质量”的格言，并具有小沙里宁雕塑式的优雅和风格。它适合大规模的生产，取代了劳动密集型的厚垫安乐椅，为现代室内设计带来了更低的成本和更清新的风格。“子宫椅”是真正的有机设计，它融合了艺术与技术，也是小沙里宁的经典作品之一，被公认为 20 世纪最舒服的座椅之一。

1950 年，当父亲老沙里宁去世后，小沙里宁接掌了事务所，引导它向新的设计方向发展，并在 1950 年以后迅速成为美国最重要的事务所之一。他认为家具亦应该与建筑室内的每个细节相协调，他所有的设计都力求创新和功能性的解决方案，无论建筑还是家具，都以有机统一而著称于世。

图 6-31

在 1954 年 11 月与汉斯·威格纳和佛罗伦萨·诺尔讨论了新家具之后，小沙里宁终于在 1955 年设计制作出雕塑式的独腿椅子，又名“郁金香椅”（Tulip/Pedestal Chair）（图 6-31）。他的目的是清理杂乱的桌椅腿，他解释说：“我们有四条腿的椅子，有三条腿和两条腿的椅子，但还没有人设计一条腿的椅子，所以这是我们要做的。过去所有伟大的家具，从图坦卡蒙（Tutankhamun）的椅子到奇彭代尔（Chippendale）的，一直都是一个结构整体，我想让椅子再次成为一个整体。”小沙里宁不仅认为一把椅子应作为一个完善的视觉整体，还认为家具要与使用者和室内环境成为一个整体。他设计家具时希望最后的产品能与使用者相互衬托，“郁金香椅”圆了他对家具设计整体视觉感的美梦。在最初的草图完成后，他们面临的挑战是，这种可以产生雕塑、复合模制形式的材料实际上不足以达到目的，完全由塑料制成的单腿椅子在技术上是不可能实现的。小沙里宁同样用四分之一比例的模型开始进行有关底座的设计与试验，最终，“郁金香椅”使用最新的玻璃纤维增强树脂制成外壳，中空的锥形金属基座的喇叭口朝向地面，形成一个大而稳定的圆盘，坐面上有被纤维包裹的泡沫坐垫。每把椅子都涂成相同的颜色，从座椅到茎部到基座，看起来像是花朵与花梗的结合，因此被命名为“郁金香椅”。

这种椅壳形状的发展一直持续到 1956 年，衍生出同系列的一把靠背椅、两张圆凳及一张圆桌，并很快成为流行的产品。此时，小沙里宁的建筑已广为人知，同年 7 月，他成为《时代》杂志的封面人物，进一步提高了人们对其新设计的兴趣。尽管小沙里宁对于不能用一种材料完成全部构件感到不满意，但该系列开创了 20 世纪家具设计的一个崭新领域，并获得了空前的成功。

1961 年，小沙里宁突然死于一次不成功的脑手术，令全世界叹惜这位 20 世纪的设计超人过早地结束了叱咤风云的一生，直到去世前他都在努力探求使用新材料完善构件的视觉统一。他亦强调自己的设计是为大多数人服务的，因此总以中等尺度的人为基准模数单位。小沙里宁终其一生，无论在建筑设计领域还是家具设计领域，他的作品都表现出天然的雕塑倾向，并为世人所熟知。

LECTURE 7

Nelson: Let Modular System Determine Modern Office Furniture

第 7 讲

尼尔森：让模数决定现代办公家具

乔治·尼尔森（George Nelson）是继伊姆斯和小沙里宁之后，美国家具设计领域中最重要的旗手，他是建筑师和设计师，但更是家具行业的组织者。

在 20 世纪时尚家具领域，尼尔森表现不俗。他的“椰子椅”（No.5569/Coconut Chair）和“向日葵沙发”（Marshmallow sofa）都成为现代经典。他追寻着时尚，同时也引领着时尚。然而，尼尔森对现代家具最大的贡献却是“让模数决定现代办公家具”的设计方法及理念。

现代家具不仅意味着新材料、新工艺和新模式，而且更强调工业化生产管理与质量效率。因此，模数制设计成为现代家具，尤其是办公家具的最核心的设计模式。它源自现代建筑，却以与人体最密切的关系引发更细腻的要求。尼尔森以模数设计奠定美国现代家具的强悍地位，模数制家具引领家具的全球化与国际化，并成为现代办公空间的灵魂尺度。

乔治·尼尔森的设计生涯和他在 20 世纪现代设计中的地位有些类似于意大利的吉奥·庞蒂。两位大师都横跨现代设计的多个领域，并从事多种职业，对现代设计有深远的影响。

尼尔森于 1931 年毕业于耶鲁大学建筑系，而后获得罗马奖学金，于 1932—1934 年去罗马的美国学院学习。1935 年，他成为《建筑论坛》（*Architecture Forum*）杂志的副主编，同时又为《铅笔尖》杂志撰写了大量文章，并主持家具的产品设计与营销，为现代设计运动的发展推波助澜。1936—1941 年，尼尔森与好友在纽约开办建筑事务所，后又任教于耶鲁大学建筑系，此间提出包括绿色设计概念在内的一系列建筑设计和城市规划的新观念。1941—1944 年，他任教于纽约哥伦比亚大学建筑系。1946 年，他担任纽约帕松斯（Parsons）设计学校室内设计系顾问，同年接替吉尔伯特·罗德（Gilbert Rohde）担任赫曼米勒家具公司的设计部主任。在赫曼米勒家具公司任职期间，他成功地邀请了许多一流的家具设计师加盟，如查尔斯·伊姆斯、亚历山大·吉拉德（Alexande

Griard）等，使赫曼米勒家具公司成为世界上极具影响力的家具制作公司之一。

1945 年，他在《财富》杂志担任记者期间，为自己的办公室设计了一款带储物柜的板条椅。他后来解释说："使用板条结构不仅是为了节省材料，也是为了确保长椅不够舒服，不让访客停留超过 20 分钟。"事实上，板条也将座椅的重量减到最小，并创造出一种光学亮度。最初，这张长椅只是作为座椅类家具，但很快它就成为尼尔森为赫曼米勒家具公司设计的第一款家具系列的核心组成部分。该系列于 1947 年推出，被命名为"4992 号平台凳"（Platform Bench No.4992）（图 7-1）。作为所谓的箱式模块化储物柜，箱子用 4 种不同尺寸的木板做成，可以用不同的组合方式摆放在长椅上。尽管伊姆斯和小沙里宁在 1940 年纽约现代艺术博物馆"有机家具设计"展览上已经提出过模块化概念，但尼尔森的系统被证明是美国市场特殊的新成员。

1946 年设计的"4658 号书桌"（Desk No.4658/Home Desk）（图 7-2）是尼尔森为赫曼米勒家具公司设计的第一批家具之一。作为一位学习建筑和设计的学生，他可以根据自己的经验来创作这个作品。这张桌子展示了设计师遇到的最困难的问题之一：如果按照传统的做法，在膝盖和中央抽屉之间放置两三个抽屉的基座，最终将得到 7 个毫无特色的抽屉和 1 个狭窄的腿部空间。尼尔森的解决方案是将 1 个梯形的钢管作为基础结构，一边是便携式打字机的

图 7-1

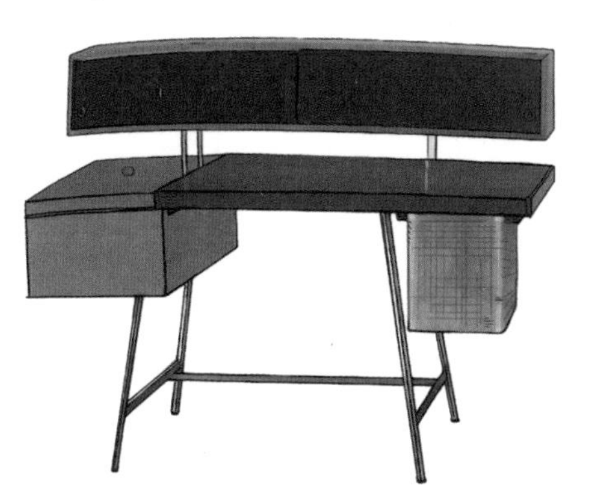
图 7-2

外壳，另一边都是可滑动的金属盒子，用来装文件，金属盒子上面有孔洞，可能是为了防止文件发霉。打字机可以安装在上盖板的内侧，因此，实际上可以倒置折叠。带滑动门的架子可以放置书写工具或简单地作为存储空间。

1947 年，尼尔森在纽约建立自己的设计事务所，开始了他自己的家具设计，也包括灯具、钟表、塑料制品等工业产品的设计。其中，卧室家具在他的设计作品中扮演了次要的角色，“5088 号沙发床”（Daybed No.5088）（图 7-3）反映了尼尔森当时的创新理念。他认为家具应该是灵活的，而不能规定专门的用途或摆放的位置，如卧室或餐厅。这张沙发床白天可以当作沙发使用，晚上可以作为客人的床，它的特点是优雅、轻巧的木制框架和由弯曲铝管制成的 V 形腿。软垫靠背仅用一根狭窄的木板条支撑，通过两根铝管与底座的木制框架相连，而在框架的两个纵向间拉伸的弹簧为使用者提供了足够的舒适度。该沙发床有 4 种型号，配以不同的坐垫和靠背，6 年后，在欧文·哈珀（Irving Harper）的帮助下，尼尔森事务所创造了另一张沙发床——薄边床（Thin Edge Bed）（图 7-4）。

图 7-3

图 7-4

“4033 号钢架组合箱”（Steelframe Case Group No.4033）（图7-5）由 3 种基本单元组成：抽屉柜、侧桌和有两种不同尺寸的书桌（图 7-6、图 7-7）。钢架为黑色或白色，配件为黑色、蓝色、黄色、橙色的塑料或玻璃结构。抽屉、滑动门和开放式货架的组合方式和颜色导致基本模型有 35 种变化。这是一种独特的抽屉设计，通过在开放式的钢架中插入一些模块，从而构成物体的正面、侧面和背面，减少了材料的使用。1950 年，他第一次使用矩形钢框架制作角铁椅（图 7-8）。在“4033 号钢架组合箱”推出 3 年后，尼尔森设计的另一个“M3304 办公组合”（图 7-9）也推出了类似的配色方案。

图 7-5

图 7-6

图 7-7

图 7-8

图 7-9

"5891 号弯木椅"（No.5891 Bentwood Chair）（图 7-10）的灵感来自经典的弯木家具。由于其制造成本高，因此最初只在 1952 年的一个小系列中生产。其弯曲的水平靠背以两个垂直支架两侧的尖头结束，像椅腿的末端一样，它的顶端都配有对比鲜明的胡桃帽。椅子的座位上有 8 个洞，用来将坐垫固定在座位上。1957 年，劳伦斯·普莱夫斯（Lawrence Plycraft）提出为赫曼米勒家具公司设计更便宜的椅子，于是该椅在 1958 年重新推出，现在有 5890 型号（图 7-11）和有独特扶手的 5891 型号。大约有 100 把新椅子是用胡桃木和桦木制成的。

图 7-10　　图 7-11

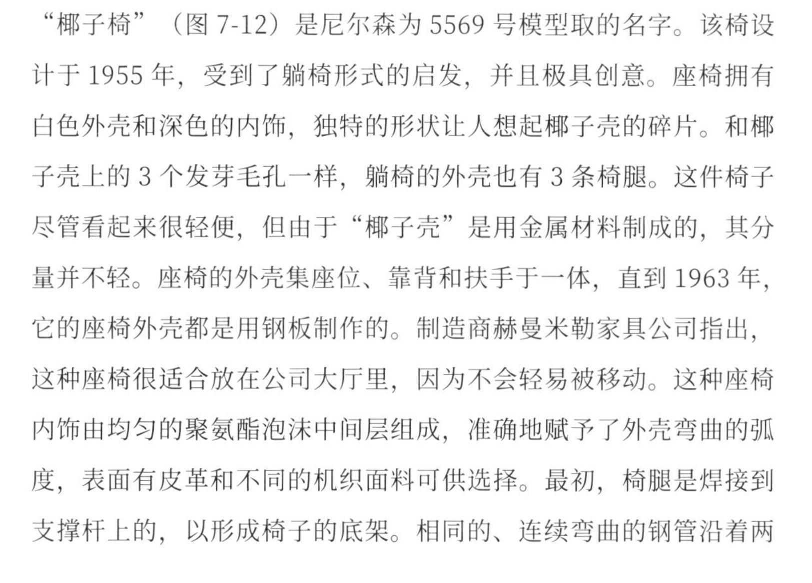

"椰子椅"（图 7-12）是尼尔森为 5569 号模型取的名字。该椅设计于 1955 年，受到了躺椅形式的启发，并且极具创意。座椅拥有白色外壳和深色的内饰，独特的形状让人想起椰子壳的碎片。和椰子壳上的 3 个发芽毛孔一样，躺椅的外壳也有 3 条椅腿。这件椅子尽管看起来很轻便，但由于"椰子壳"是用金属材料制成的，其分量并不轻。座椅的外壳集座位、靠背和扶手于一体，直到 1963 年，它的座椅外壳都是用钢板制作的。制造商赫曼米勒家具公司指出，这种座椅很适合放在公司大厅里，因为不会轻易被移动。这种座椅内饰由均匀的聚氨酯泡沫中间层组成，准确地赋予了外壳弯曲的弧度，表面有皮革和不同的机织面料可供选择。最初，椅腿是焊接到支撑杆上的，以形成椅子的底架。相同的、连续弯曲的钢管沿着两

图 7-12

个前腿延伸。然而，在尼尔森事务所工作了很多年的设计师罗纳德·贝克曼（Ronald Beckman）回忆，对焊接成一体式的基础框架进行机械抛光时，抛光盘可能存在被卡在框架中的问题，并对工人造成伤害。基于生产和安全方面的原因，该椅的基础框架不得不在 1963 年重新设计，解决方案是用铆钉连接 3 个铝制单腿。新的结构在 1963 年 5 月投入生产，同时座位使用的材料由钢改为更轻的玻璃纤维增强聚酯。

和 20 世纪 50 年代的许多设计师一样，尼尔森积极接受塑料这一材料，并为家具和室内配件的设计生产带来新的可能。尼尔森曾设计过一种外观新颖的沙发，这种沙发的圆盘状泡沫垫由机器切割出来，然后安装在一个支撑框架上，后来发展为著名的“5670 号棉花糖沙发”（No.5670/Marshmallow Sofa）（图 7-13）。该沙发的设计在考虑可以经济制造的前提下，将沙发的主体分解成 18 个大小相等的圆盘，坐面和靠背处分别由排列为 5 个和 4 个的两排圆盘坐垫组成，并覆以不同颜色的面料，更加强调了分离的效果。其色彩的大胆使用和明确的几何形式，都预示着 20 世纪 60 年代波普艺术的到来。然而，较高的成本导致该产品销售疲软，并持续低于预期，9 年以后，赫曼米勒家具公司决定放弃生产该产品，但“5670 号棉花糖沙发”却成了家具设计中的经典之作。30 年之后，维特拉和赫曼米勒家具公司重新推出了它。

图 7-13

图 7-14

图 7-15

雕塑式金属腿的家具可以连续生产，并能拆分成最小的体积运输，这一想法推动了“DDA-5 塑料椅”（DDA-5 Plastic/Swaged Leg Chair）（图 7-14）和锻造腿系列的发展（图 7-15）。尼尔森于 1956 年设计的“DDA-5 塑料椅”的塑料外壳和靠背是两个独立的元素，靠背通过金属接头与坐面连接，可以根据坐着的人的姿态进行调整。弯曲优美的椅腿是由尼尔森的员工查尔斯波洛克（Charles Pollock）设计的。成对的管子彼此相对放置，通过将螺丝孔放置在不同的高度，可以将成对的管子堆在一起，并尽可能优雅地在内侧连接而不产生焊缝。同年，其设计的“5850 号锻造腿桌子”（No.5850 /Swag Leg Desk）（图 7-16）独特的桌腿形状是通过锻造工艺制成的，其中钢管在压力下逐渐变细并弯曲。这张带有彩色信格的桌子于 1958 年连续生产，在 1965 年进行了修改，包含了尼尔森综合存储系统的标准化侧面和抽屉（图 7-17），但是很快就停止了生产。由于 20 世纪中叶现代设计的回归和居家办公人员的日益增加，这种办公桌自 2007 年开始重新投入生产。

图 7-16

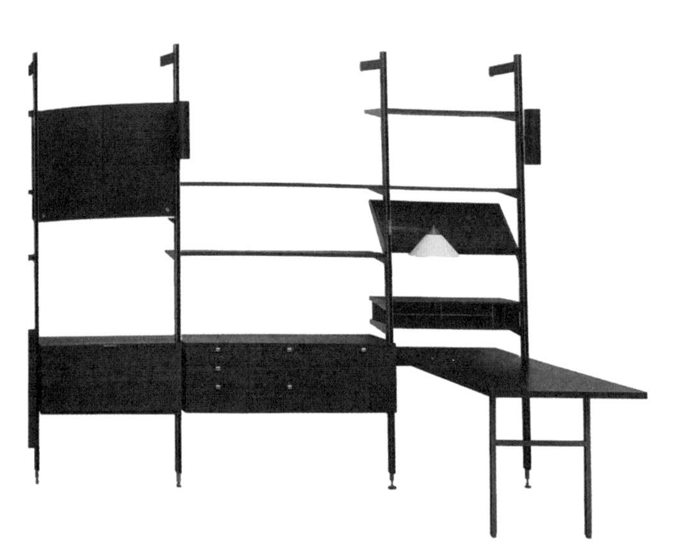
图 7-17

1957 年以后，尼尔森开始关注建筑中的环境设计，他是最早研究建筑生态学的建筑师之一。而此时，随着办公室工作内容和开放式办公室的增加，办公家具成为市场中日益重要的一部分。1962—1963 年，尼尔森加入了一个项目——“行动办公室”（Action Office），旨在为每位经理提供适合他们使用的办公家具。这一系列办公家具引起了广泛的关注，其中包括坐着使用的低型桌子（图 7-18）、隔音电话桌（图 7-19）、文件展示架（图 7-20），制图员使用的凳子（图 7-21）和 1963—1964 年设计的站立使用的高型桌子（图 7-22）。“行动办公室”试图解决当今仍然很重要的问题——如何最好地创建对员工友好的，能提高其生产力的工作环境。尽管办公家具系统通常滞后于办公技术的发展，但“行动办公室”在许多方面都领先于时代。

图 7-18

图 7-19

图 7-20

图 7-21

图 7-22

作为著名的设计评论家，尼尔森的设计思想卓越且富有远见。他对模数的钟爱始终能在他的家具设计中表现出来，其简洁的造型和自由组合的构思，多年来主宰着家具市场，模数制存储家具和模数制办公家具这两种系统都在世界范围内产生了极大的影响。

LECTURE 8

Wegner, Tapiovaara and Axelsson: From Tradition to Innovation

第 8 讲

威格纳、塔佩瓦拉和艾西尔松：从传统到创新

对人类的家具而言，传统永远是最基本、最重要的老师。“从传统到创新”是历代设计实践的最本质性的方法。在浩如烟海的家具设计传统中，不同的设计师自由地选择着世界各地的设计传统。

丹麦大师汉斯·威格纳终生迷恋中国家具和英国家具。他以细腻的功能主义思维创作了自己的“中国椅系列”；他以娴熟的手工艺技巧制作了自己的“温莎椅系列”；他以温馨的热情改良着丹麦传统乡村家具。与此同时，威格纳还以其职业的素养、专业的技巧和敬业的精神创作了众多充满时尚气息的家具系列，它们也被公认为代表“丹麦精神”的现代家具。

芬兰大师伊玛里·塔佩瓦拉立足于芬兰传统木构家具，却又时常将目光投向世界各地。他在二战时期的芬兰军营中，以最有限的物质条件创作了由传统入手的新型功能主义家具。他同样立足于欧洲设计的广义传统观念，从而设计出自己独具特色的“温莎椅”。他再以在非洲工作的经历为基础，发掘异域的家具传统，从而创作了新型的“刚果椅”系列。作为芬兰二战以后家具设计的旗手，塔佩瓦拉在对传统的关注中，又引入了对新材料、新工艺的研发和应用，再次开创了芬兰家具的辉煌。

瑞典大师阿克·艾西尔松以古今中外的家具传统为自己设计创作的出发点，从优秀的传统家具案例中归纳总结现代家具的方法及要点。从古埃及家具到古希腊家具，从古罗马家具到文艺复兴家具，从巴洛克、洛可可家具到新古典主义风格家具，从中国家具到非洲家具，艾西尔松都曾收集、研究、测绘、设计、再设计，最终铸成现代瑞典家具的独特品牌。

1. 汉斯·威格纳（Hans Wegner，1914—2007）

威格纳出生在丹麦一个名为同德恩（Tondern）的小城，他的父亲是一位技艺高超的鞋匠。据威格纳自己回忆，他使用工具时，熟练到几乎完全不用眼睛，这可能是后来威格纳极为重视手工技艺的原因。20 世纪 20 年代后期，威格纳开始接受木工训练，并很快成为一名出色的木匠。1936 年，22 岁的威格纳去哥本哈根进入当地的工艺美术学校学习设计。二战期间，他在雅各布森建筑事务所工作，主要负责室内和家具设计，在这里遇到了妻子英加·海波（Inga Heibo）。1941年，他遇到了生命中第二个对他极为重要的人——著名木匠、丹麦木工行业协会的创办人之一约翰尼斯·汉森（Johannes Hansen），从此开始了与其后续的合作。1946年，威格纳结识了与他同龄的丹麦青年设计师布吉·莫根森，两人开始合作设计家具，并在一年一度的“丹麦木工协会”展览会上出尽风头，由于威格纳每年都能获奖，他最终成为这个展会历史上获奖次数最多的设计师。以威格纳为代表的一批年轻家具设计师明确代表了一种新型设计师，在他们之前，大多数的家具设计师首先是建筑师，家具设计只是他们的副业。而威格纳这一批设计师则以家具设计为毕生唯一的职业，他们多数人都有木工基础，并固定与某位技艺高超的木工师傅长期合作，这种方式成为丹麦学派一种独有的现象。

威格纳不是柯林特的嫡传弟子，但他的设计理念和主要设计手法却源自柯林特，即从古代传统设计中汲取灵感，净化其已有的形式，进而发展自己的构思。而威格纳的家具设计则始于对中国椅子设计的净化。早在20世纪40年代初期，威格纳通过奥利·瓦希尔（Ole Wanscher）教授在其著作中引用的两部中国漆家具图册，有缘了解到中国家具，并对其“一见钟情”。1943年，威格纳在丹麦根托夫特（Gentofte）开设自己的设计事务所。1944年，威格纳受命设计一种木制椅，要求用最少的材料做成弯曲木效果的扶手椅，威格纳为此构思了多种方案，但始终不能令人满意，直到他看到中国圈椅时才茅塞顿开。于是他以中国圈椅为主题，一口气设计了4种各具特色的中国椅（指已投入生产的），其中第一种和第四种获得了广泛的赞扬，至今仍在生产。在以后数十年中，威格纳的“中国椅”设计一发不可收拾，他一生中设计的近500种椅子中有1/3与“中国椅”的主题相关。

另一种吸引威格纳的外国传统设计就是英国的“温莎椅”，当时已有许多设计师开始在“温莎椅”的基础上构建自己的设计思路，形成庞大的“温莎椅”系列。当威格纳还是学生时，他在哥本哈根的应用艺术博物馆测量了一把老式英国“温莎椅”的尺寸，因此他对

"温莎椅"的诠释格外突出。1947 年，他设计的"孔雀椅"（JH550/Peacock Chair）（图 8-1）一经展出，立刻成为公众注目的焦点，随即获得了广泛的国际关注。他将传统的"温莎椅"靠背变成了装饰性的、圆形的标志性元素。由于这种分散式的板条靠背形似开屏的孔雀，设计师居尔将威格纳的设计命名为"孔雀椅"。该椅除了具有良好的装饰性外，功能也很好。为确保使用的舒适性，靠背上的板条被压平，扶手是由柚木制成的，防止灰尘进入，并使其与配套的桌子相适宜。

图 8-1

1949 年，威格纳设计的"圈椅"（JH501/The Round Chair）（图 8-2）被称为设计史上最漂亮的椅子，这件经典之作已将中国明式圈椅简化到只剩最基本的构件，但每一构件都被推敲到"多一分嫌重，少一分嫌轻"的地步。威格纳省略了靠背的垂直元素，而提供了一个高的水平靠背支撑腰椎，并过渡到螺旋桨状的扶手。这些有机形状的灵感来自斧柄和桨等传统工具。虽然这种形式产生了雕塑式的外观，但椅子的每个方面都可以归因于功能和构造。带凹槽的锥形支腿在与座椅连接的位置最宽，并且略微倾斜，以保持稳定性，藤编织的坐面为椅子带来轻盈透明的外观。在 1949 年的第一个版本中，后栏杆用藤条缠绕起来，从而隐藏了形成后座和扶手的 3 块木头之间的接缝。1950 年，当软垫坐面出现后，威格纳移除了藤条，并引入了更坚固且有装饰性的木制榫卯，将 3 块木头连接起来。"圈椅"标志着威格纳的国际突破，最初的 4 个副本在细木工匠约翰内斯·汉森（Johannes Hansen）的工作室制作，1949 年在哥本哈根应用艺术博物馆展出。这把椅子适用于多种场合，在国内外均获得了巨大的商业成功。

图 8-2

像"圈椅"一样，威格纳早期的设计最初是为丹麦工艺生产而创建的，但他很快转向了机器友好型产品，如"Y 形椅"（CH24/Y/Wishbone Chair）（图 8-3）。可能是受到传统"温莎椅"上 V 形椅背的启发，威格纳对 1944 年设计的椅子进行了修改，他把椅背改成 Y 形。这款椅子的命名很恰当，它的后腿支撑着圆形的靠背和扶手，形成沙漏的形状。令人印象深刻的是，它综合了几种经典家具的设计，仿古的倾角椅（klismos）、传统中式椅、教堂椅、

图 8-3

索耐特曲木家具和“温莎椅”。“Y 形椅”很快成为威格纳最受欢迎的设计，也是大量生产的丹麦家具的标志，这证明了他有能力将创新的制造方法与传统的细木工艺相结合。

“折叠椅”（JH512/Folding Chair）（图 8-4）的设计灵感来源于密斯的“巴塞罗那椅”，该椅不仅造型优美，而且折叠后可方便地摆靠在墙上。威格纳使用弯曲的椅腿和靠背，通过折叠的方式，以及椅腿之间支撑架上的壁钩来应对现代公寓住宅的空间限制。座椅的框架与手柄融为一体，导致编织坐面上的藤条是中断的，但并不影响使用。额外的支架滑进座椅下方的引导槽，其弯曲的形式将负载的重量转移到腿部，当椅子折叠时，特殊的配件可使椅子的两个部分的曲度对齐。折叠椅最初由威格纳喜欢的家具制造商汉森制作，直到 1990 年，由 PP 家具公司接手。

威格纳 1950 年设计的“海豚椅”（JH511/Dolphin Chair）（图 8-5）是“折叠椅”的一个变体。威格纳常常试图将扶手与设计融为一体，但在“海豚椅”的案例中，它们与折叠椅底架有所区别，形成一个特殊的形状，就像海豚在游动。“海豚椅”最初有两个版本，都配有头枕软垫，但一个是较短的躺椅，还有一个是带有集成式脚凳的躺椅，就是图 8-5 展示的版本。虽然“海豚椅”只在 20 世纪 50 年代作为限量版生产，然而它标志着威格纳大型休闲家具设计的开始，进而使这种类型的家具出现许多变体。

图 8-4　　图 8-5

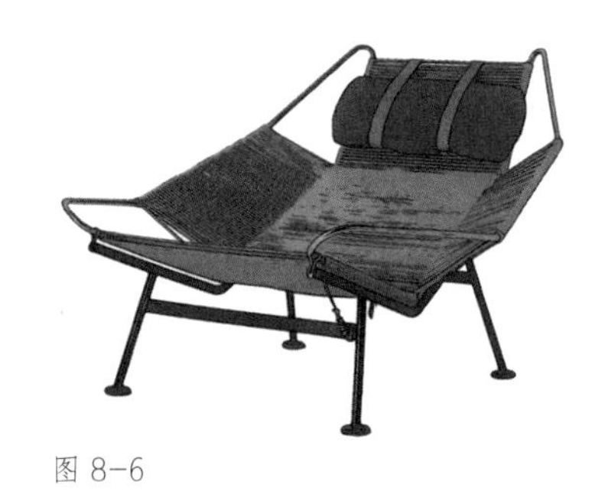

图 8-6

当威格纳的木制圈椅在国际上取得突破时，他创造了这把“国旗绳索椅”（GE225/Flag Halyard Chair）（图 8-6）。该椅结合了工业、现代主义的表达与更加自然、非正式的斯堪的纳维亚的设计风格。他创新的不仅仅是结构与材料，还有它不同寻常的座椅位置，既不完全直立，也不完全躺卧，这为家具类型学引入了一种新的坐姿方式。1949 年，威格纳展示了一把由 3 个模压壳构成的椅子，具有类似的斜靠背位置，但没有投入生产。他认为，一把好的椅子应该尽可能有更多的座位。在 1950 年改进的版本中，躺椅的框架由钢管制成，底架涂了黑漆以彰显其承重作用，而座椅上部的支撑框架则不上漆，并被 250 米长的国旗升降绳缠绕起来，倾斜的椅腿下方，有圆形的椅脚，防止划伤地板。尽管该椅构架简单，使用的是钢管和旗绳，也无须投资昂贵的工具，但躺椅的生产成本仍然很高，因此这款躺椅在发布时，没有受到丹麦家具组织的欢迎。

威格纳曾与内科医生艾吉尔·斯诺拉森（Eigill Snorrason）合作。后者批评丹麦所有的座椅设计没有考虑到人体工程学，唯一的例外是威格纳 1952 年设计的“牛角椅”（Cow-horn Chair）（图 8-7）。据斯诺拉森说，这款椅子提供了良好的腰椎支撑，促进了背部的自然弯曲。1955 年，威格纳为“JH502 转椅”（Swivel Chair）（图 8-8）设计了一个降低的靠背为腰部做支撑，以促进符合人体工程学的正确坐姿。他将靠背设计成一个独立的雕塑元素，并用钢框架来加固。因此，这把座椅融合了两个世界：钢管和木材，工业与工艺。

图 8-7

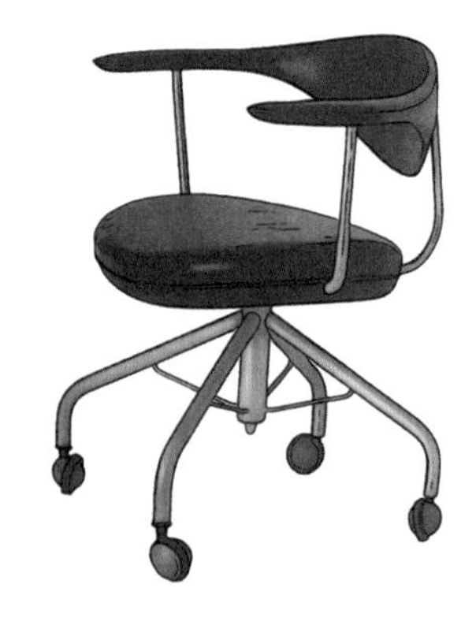

图 8-8

图 8-9

威格纳对设计精益求精，并不在意产量。他的家具能够成为非常完整的雕塑艺术品，可以独立于空间，或有特殊的安排，或以不同的方式摆放。其作品的另一特色是构思上屡有创新，如 1953 年的“侍从椅”（Valet Chair）（图 8-9），他将靠背设计成衣架的形状，也有人说像小提琴，在视觉上别具一格。1960 年，他设计的“牛椅”（Ox Chair）（图 8-10），大而厚，充分体现了威格纳的设计特点，精致的钢管腿上有圆形的垫脚。还有 1968 年设计的“熊椅”（Bear Chair）（图 8-11），扶手前面设计成熊掌的样子，短而粗的椅腿用橡木制成。威格纳也不断尝试使用钢管材料，并设计出一批风格独特的钢管家具，如“转椅”“国旗绳索椅”“餐椅”（图 8-12）等，尽管这批家具远不如“中国椅”和“温莎椅”那样名声显赫。

在任何时候，威格纳都亲自研究设计的每一个细节，这表现在他的草图从来都习惯用足尺画出，且将一把椅子需要的所有设计都画在一张图中。威格纳尤其强调一件家具的全方位设计，他认为“一件家具永远都不会有背面，如果挑选一件家具，最好先将底部翻过来看看，如果能令人满意，那么其余的部分应该是没有问题的”。

威格纳无疑是迄今为止对丹麦家具设计有重大意义的人，他标志性的特征是非凡的工艺天赋，丰富的形式感，对功能的全面了解和对制造的深刻认识。作为丹麦第二代设计大师之一，他的灵感很大程度上来自制造的潜力，以至于在他晚年时仍和以前一样，享受去车间从事创作的每一天。

图 8-10

图 8-11

图 8-12

2. 伊玛里·塔佩瓦拉（Ilmari Tapiovaara，1914—1999）

塔佩瓦拉于 1933 年考入赫尔辛基中央应用艺术学院，在学习期间，他利用各种获奖机会游览欧洲几个主要文化中心，从而对现代设计的发展有了最直接的认识。其中，包豪斯的设计观念对他影响极大，这也使他更加熟悉国际潮流，并与当时最前卫的设计大师密切交往。他不但随同阿尔托参与了许多设计项目，而且于 1936 年在伦敦主持了阿尔托家具展览会。这些得天独厚的经历使塔佩瓦拉很早就建立了自己的设计观念——设计是为普通人服务的。设计产品应具备功能、经济、耐久的特性，以提高人们日常的生活质量。而高质量的设计应通过材料、构造与技术的有机结合来实现。

1937 年，他在柯布西耶设计事务所工作了半年，为他成为一代开拓型设计大师奠定了坚实的基础。1938 年，他被聘为芬兰领先的家具制造企业阿斯科（Asko）公司的艺术总监，负责设计一系列价格合理的桦木家具。这段时间，他不仅完成了一批极有创意的家具设计，还结识了同在公司任职的安妮基·赫瓦瑞奈（Annikki Hyvariner），这位优秀的女建筑师后来成为他的妻子与合作伙伴。

芬兰参与二战后，塔佩瓦拉离开阿斯科公司走上前线。作为战地军事工程师，他除了组织、指导士兵建造各种营地外，还设计了一批别具特色的家具及日用品。此时的芬兰，物资极度紧缺，唯一丰富的材料就是芬兰的自然资源——桦木。由于桦木相当便宜，芬兰成为当时世界上主要的胶合板生产国。1946 年，塔佩瓦拉夫妇及设计团队赢得了在那些惨淡的岁月里芬兰为数不多的室内设计和家具比赛的奖项。他受托为刚建成的多姆斯（Domus）学院位于赫尔辛基的校舍设计室内空间及全部家具，从而创作出了他第一件成名作品——“多姆斯椅”（图 8-13）。这种多功能、可叠摞、轻便实惠的胶合板椅立即大获成功，收获了来自世界各地的大量订单。“多姆斯椅”还有很多变体版本，至今仍在生产，这种商业上的巨大成功不仅在于这件家具优秀的设计，还因为塔佩瓦拉亲自参与指导设计、生产、销售、出口的全过程。他尤其擅长企业的组织管理和系统操作，在现代家具设计史上，他也是第一位将整套产品从设计绘制、工厂制作，到市场营销，再到用户家中整个过程全面组织起来的设计大师。

图 8-13

塔佩瓦拉在他设计生涯的早期就极为重视功能主义，力求以批量生产的方式创造出物美价廉的设计产品。随后的几十年是塔佩瓦拉设计生涯最辉煌的时期，他也成了芬兰家具设计领域无可争议的头号人物。这段时间，他接到大量的建筑、室内及家具设计任务。继“多姆斯椅”之后，塔佩瓦拉又陆续设计出一大批传世之作，如 1955 年设计的“皮尔卡椅”（Pirkka Chair）（图 8-14）。二战后，为寻求更好的生活，大量芬兰人从农村迁移到城市，在人口结构转变的同时，人们对遗留下来的乡村住宅、木制家具和手工制品中蕴含的传统和文化产生了怀旧情绪。这种对乡村家具普遍的渴望被“皮尔卡椅”满足了，它最初包装上的宣传语是“农民类型的椅子”。皮尔卡系列家具中还包括其他型号的椅子、凳子、桌子和长凳。该椅的坐板是由两个实心的松木片用木钉水平连接而成的，4 条腿以及支撑它们的小支柱都是由圆形桦木制成的。由于用榫眼和榫卯连接，这把简单而稳定的椅子不需要螺丝。尽管使用了实木，但它只有 3.4 千克，可以说是很轻的。塔佩瓦拉这一系列工业家具的设计结合了芬兰本土的传统和现代经济生产方面的经验，这种融合使它们一经推出，就立即获得了成功。

随着二战后结束了对材料的限制，塔佩瓦拉可以随意使用金属做设计。对他来说，“卢卡椅”（Lukki Chair）代表了弯曲金属结构

图 8-14

图 8-15

长期发展的一个起点，第一版的“卢卡椅”（图 8-15）设计于 1951 年。他一直在椅子上的各个部位尝试使用不同的材料，1956 年，他设计了“蜘蛛椅”（Lukki/Spider Chair）（图 8-16），该椅的框架是用薄钢管制成的，坐面和靠背用模压胶合板制成。现在使用钢管的方式与 20 世纪 30 年代现代主义使用较厚的镀铬构件的方式大不相同。他跟随国际潮流，强调建筑的非物质性和简约性。最后，通过金属“多姆斯椅”和“卢卡椅”的衍生产品转化。“卢卡椅”是塔佩瓦拉从那时起为梅里瓦拉（Merivaara）公司设计的几把金属结构多功能椅子的起点。同年，塔佩瓦拉设计了“娜娜椅”（Nana Chair）（图 8-17），这是第一件获得芬兰官方出口质量奖的家具。基于“娜娜椅”与“卢卡椅”类似的形态，他将胶合板元件和金属框架都涂成了黑色。塔佩瓦拉还设计了一系列的变体版本供观众席和剧院使用，用连接装置将一排椅子固定在一起。“娜娜椅”也可堆叠，但不是垂直放置，椅子在不使用时可以被推挤成紧紧的一排，因此省去了将它们抬起来堆叠的麻烦。

在创新的同时，塔佩瓦拉也十分重视结合传统文化进行设计。西方艺术和设计文化从遥远的原始文化中继承而来，这种传统在现代主义设计中并没有结束。他于 1954—1957 年设计的“刚果椅”（Congo Chair）系列作品，直接涉及传统文化和异国情调。这是一把真正的木制座椅（图 8-18），它由两个不同的部分组成，可以瞬间相互

图 8-16

图 8-17

连接。根据相同的构造原理，他设计了木材和镀铬钢管的几种变体。这些有异国情调的座椅最初是按等级划分的，为领导者所使用，后来变成了现代生活中的简易露台椅。1958—1959 年，他又先后设计了由涂漆的桦木胶合板制成的“阿斯拉克椅”（Aslak Chair）（图 8-19）和“威廉敏娜椅”（Wilhelmina Chair）。

塔佩瓦拉是芬兰现代设计史上最杰出的室内设计大师之一，其室内设计代表作有位于赫尔辛基的奥利维蒂（Olivetti）展示厅（1953）和 Kaivotalo 大厦的商场（1955）。这些设计不仅在当时风格极为超前，如今也仍被看作室内设计的经典作品。他在室内设计、家具设计、展览设计、灯具设计及平面设计等领域都有出色的表现。他杰出的才能充分表现在将设计创新与制造技术完美的结合上，同时他又是现代工业化生产中第一位进行企业形象设计的专家，他半个多世纪以前的观念早已成为当今企业运作的核心理念。

自 20 世纪 50 年代初开始，塔佩瓦拉的教学生涯以各种方式持续了半个世纪。他在教学中通过欣赏、启发和参与的方式体现他的一部分设计思想。他的学生约里奥·库卡波罗，后来成为赫尔辛基艺术设计大学校长及芬兰最著名的家具设计大师。他说塔佩瓦拉提出的这 3 点对学生极为重要，它们使学生能真正认识到设计的内容，即优良的基本技能、充分的设计体验和对材料及构造的认识。除长期

图 8-18

图 8-19

在母校任教外，塔佩瓦拉这一时期主要在赫尔辛基理工大学建筑系任教。1952—1953 年，他受到密斯的邀请，去美国伊利诺伊理工学院建筑系任客座教授，并获得了极高的国际声誉。

作为一位精力充沛的设计大师，他是“芬兰设计师协会”的创始人之一，在许多政府机构担任专业的顾问。此外，在教学、设计之余，他还撰写了许多学术论文，内容涉及建筑、室内、家具、设计与社会的关系等诸多方面。塔佩瓦拉相信，通过不同文化的手工艺品可以使世界彼此靠近，可以使世界人民和各个民族彼此靠近。

他是第一位参与开发合作项目的芬兰设计师，1974—1975 年在巴拉圭工作一段时间后，他去往非洲毛里求斯岛担任联合国工业发展组织专员的职务。1976—1978 年，塔佩瓦拉在前南斯拉夫为 30 个波斯尼亚木材工业工厂组织家具设计。

塔佩瓦拉无疑是 20 世纪设计界的重要人物，受到设计界和媒体的广泛赞赏。他的设计生涯极为丰富多彩。他对现代家具设计最大的贡献是彻底地将家具设计与工业化生产结合起来。他设计的几种多功能椅子销量巨大，为当时的公共空间和民宅提供了许多物美价廉的产品。他是第一代职业室内设计师中最有代表性的人物，也是将家具设计与空间设计有机结合起来的先驱。

3. 阿克·艾西尔松（Åke Axelsson, 1932—）

艾西尔松于 1932 年出生在瑞典古城维斯比（Visby），1962 年毕业于艺术学院并成为一位家具设计师。1963 年，他加入伽尔斯纳斯（Gårsnås）公司，同时他设计的第一件可叠摞式 S217 号椅子在该公司投入生产。1964 年，父亲去世后，他与兄弟博艾西尔松（Bo Axelsson）接管了父亲的工厂，然后移居到童年时期居住的乡村，期望在传统的基础上开创新的家具。

为了达到这一目的，他去了伦敦的大英博物馆研究埃及椅和希腊椅。众多研究成果和资料分析表明，第一个坐在椅子上的人可能是埃及的法老王——3000 多年前法老坐在椅子上剃须。

他还在开罗埃及博物馆周围走来走去，那里杂乱无章地堆放着许多奇妙有趣的物品，例如石棺、木乃伊、椅子和具有 5000 年历史的车轮。

图 8-20

有时，艾西尔松还广泛收集令人诧异的奇形怪状的作品，这些都成为他创作的灵感。随后，他设计和制造了古老的埃及风格的椅子，就像传统的项链一样。而希腊椅子的风格非常奇妙，椅腿常常向外翻出（图 8-20）。在艾西尔松设计的许多椅子上，都可以看到这种模仿希腊风格的优美形态。

在 20 世纪 60 年代中期的大众眼中，他的设计仍然有两种形式，一种是风格家具，一种是现代设计。艾西尔松从经典的传统椅子中汲取营养，例如原木椅子或者索耐特系列家具。他也经常修改制作好的模型，直到 1968 年才开始了真正意义上的设计。

评论家们对他的设计异常关注，而家具制造厂商却无动于衷。于是到了 1970 年，艾西尔松在位于斯德哥尔摩东北部的瓦克斯霍尔姆（Vaxholm）小岛上建立了自己的工厂，同时任教于斯德哥尔摩的艺术设计学校。1988 年，他建立了自己的销售公司 Galleri Stolen，从某种意义上讲，推出了自产自销的销售模式。1991 年，艾西尔松收购了一家造椅厂，通过与制造商和客户之间建立私人的关系，小规模地生产出符合环境艺术的优秀产品，这样就离他设定的目标更近了一步。

艾西尔松从业以来制作了约 200 种椅子的模型。他设计的椅子被应用到国会大厦、电影院、歌剧院、卡拉克罗纳的海军博物馆和马里弗雷德的图形院等地方。他将整个室内都布置了随手可拿起的椅子，就像无声的仆人一样，在你需要的时候就会出现在眼前。毫无疑问，他设计的椅子既符合人体工程学的原理，同时也表达了简洁生活的设计思想。很多人都称他为“新布鲁诺·马松”，他或许是因为在家具设计上有专心的精神和怪异的想法而得到了这个名字。

在当代，艾西尔松的作品也一直活跃在人们的视野中，如 1995 年在美术学院展览的“39把椅子”（图8-21）。1998年，瑞典文化年上，在斯德哥尔摩中部动物园岛（Djurgarden）的罗森达尔（Rosendal）花园的温室中，摆放着许多肯尼迪（KF）赞助的由艾西尔松设计的白色折叠椅（图8-22）。2001年，在日本东京臭氧广场（OZONE PLAZA）举办了艾西尔松设计作品展。

图8-21

图8-22

LECTURE 9

Panton, Paulin and Mourgue: Temptation of Geometry and Color

第 9 讲

潘东、鲍林和穆固：几何与色彩的诱惑

当20世纪60年代来临时，欧洲迎来设计革命的时代。新一代的设计大师不再满足于对金属和胶合板的一般性应用，全新的层出不穷的合成材料为设计思想和设计手法带来更多的可能性，几何与色彩成为新时代家具设计方法中最大的诱惑。

丹麦设计大师潘东终生沉迷于几何形体的设计，从早期用钢条组成圆弧、圆锥、圆柱形的家具形体，到中期用玻璃钢制成更为自由的几何家具造型，再到后期用定型泡沫设计出变形几何图形的家具作品。直到“潘东椅”横空出世，他实现了人类用单一材料制成单件座椅的伟大梦想。“潘东椅”不仅是复合性几何造型的成果，更是材料与色彩碰撞的结晶。潘东不仅潜心研究色彩自身的理论和应用原理，而且广泛研发色彩与合成材料的交互发展关系。潘东的家具是几何与色彩的现代圆舞曲。

法国设计大师皮尔瑞·鲍林（Pierre Paulin）能从更传统的层面理解几何与色彩，他从早年所学的石雕和制陶工艺中深刻理解了几何与色彩在家具设计中的关键意义。鲍林的几何设计从一开始就与合成材料融为一体，他早期更注重将模数制介入其几何家具形态中，后期全面关注色彩在新型合成材料中的作用。鲍林的家具在几何与色彩的挥洒中展现出现代材料和现代雕塑语言的无穷魅力。

另一位法国大师穆固能从青年人新型“游牧生活”模式的角度思考几何与色彩在家具中的意义。穆固从几何图形中发现最简洁的设计形态，以适应简易而潇洒的设计革命时代的家具。与此同时，穆固从色彩中发现材料的新颖感召力，从而创作了大量“未来主义”家具形态。

丹麦设计师潘东的设计惊世骇俗，他常常使用前无古人的设计语言和极端的设计色彩，大胆尝试新材料，后来他去法国巴黎、瑞士巴塞尔等思想更开放的城市，发挥他的才华。法国设计师鲍林和穆固，他们设计的家具也色彩鲜明，充满独特的创意，在法国现代家具重新发展振兴的进程中，这两位设计师做出了突出贡献。

1. 维纳·潘东（Verner Panton，1926—1998）

丹麦最重要的《家具》杂志这样评价潘东的设计：“他想要唤醒我们全部的感觉，从近乎幽闭恐怖的体验一直到充满色情的想象。”多才多艺的潘东被称为 20 世纪最富有想象力的设计大师，他的天分充分地体现在家具设计、室内设计、展览设计、灯具设计及纺织品设计等领域。

1951 年，潘东毕业于丹麦皇家艺术学院建筑系，随后的两年，他在雅各布森事务所工作，雅各布森的艺术气质和精益求精的工作方法深深地影响着潘东。作为雅各布森的助手，潘东参加了雅各布森许多具有开创性的设计，包括著名的“蚁椅”。

1955 年，潘东成立了建筑与设计事务所。以一系列实验建筑设计方案崭露头角，如 1955 年的折叠房屋、1957 年的纸板房屋和 1960 年的塑料房屋。

图 9-1

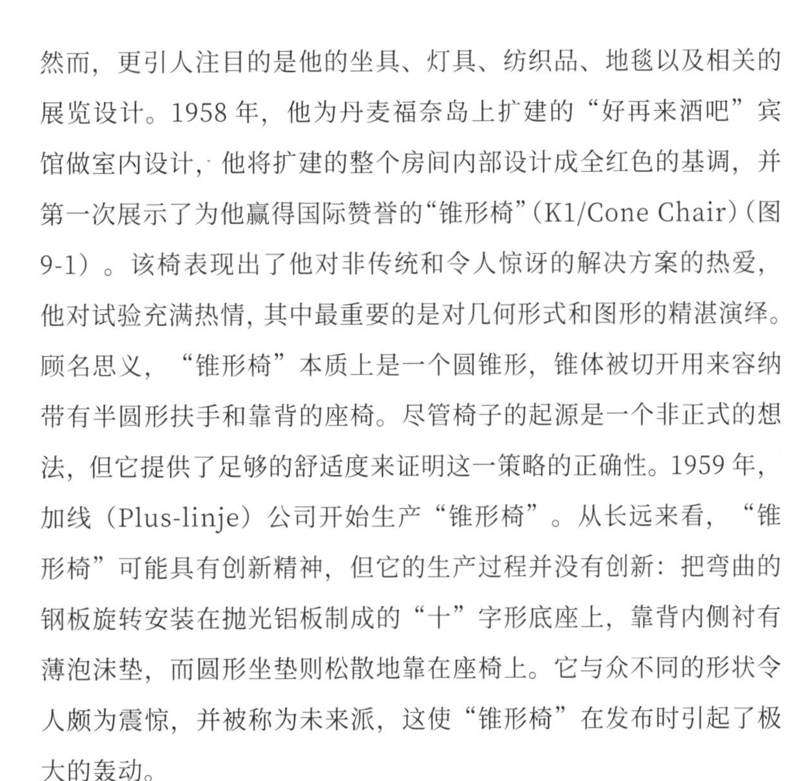

然而，更引人注目的是他的坐具、灯具、纺织品、地毯以及相关的展览设计。1958 年，他为丹麦福奈岛上扩建的“好再来酒吧”宾馆做室内设计，他将扩建的整个房间内部设计成全红色的基调，并第一次展示了为他赢得国际赞誉的“锥形椅”(K1/Cone Chair)(图 9-1)。该椅表现出了他对非传统和令人惊讶的解决方案的热爱，他对试验充满热情，其中最重要的是对几何形式和图形的精湛演绎。顾名思义，“锥形椅”本质上是一个圆锥形，锥体被切开用来容纳带有半圆形扶手和靠背的座椅。尽管椅子的起源是一个非正式的想法，但它提供了足够的舒适度来证明这一策略的正确性。1959 年，加线（Plus-linje）公司开始生产“锥形椅”。从长远来看，“锥形椅”可能具有创新精神，但它的生产过程并没有创新：把弯曲的钢板旋转安装在抛光铝板制成的“十”字形底座上，靠背内侧衬有薄泡沫垫，而圆形坐垫则松散地靠在座椅上。它与众不同的形状令人颇为震惊，并被称为未来派，这使“锥形椅”在发布时引起了极大的轰动。

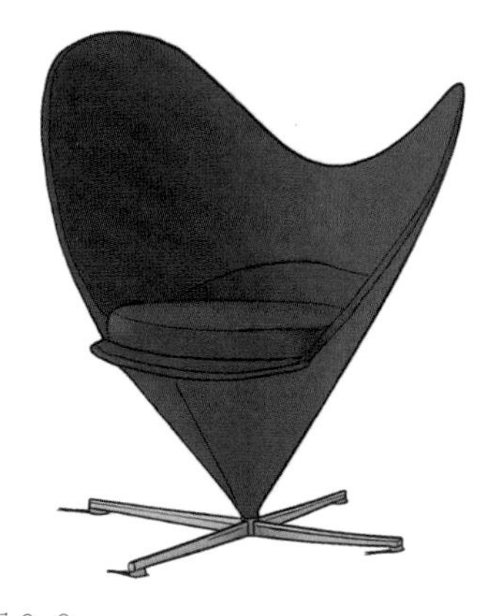

图 9-2

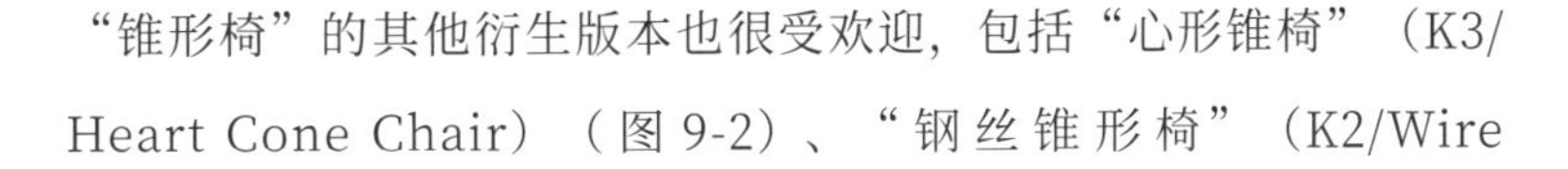

“锥形椅”的其他衍生版本也很受欢迎，包括“心形锥椅”（K3/Heart Cone Chair）（图 9-2）、“钢丝锥形椅”（K2/Wire

Cone Chair）（图 9-3）、“锥形休闲椅”（K4/Lounge Chair）（图 9-4）、“锥形酒吧凳”（Bar Stool）（图 9-5）等。“心形锥椅”的基本几何体也是基于一个锥体，这把椅子的名字来自它独特的轮廓——带有两个圆形翅膀的靠背，从正面看起来像一颗心。该椅有两个版本，一个的靠背上的翅膀是在一起的，另一个是分开的。“心形锥椅”本质上是流行艺术灵感重新诠释的“翼椅”，它不仅时尚，而且惊人地舒适。“钢丝锥形椅”是 K 系列的一部分，它本质上是把“锥形椅”转换成金属丝网。垂直的支柱从椅子脚部呈扇形展开，与它交叉的金属丝在椅子前面保持水平，并从两侧绕着靠背弯曲上升。圆形的坐垫和悬挂的靠背垫增添了视觉魅力，体现了潘东典型的几何创作风格。

图 9-3

图 9-4

图 9-5

图 9-6

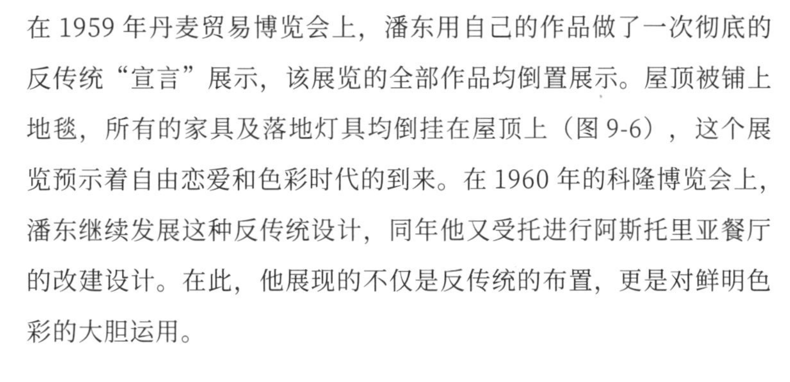

在 1959 年丹麦贸易博览会上，潘东用自己的作品做了一次彻底的反传统“宣言”展示，该展览的全部作品均倒置展示。屋顶被铺上地毯，所有的家具及落地灯具均倒挂在屋顶上（图 9-6），这个展览预示着自由恋爱和色彩时代的到来。在 1960 年的科隆博览会上，潘东继续发展这种反传统设计，同年他又受托进行阿斯托里亚餐厅的改建设计。在此，他展现的不仅是反传统的布置，更是对鲜明色彩的大胆运用。

潘东一生中最大的成就是 1960 年设计的“潘东椅”（Panton Chair）（图 9-7），这把以单件材料一次性压模成型的座椅曾是许多前辈的梦想，如第一代设计师里特维德曾尝试在“Z 形椅”上实现，还有密斯、小沙里宁等人。潘东本人也早在 1955 年就有了用胶合板制成单件椅子的构思，经过几年不懈的努力，他终于用塑料实现了这一梦想。然而，在寻找制造商的过程中，他几乎走遍了欧洲。1962 年，他离开丹麦，经巴黎到达瑞士巴塞尔市，直到 1963 年前后才同赫曼米勒家具公司达成共识，尝试生产这件跨时代的家具。与此同时，他还与德国奥古斯特·索默（August Sommer）公司合作，用模制层压木制作了另一把类似的“S 形椅”（275/S-Chair），并于 1965 年推出。S 形椅（图 9-8）是一把弹性悬臂椅，由一块材料制成，胶合板的双曲率使其能够在无腿的椅子上，以简单的有机形式获得稳定的结构。这里展示的 275 号模型和 276 号模型（图 9-9）由多达 16 层的胶合、模制、压成单板，

图 9-7

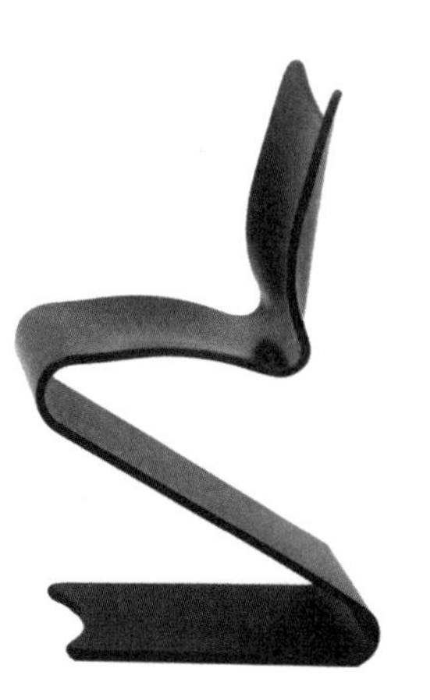

图 9-8

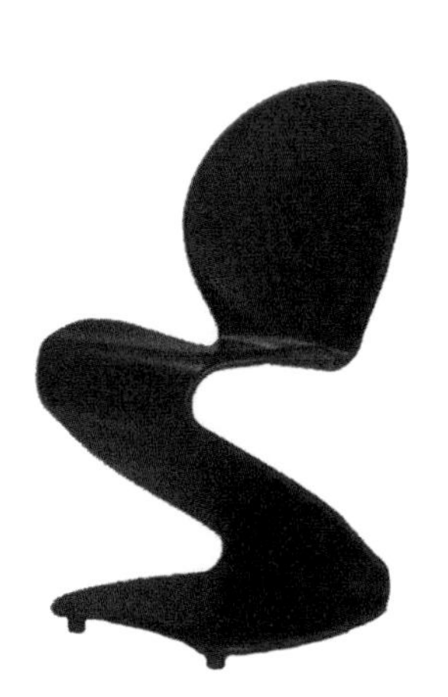

图 9-9

椅子既笨重又昂贵。此外，基座还经常挡住使用者脚的活动空间，因此没有在商业上取得成功。

1963 年，潘东移居到巴塞尔后，建立了他永久性的设计事务所，此后在设计事业上大展宏图，他设计的大量家具及其他产品分别由十几家国际著名制造公司生产，尤其是与拜耳（Bayer）公司合作生产的一系列新意迭出的室内及家具设计，将对色彩的运用发挥到了极致。

潘东 1968—1969 年设计的“生活塔多功能家具”（Living Tower）（图 9-10），不对称的内部设计和平滑的纹理在视觉上非常突出。它是从正方形框架中切割出来的有机形状，座位上下错位而不是并排的，可以作为垂直的 4 座沙发。设计师自己在著名的蒙太奇照片中举例说明了这种家具可提供的各种坐姿和躺姿（图 9-11）。家具上覆盖的单色面料是涤纶，这是一种由聚酯纤维制成的纺织面料，由克拉尔 & 罗斯·韦伯雷（Krall & Roth Weberei）公司与潘东合作开发。这件概念家具外表看似奢华，但就结构而言是一件经典的软垫家具，由一个木制支撑结构组成，外层覆盖泡沫软垫。经过 20 世纪八九十年代几次长时间的生产间隔后，自 1999 年起，“生活塔多功能家具”现已成为维特拉系列产品的一部分。由于它价格高又需要相当大的空间，因此生产的量也较少，但这并不影响它成为一件独特的家具。

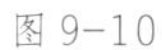

图 9-10

图 9-11

20世纪60年代，潘东曾尝试设计多层家具充分利用空间，1963年，他首先以具体形式提出了他的想法，并为德国Kill公司设计了“飞行椅”（Flying Chair）（图9-12）和多层躺椅（图9-13）。这个2.5米高的多功能生活空间在1970年科隆国际家具展上引起了媒体的巨大反响。在这个占地48平方米的景观中，游客可以在色彩的海洋和形状的起伏中遨游（图9-14）。其中，最著名的是与意大利天才设计师居奥·科伦波和法国设计新秀奥利威尔·穆固合作为巴亚公司设计的“视觉二号”展览（图9-15），该展览也成为科隆博览会上最大的焦点。在某种程度上，这次展览展示了潘东对纺织品、灯具和家具惊人的色彩运用，他将布局转变为一种全新的体验，重新定义了现代设计的所有意识形态规则。

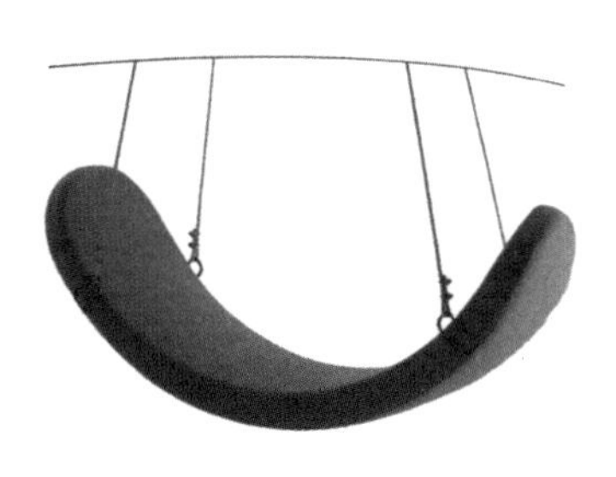

图9-12

图9-13

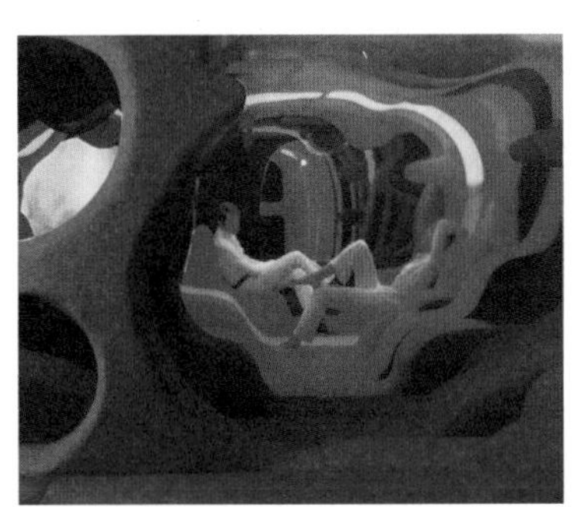

图9-14

图9-15

尽管离开了祖国丹麦，但他与丹麦著名的汉森公司的合作也是有声有色，涉及家具、灯具、室内产品等多方面的设计生产。在更强烈而大胆的色彩和新材料充实的基础上，潘东开始发展他极不寻常的“艺术切割家具”，以纯粹的几何体量——立方体、长方体、球体或圆柱体等，来倡议一种全新的坐具形式，如悬挂秋千椅（Hanging Swing Chair）（图 9-16）、药丸椅（Pill Chair）（图 9-17）、室内景观（landscaped Interior）（图 9-18）、生活立方体等，自此在家具创新的道路上又迈出了坚实的一步。

在潘东看来，色彩本身就是一种设计，它与环境不仅定义了方向和框架，还构成了两个独立的体系，当它们结合在一起时，就可以形成新的坐标、定义和构造。潘东通过使用平行颜色的方式，使色调持续遵循色谱的顺序，从而控制房间的冷暖，带来想要的氛围。从这个角度来看潘东的作品，可以感受到他是一位里程碑式的人物，引领着设计的新议程。

潘东是丹麦现代设计伟大的“叛逆者”，他自始至终都以彻底的“革命”态度对待设计，以最先进的技术和最新颖的材料大胆地展开创新。他充满戏谑情调的室内设计和家具产品，都表现出对社会发展的憧憬和对人类前途的乐观。

图 9-16

图 9-17

图 9-18

2. 皮尔瑞·鲍林（Pierre Paulin，1927—2009）

与同时代大多数家具设计师不同的是，鲍林在巴黎卡蒙多学院读书时学的是石雕和制陶，这为他以后在家具设计中表现出的雕塑语言和形态奠定了坚实的基础。自 1954 年起，鲍林为欧洲著名的索奈特公司设计了 4 年家具，后加盟荷兰 Artifort 家具制造公司，并与其合作了近 50 年。这家公司也生产了他的大部分家具作品，其中包括 1953 年他设计的第一把“157 号塑料椅”，这也是欧洲最早生产的塑料家具之一。1958—1959 年，鲍林往来于荷兰、德国、日本和美国之间，全球性的旅行和东西方文化的交融，使他成为一位具有国际视野和前瞻性的前卫设计师。

1960 年，他以巴黎为主要基地创建了个人工业与室内设计事务所。在此期间，他为 Mobilier Nationale 公司设计出一系列具有开拓创新性的座椅，坐面均采用泡沫软包和聚酯纤维材料。此外，还有一套可以无限蛇形排列的模数制沙发。鲍林的设计在法国影响极大，尤其深受法国上流社会的喜爱。他的第一件成功的家具是 1963 年设计的“545 号休闲椅”，其有力的造型和 3 件分开的上部构造，给人视觉上强烈的冲击感。尽管这种造型源自伊姆斯 1956 年设计的躺椅，但鲍林的设计同样具有独特的吸引力。实际上，早在 1959 年他设计的“437 号休闲椅”更能表现出他个人的设计特色，该椅由两块分开的上部构造组成，在视觉上极为简洁悦目。20 世纪 60 年代中期，鲍林像潘东、芬兰设计师库卡波罗、意大利设计师科伦波等新一代设计师一样，追随时代的潮流，开始全面设计发展合成材料家具。

1963年，鲍林设计的“舌椅”（No.577/Tongue/Osaka）（图 9-19），反映出 20 世纪 60 年代日益兴盛的“不拘一格”的兴盛格。其中，由泡沫软包形成的波浪形式提供了意想不到的舒适感，也有助于躺椅的堆叠。该椅的覆盖面可以通过下侧的拉链来拆卸，从而达到预期的可变性。低座椅的倾斜部分支撑着就座者的背部和腿部，方便调节不舒适的身体姿势，充分满足人们在接近地面时完全放松的心理愿望。在 1970 年的大阪世界博览会上，“舌椅”是法国馆展出家具的一部分，因此得名“大阪”。它的第二个名字“舌头”则是该椅外观的体现，然而这一造型不仅仅是一种审美表达，更生动地

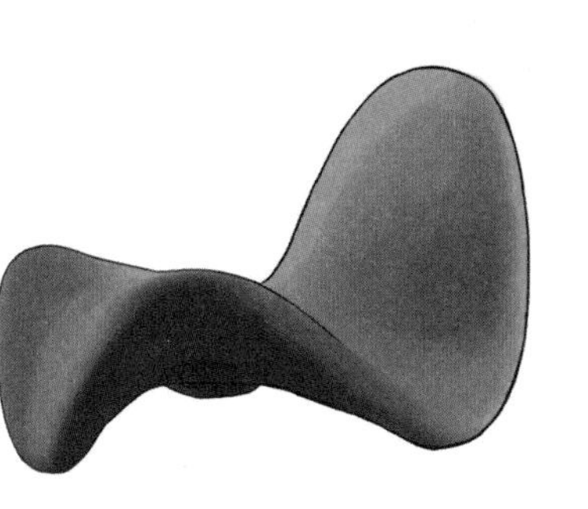

图 9-19

反映了新的生产技术。同年设计的“蝴蝶椅”（No.675/Butterfly Chair）（图 9-20）是鲍林的一个里程碑式作品。蝴蝶这个昵称是指它的皮革座椅看起来像一只蝴蝶，实际上是由精致的钢棒框架固定而成的。底座由 4 根 U 形杆构成，在椅子的四边交叉形成 X 形，顶端有 2 根钢管连接，亦可作为扶手。

鲍林 1963 年设计的“560 号座椅”是一种斜切圆台形座椅，织物覆面包裹着钢管构架，抽象的雕塑形态给人深刻的印象。该座椅给使用者预留了大幅度的活动空间，使人感到自由与舒适。1965 年，鲍林设计出了他最重要的作品——“飘带椅”（No.582/Ribbon Chair）（图 9-21），该椅的灵感来源于一种被称为莫比乌斯带的几何形式，代表设计师为获得理想的三维形状而进行的努力，该形状灵活且具有多种可能性。“飘带椅”支持各种舒适的坐姿，是符合人体工程学曲线形状的座椅，接近这种理想的灵活性。这把雕塑般的躺椅有一个木制底座和一个钢管框架，用聚酯泡沫作为填充物的软垫上面覆盖着弹力针织面料。这把座椅不仅有明亮的单色，还有斑马条纹图案或迷幻的设计。的确，它强烈的视觉效果为“飘带椅”的巨大成功发挥了作用，并让鲍林于 1969 年在芝加哥获得美国室内设计协会（AID）的国际设计奖。此后，他的业务开展顺利，并多次获设计奖。

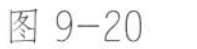
图 9-20

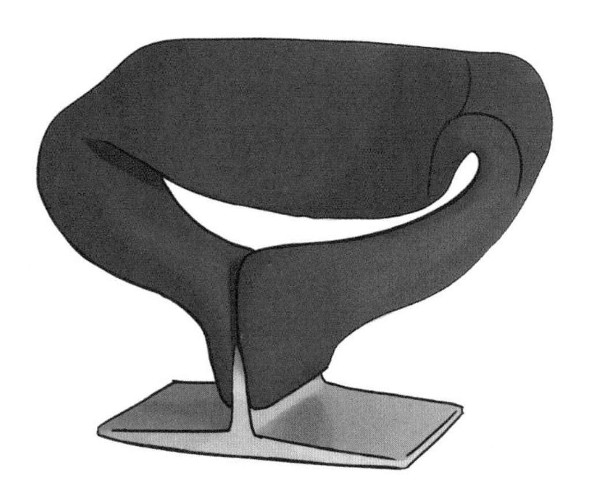

图 9-21

1968 年，鲍林受邀为卢浮宫设计观众座椅。同年，他开发设计的 ABCD 系列“无限制模数排列沙发”以玻璃纤维做成壳体，然后分别覆盖织物包面形成单个沙发，或者几个壳体组合在一起形成多座沙发，再覆盖整体的织物包面，搭配不同的色彩和纹理，形成明快的视觉效果。

此后，鲍林在这种雕塑化设计的道路上越发得心应手。1973 年，他又推出了一把“598 号鲍林式座椅”（图 9-22），该椅造型更为简洁，利于清洁的特性使它非常适用于机场、旅馆等公共接待空间。1975 年，他成立了 ADSA 合作设计事务所，该事务所的设计活动一直持续至今。20 世纪 70 年代末，鲍林开始尝试压模一次成型的塑料家具设计，并于 1978 年成功推出了“丹加里椅”（Dangari），这种主要用于园林和户外的塑料椅是鲍林家具中销量最好的一种。1970 年和 1983 年，鲍林先后两次受法国政府委托为爱丽舍宫的总统官邸和总统办公室设计成套的家具。

除了大量的创新家具设计外，鲍林还为辛卡（Simca）公司设计过汽车内饰，为克里斯汀·迪奥（Christian Dior）公司设计过包装，为奥赛博物馆（Musee D'orsay）设计过标识牌系统，还为爱立信（Ericsson）公司设计过电话。鲍林为法国家具的现代化进程做出了巨大的贡献，他的一系列具有现代抽象雕塑造型语言的座椅更成为 20 世纪现代家具的经典作品。

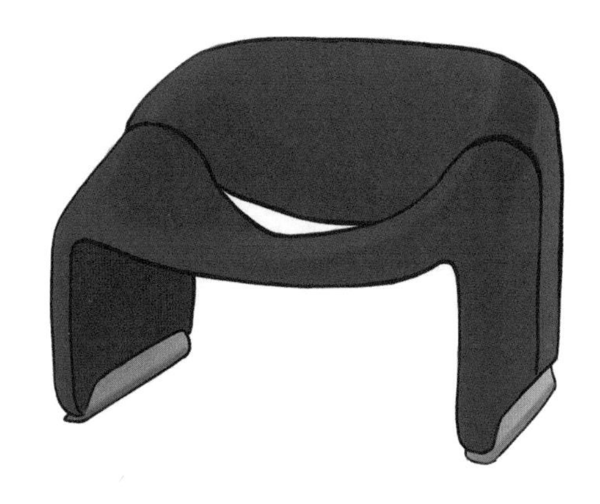

图 9-22

3. 奥利威尔·穆固（Olivier Mourgue，1939—）

生于巴黎的穆固从 1946 年开始先是在巴黎学习室内设计，毕业后他一边工作一边四处游学。1958—1961 年，他在瑞典、芬兰和巴黎学习考察，这使他对当时的设计潮流和北欧学派的发展了解甚深。在此期间，他结识了法国 Airborne 家具制造公司的创始人查尔斯伯纳德（Charles Bernard），并在 4 年后担任该公司的设计师。从 1963 年起，他作为室内设计师为巴黎城建部门工作。

1965 年，26 岁的穆固设计出他的成名作——精灵（Djinn）家具系列（图 9-23、图 9-24），该系列是对 20 世纪 60 年代空间挪用新模式的认可，以其轻松的“底层生活方式”展示穆固对移动和模块化的兴趣。穆固爱好旅行和露营，这使他考虑到了移动和物品的重量，因此，他开始创造轻便易携带的家具。在精灵系列中，包括扶手椅和躺椅在内，没有一件家具的重量超过 10 千克。这一结果是通过将弯曲的金属管与聚氨酯泡沫和羊毛织物等新材料结合得到的。在那个年代，羊毛织物是唯一一种可以向上下、左右两个方向拉伸的织物，精灵系列的羊毛沙发套就像皮肤一样，按照物体的轮廓塑性，为用户提供舒适的体验。

与 20 世纪 60 年代大部分新派设计师一样，穆固也在设计中大量使用明快的色彩。拉链状的覆盖物可以被拆除更换为另一种颜色，该系列的颜色范围有 15 种之多，包括焦橙色、柠檬黄、鸡蛋黄、泰瑞安粉、天竺葵色、白色、沙色、绿松石色、石灰色、芥末色、柿

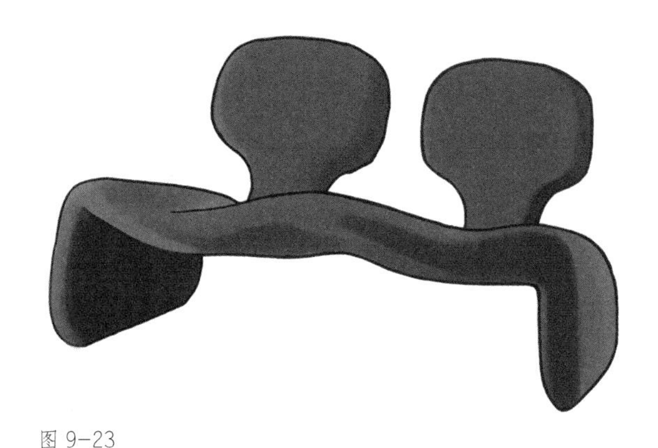

图 9-23

图 9-24

子色、浅灰色、木炭色、紫色和李子色（图 9-25）。

“精灵”这个名字来自 Airborne 公司的广告专家，在阿拉伯古典文学中，精灵指一种能够对人类和动物的形态做出反应并发挥超常能力的生物。当时，人们对东方神话的兴趣反映在西方艺术及设计的许多场合中，在形式语言上，这一系列家具低矮的座位典型地反映了这一时期漫不经心的、非正式的生活风尚。这种由泡沫软包覆于钢管框架之上创造出来的高度雕塑化的设计给人一种明显的“未来主义”的印象，以至于在 1968 年被导演斯坦利·库布里克（Stanley Kubrick）用在他的科幻影片《2001：太空漫游》中，穆固向库布里克推荐在白色的空间布景中使用朱红色和粉色的躺椅。同年，该系列躺椅荣获室内设计师协会首届国际设计奖。

1966 年，穆固在巴黎建立自己的设计事务所，主要为 Mobilier National 公司和 Prisunic 公司设计家具。这一时期诞生的新材料、新技术给广大设计师带来的最大财富就是无穷尽的色彩和造型。

1968 年，穆固又隆重推出了一件惊世之作，即“布卢姆躺椅”（Bouloum）（图 9-26）。它以设计师儿时伙伴的名字命名，其高度的拟人化的造型使穆固在家具设计的形式语言上走向极致。有趣的是，穆固的“布卢姆躺椅”和库卡波罗的“卡路赛利椅”都是对人体工程学研究的成果，但最终两人的设计大相径庭。穆固很喜

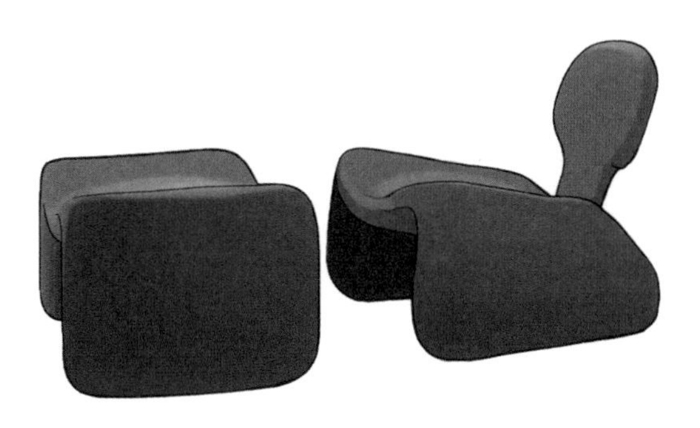

图 9-25

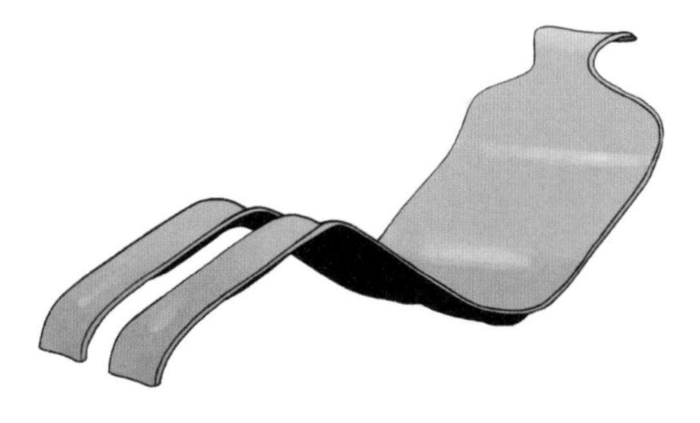

图 9-26

欢这件作品，因该椅轻便，所以外出旅行时总是带一把，并在不同的环境中为它拍下大量照片，有时也会写下与它有关的趣闻轶事。1970 年，穆固以这件作品为基础，开发了布卢姆系列产品，包括形状相同的躺椅和其他树叶、飞机、蝴蝶、风筝等形状的椅子，该系列是由 Airborne 公司生产的。“布卢姆躺椅”在 1970 年大阪世界博览会的法国馆使用过，同时也可以作为电影院和餐厅的座位。如今，Arconas 公司生产的“布卢姆躺椅”是一种柔软的软垫版本，在材质和外观上都与原始版本的硬质材料和锋利的线条有所不同。

随着穆固名声日盛，他分别在 1967 年加拿大蒙特利尔世界博览会和 1970 年大阪世界博览会上为法国展馆做室内设计。1968 年，他被授予“欧洲产品”（Eurodomus）奖和工业设计协会奖。与潘东一样，穆固随后也开始关注居住环境空间的观念性设计，1970 年，他为自己设计了一个带轮子的移动式工作室以及一套全方位软包的塑料浴室家具。1971 年，他在德国举办的“视觉 3 号”展览会上展出了他最新的模数式室内划分模型。1976 年，穆固在法国布列塔尼成立了一个设计工作室，同时成为布里斯特艺术大学建筑学院的教授，开始从事设计教育工作。

LECTURE 10

Sottsass, Mendini and Shiro Kuramata: Fashion, Craft and Creativity

第 10 讲

索特萨斯、孟迪尼和仓俣史郎：时尚、工艺与创意

当欧洲的设计革命时代蓬勃发展之时，以意大利为大本营的后现代主义设计也高调亮相。堪称 20 世纪设计常青树的艾托瑞·索特萨斯（Ettore Sottsass）是后现代主义公认的设计盟主，其创意干将很快遍及全球，亚历山德罗 · 孟迪尼（Alessandro Mendini）和仓俣史郎（Shiro Kuramata）是其中的杰出代表。时尚、工艺与无止境的创意是其核心元素，而意大利以其精湛的传统工艺，以米兰为中心的时尚枢纽和成千上万的创意设计师成为后现代主义家具设计与制作的天然舞台。

建筑师出身的索特萨斯是现代设计的国际游牧者，其工作足迹遍及全球各地。当尼尔森教导他关注工业化和模数制在家具中的决定性作用时，他也在同时开始关注家具的文化内涵。作为《多姆斯》（Domus）设计期刊的创始人及多年的主编，索特萨斯对时尚有超乎寻常的理解和预见能力。而合成材料的划时代发展和意大利的工艺传统，又为索特萨斯的家具创意提供了无限可能。他的创意灵感来自世界各地，他的工作方式在不同模式的合作中转换与发展。孟菲斯设计集团既是索特萨斯的创意名片，又是后现代主义家具设计的时尚标签。

被誉为意大利后现代主义设计之父的孟迪尼，其创意的前卫性和冲击性更甚于索特萨斯。他早已不满足于现代主义设计中的纯功能主义原则，因此强调并提倡更具前瞻性和震撼力的时尚。他注重设计的哲学思考，强调设计的文化内涵，同时在对现代经典设计的反思中展示最时尚的创意。

日本设计大师仓俣史郎在孟菲斯小组开启其创意旅程，同时亦在设计中深深刻上日本工匠精神的烙印。仓俣史郎注重工艺的精彩展现，同时时刻关注最新合成材料，并随时用于自己的创意。他的创意灵感来自方方面面的时尚文化，再以梦幻的手法创作超越时代的家具。

索特萨斯是 20 世纪 70 年代激进设计运动的领导人物，他创立的孟菲斯设计小组（孟菲斯设计集团的前身）成为 20 世纪 80 年代后现代设计最重要的代表。孟迪尼被称为意大利后现代主义设计之父，设计界的老顽童。而仓俣史郎和索特萨斯都是孟菲斯设计集团的成员，他们三人都是后现代主义设计的代表人物。

1. 艾托瑞·索特萨斯（Ettore Sottsass，1917—2007）

索特萨斯生于奥地利，随后与家人移居意大利，1939 年毕业于都灵理工大学建筑系。毕业后，索特萨斯在许多建筑事务所工作过，主要从事建筑设计、室内及家具设计。1947 年，他在米兰开办了自己的设计工作室，从此开始独立的设计生涯，同时也为部分产品设计公司和家具制作公司担任设计顾问。1956 年，他在美国尼尔森的设计事务所工作了一年，尼尔森的设计思想使他受益匪浅，在此期间，美国正流行的反设计思潮对他影响颇深，促使其成为 20 世纪 60 年代反设计学派的代表人物之一。

1957 年索特萨斯从美国回到意大利后，被任命为 Poltronova 公司的艺术总监，从而参与了一系列现代家具和灯具的设计与生产，其中包括 1970 年的玻璃纤维桌椅系列（图 10-1），他也渐渐成为意大利新潮设计师中的领军人物。1958 年，他成为奥利维蒂（Olivetti）公司的设计顾问，此后为该公司设计了许多办公产品，如 1963 年的“Logos 27 计算器”，1964 年的“特莱恩打字机”（Telene）和“Praxis 打字机”，1973 年设计的综合办公系统和 1975 年的“Lexicon 90 电子打字机”。然而，索特萨斯与奥利维蒂公司合作的最著名产品是“埃利亚 9003 计算机”（Elea），并因此荣获 1959 年的罗盘设计奖（Compasso d'Oro）。

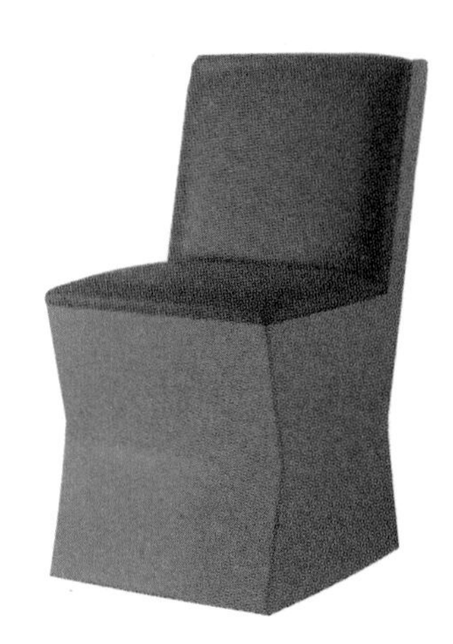

图 10-1

索特萨斯对抽象艺术和现代建筑的兴趣帮助他发展出一种独特的艺术语言，并将其运用到家具设计和整个室内设计中。1962 年，他设计的“卡利佛沙发”（Califfo）是在两年前设计的沙发和木隔板的基础上完成的。“卡利佛沙发”（图 10-2）是由一个细长立方体的几何形式衍生而来的，它的框架是木制的，并在座位和靠背处配备了条纹织物软垫。织物上条纹的宽度不同，与靠背和扶手上板条的节奏相呼应，座椅的深度与普通高靠背低扶手的层次结构不同，让人想起了新艺术的风格。“卡利佛沙发”也由 Poltronova 公司制造，同时还生产了不同配色的三座沙发。

图 10-2

图 10-3

1966 年，索特萨斯为 Poltronova 公司设计了模块化家具系列——“库比罗洛”（Kubirolo），它的特点是由组合单元构成的，可以很容易地根据需要改变它的结构。该系列包括橱柜、开放式货架、抽屉储物柜和带拉门的储物柜，这些都基于一个 45 厘米的立方体模块。有抽屉的储物柜（图 10-3）是用山毛榉木制作的，虽然表面涂有聚氨酯漆，但木纹清晰可见，组装在涂有灰色层压板的木制底座上。抽屉的塑料拉手被设计成红黄相间的圆环形，看起来像是靶心，生动有趣。1968 年，Poltronova 公司决定创建一个设计中心来改善生产和分销，于是“库比罗洛”系列家具生产到 1971 年才停止。

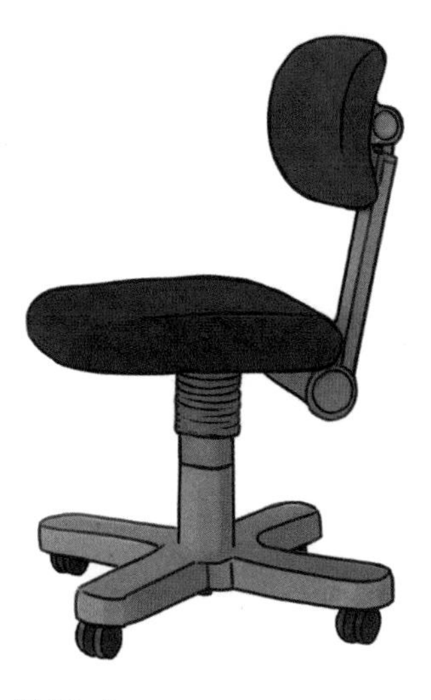

图 10-4

作为激进设计运动的先驱者，索特萨斯于 1967 年受美国纽约库珀·休伊特史密森尼设计博物馆（Cooper Hewitt Smithsonian Design Museum）之邀举办作品展览，以摄影的方式展示建筑物在沙漠或山地的情形，由此反映他在建筑和设计上的构思。同年，柏林国际设计中心组织了索特萨斯设计作品回顾展，随后在威尼斯、巴黎、巴塞罗那、耶路撒冷和悉尼等地巡展。此外，《多姆斯》杂志也出版了一系列索特萨斯的摄影作品，记述他在英国大学的讲学过程和感想。1968 年，索特萨斯被伦敦皇家艺术学院授予荣誉学位。

1970—1972 年，索特萨斯为奥利维蒂公司设计了一系列的合成办公家具，其中包括“打字机椅子”（Z9/r/Synthesis 45 Chair）（图 10-4）。该椅的框架和底座由铸铝制成，座椅的软垫和靠背由合成物制成。座椅的高度可以通过隐藏在塑料保护套后面的螺纹轴来调节，由于有两个铰链，靠背不仅可以在高度上变化，也可以在角度上变化。索特萨斯希望他的办公家具能够完美地适应日益由机械主导的办公环境，并对办公人员的坐姿产生有利的影响。

1972 年，在纽约现代艺术博物馆举办的“意大利：新家居景观”展览会上，索特萨斯创造的展品“住宅环境”由一系列玻璃纤维制成的构件组成，包括电炉、浴池、淋浴器、厕所、贮藏间、坐具和床等家具产品。1973 年，他设计的“飞毯休闲椅”（Tappeto Volante）（图 10-5）打破了传统家具的类型，将传统的座位安排

图 10-5

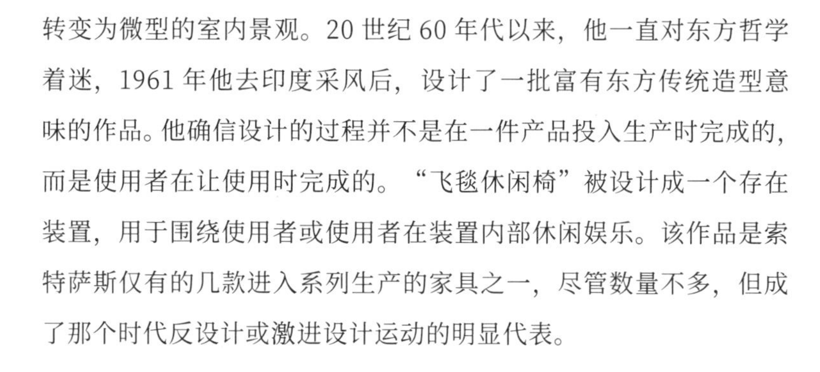

转变为微型的室内景观。20 世纪 60 年代以来，他一直对东方哲学着迷，1961 年他去印度采风后，设计了一批富有东方传统造型意味的作品。他确信设计的过程并不是在一件产品投入生产时完成的，而是使用者在让使用时完成的。“飞毯休闲椅”被设计成一个存在装置，用于围绕使用者或使用者在装置内部休闲娱乐。该作品是索特萨斯仅有的几款进入系列生产的家具之一，尽管数量不多，但成了那个时代反设计或激进设计运动的明显代表。

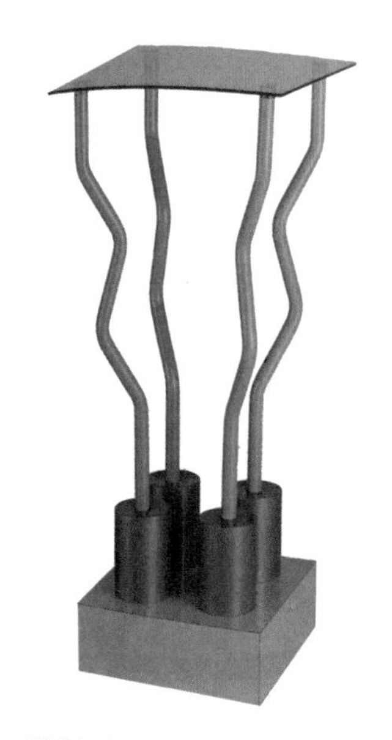

图 10-6

1978 年，索特萨斯应柏林市政府邀请对该城市现代艺术博物馆重建工程提出建议，次年加入阿基米亚（Alchimia）组织，该组织由一群自认为是意大利设计新先锋派的设计师组成。他在阿基米亚工作室设计的“高音结构桌子”（The Structures Tremble）（图 10-6）中，使用了波浪状的线条作为桌腿，玻璃桌面放在起伏的桌腿上看起来不太稳定。这张桌子和阿基米亚的其他作品一样，模仿了现代主义设计的风格，同时让人联想到媚俗的图案。这件作品代表了索特萨斯对理性主义和功能主义日益增长的批评，在 20 世纪 70 年代末是典型的后现代发展的设计。

1979—1980 年索特萨斯设计的“纯色餐椅”（Seggiolina da Pranzo）（图 10-7）让人想起 20 世纪 50 年代简单的厨房椅。他的抽象设计具有类似盒子的形式和简洁的特点。倒梯形的靠背看上去似乎很熟悉，但侧面的手柄似乎是一种不稳定的选择。谁抓着它们？是用来帮助移动椅子的？无论设计它们的目的是什么，加上略微倾斜的后腿和圆形平坦的镀铬椅脚后，椅子具有了生物的形态，看起来坚固又轻快。阿基米亚工作室只制作并销售了小版本的餐椅，1980 年，它在林茨设计展览论坛上展出。

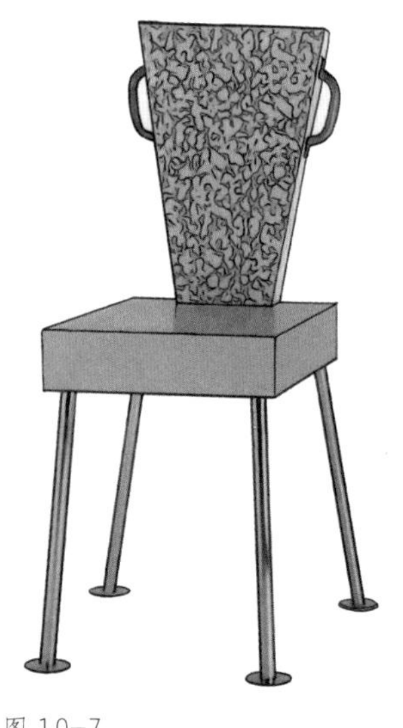

图 10-7

阿基米亚的折中和有趣的方法预见了由索特萨斯于 1981 年发起的孟菲斯设计小组的各个方面。孟菲斯设计集团成立后，索特萨斯以其多年的声望成为该团体中青年设计师的精神导师，该设计团体是 20 世纪 80 年代的后现代设计运动中的主角之一，对世界家具设计、装饰艺术等领域影响极大。

“卡尔顿书架”（Carlton）（图 10-8）是孟菲斯的第一批收藏品。有趣的木质结构可以随时拆卸，便于运输。侧板似乎向外倾斜，使产品充满动态表现力，该书架的结构由三角形楔形物稳定，彩色的层压板有助于营造出明亮欢快的整体印象。“卡尔顿书架”向我们展示了灵感的来源和参考的素材——从漫画语录、广告、电脑世界到绚丽的色彩、大胆的图案和强烈的结构对比。由此产生的美学观念拒绝了简单性、逻辑性和清晰度，这显然与他早期的创作阶段有关。“卡尔顿书架”的第一批复制品与孟菲斯的其他物件一样，是由木匠伦佐·布鲁古拉（Renzo Brugola）制作的，自 20 世纪 50 年代以来索特萨斯一直与他合作。尽管在 20 世纪 80 年代，“卡尔顿书架”仅售出了 50 个，但它仍然是被提到次数最多的孟菲斯物件之一，也是后现代标志性的设计之一。

在 1981 年米兰举办的孟菲斯第一届展览会上，索特萨斯展出了几件富有色彩和纪念性的设计，包括“卡萨布兰卡柜子”（Casablanca）（图 10-9）和“卡尔顿书架”。20 世纪 80 年代，索特萨斯除了为孟菲斯设计家具、金属器皿及玻璃器皿外，还为克莱托·穆纳里（Cleto Munari）公司设计首饰，为阿莱西公司

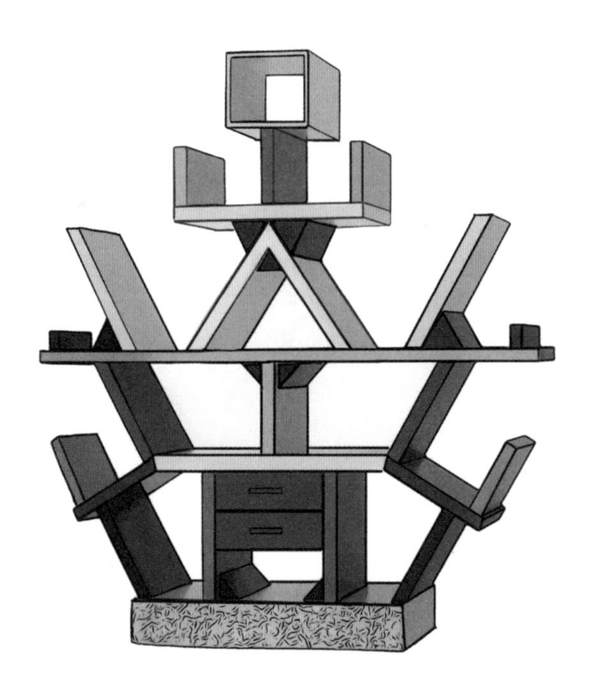
图 10-8

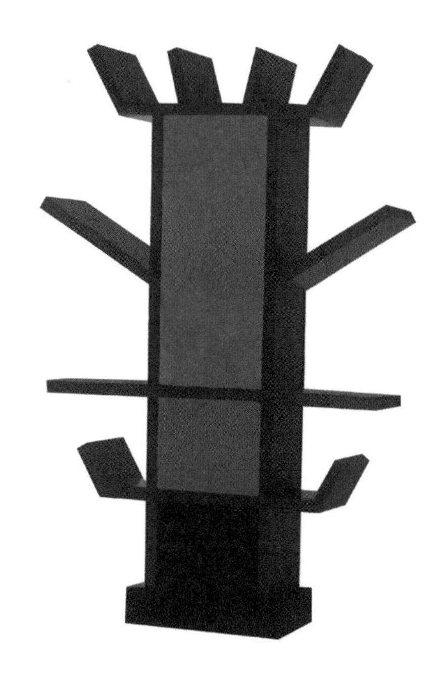
图 10-9

（ALESSI）设计金属器皿，为米兰设计画廊设计家具、陶器和玻璃器皿，为斯威德鲍威尔（Swid Powell）公司设计餐具等。1988 年，他解散了这个轰动一时的设计团体。在广泛进行工业设计的同时，索特萨斯也完成了一系列建筑设计项目，如 1987—1988 年美国科罗拉多州（Colorado）的沃尔夫大厦、奥地利威尔斯（Wels）的 Esprit 住宅、1988 年日本福冈（Fukuoka）的日比波酒吧（Zibibbo），以及 1989—1992 年意大利佛罗伦萨的 Cei 大厦。

索特萨斯被同时代人称为设计界的“文化游牧者”，在他的设计生涯中始终以“人类学”的态度对待设计，从本民族世俗文化和不同民族的文化中寻找创作灵感。这些特质使他的设计充满变幻无穷的格调，从富于诗意的极端到色彩热闹的世俗，人们在使用的过程中永远不会感到单调。1994 年，巴黎蓬皮杜艺术中心为索特萨斯举办设计作品回顾展，对他 40 多年名声显赫而又颇具争议的设计生涯进行了总结。

2. 亚历山德罗·孟迪尼（Alessandro Mendini，1931—2019）

1931 年，孟迪尼出生在意大利北部的工业重镇米兰，1959 年，他从米兰理工大学毕业，并开始涉足建筑与设计领域。1965 年，他与意大利餐具品牌阿莱西展开合作，从而开启了一段经典的设计之路。他为阿莱西设计的厨房用具系列包括开瓶器、盘子、坚果夹子等，是其设计生涯中的一大亮点。他在成功塑造品牌的设计理念的同时，也帮助阿莱西从本土走向了世界。

图 10-10

20 世纪 70 年代初，他在“反设计”运动中崭露头角。1974 年，他设计的“拉苏椅”（Lassù Chair）（图 10-10）是挑战人们家庭生活方式的原型家具之一。他将座椅置于平顶金字塔基座上，由于座位升高而无法使用，椅子从家庭用品上升为一种文物。然后将椅子点燃，为新的东西腾出空间，整个过程充满仪式感和戏谑效果。因此，该行为象征着对象具有自身生命周期的事实。

1977—1979 年，他短暂地担任过意大利建筑设计杂志《多姆斯》的主编，此外还为 *Casabella* 杂志和 *Modo* 杂志工作过，这段经历使他能够从另外一个角度来看待设计的问题。20 世纪 60 年代末到 80 年代初，孟迪尼借助于 3 本重要的设计杂志和几家国际知名企业，广泛传播了后现代主义设计思想，并成功激活了死气沉沉的意大利设计领域。后现代主义的设计师常常注重哲学思考，他们的设计哲学思想往往围绕着几个关键词展开。孟迪尼也不例外，在此基础上他形成了自己独特的设计风格，成为国际设计界的明星人物。

作为设计师、记者和教师，他研究了设计对象的语义和文化背景。1978 年，他设计出早期的代表作之一——“普鲁斯特椅”（Proust Chair）（图 10-11），虽然这是为了纪念《追忆似水年华》的作者马塞尔·普鲁斯特（Marcel Proust），但椅子最终的呈现标志着后现代主义研究的开始。这把椅子在某种程度上奠定了孟迪尼后现代主义的设计方向，也成为 20 世纪最与众不同的名作之一，出现在各种经典椅子盘点的列表当中。“普鲁斯特椅”完全采用手工雕刻、手工点绘的方式完成，其色彩斑斓，座椅造型具有巴洛克式的华丽感。在近 30 年里，这把椅子仍以手工限量生产的方式为主进行生产，从而使它具有很高的收藏价值。如今，预印织物已用于装饰套，除了早期的亮黄色、红色和蓝色色调外，还有带有较深蓝色和红色的版本，以及绿色色调的版本。自 2009 年以来，还生产了具有几何织物图案的版本。而其他制造商则发布了完全由陶瓷、

图 10-11

塑料或大理石制成的版本。孟迪尼强调诗意的生活，通过使用材质、颜色、变换装饰来表达他的生活哲学理念。“普鲁斯特椅”成为意大利后现代主义最极端的作品之一，也是后现代主义在家具设计上的重要标志，其设计的意义远远超过了椅子本身。

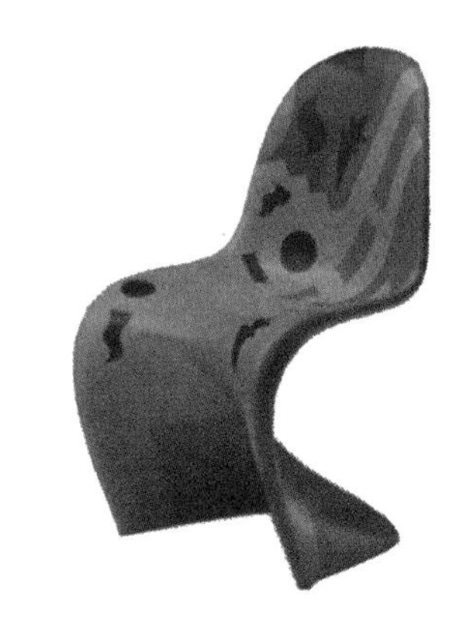

图 10-12

孟迪尼对东方文化充满兴趣并有独特的见解，他的作品常常和东方哲学中的“不器”概念产生共鸣。他设计的产品始终能超越实用主义的范畴，遵循着“如诗般的生活”理念，强调情感的传递。1978年，在现代运动座椅再设计系列中，他重新设计了现代经典作品，强调了它们最显著的特征，并通过添加新的元素和图案来改变其光环（图 10-12、图 10-13）。通过这种技术，他将大量生产的消费品转变为美学探索的对象，并模糊了设计和艺术的界限。再设计概念在 20 世纪 80 年代引发了后现代主义关于设计的争论，装饰、装饰品和对历史风格的参考被视为灵感的来源。在实用主义至上的今天，孟迪尼的理念和作品鼓励人们与日常物品建立一种关系。

图 10-13

“坎迪西沙发”（Kandissi Sofa）（图 10-14）是孟迪尼为阿基米亚工作室设计的再设计系列的一部分。孟迪尼创造了这个词来描述他自己的设计活动，即将现有的标识和符号组合成新的结构，以挑战原创性的概念。他在著名的现代主义作品中加入了装饰和剪裁形式，包括布劳耶尔的“瓦西里椅”和其他匿名生产的家具。“坎迪西沙发”用色彩鲜艳、形状不规则的木块作为装饰，沙发的靠背

图 10-14

和坐垫部位大胆采用图案丰富的织物，并从20世纪初俄罗斯画家瓦西里·康定斯基的抽象图案中汲取线索。这件沙发是坎迪西组合的一部分，旁边是一面酱紫色的墙和挂件，在1980年威尼斯双年展上第一次以组合的形式展出。他代表了孟迪尼后现代主义的设计方法，即形式主义遵循功能的现代主义格言，拒绝看似平庸的装饰和多种文化的暗示。

1989年，他和建筑师兄弟弗朗西斯科·孟迪尼（Francesco Mendini）在米兰成立了孟迪尼工作室。从20世纪90年代直至他去世前，他又将主要精力转回到建筑设计和室内设计领域，通过艺术来表现人类价值和感性思想。他设计的很多产品，包括阿莱西的家居用品、LG公司的家电产品、斯沃琪（Swatch）品牌的手表、施华洛世奇（SWAROVSKI）的水晶等都是世界知名公司的产品。他设计的家具大部分介于艺术与设计之间，风格独特，被众多博物馆争相收藏。此外，他还与卡地亚（Cartier）、爱马仕（Hermès）等顶级奢侈品牌合作设计联名产品。

有人说孟迪尼是意大利后现代主义设计之父，也有人说他是再世达·芬奇，而这些称呼的背后其实是他始终自由的设计、灵活的线条、奔放的色彩和一切都可以天马行空的创意组合。相比于大多数设计师有迹可循的设计风格，孟迪尼的作品充满了无限可能。

3. 仓俣史郎（Shiro Kuramata，1934—1991）

仓俣史郎是日本当代设计界一位很特别的人物，他被誉为“20世纪最杰出的日本设计师”，也是后现代主义时期在国际上享有盛名的大师。1934年仓俣史郎生于日本东京，早年在日本东京高等技术学校学习建筑。1956年，他毕业于桑泽设计研究所（Kuwasawa Insititue of Design），同年，在东京建立仓俣设计工作室，并为300多个酒吧和餐厅进行室内设计和一系列具有日本传统艺术理念的家具设计。

1972年，他获得了日本工业设计奖，并于1975年成为日本工业设计委员会顾问。他1976年设计的“玻璃椅”（Glass Chair）（图

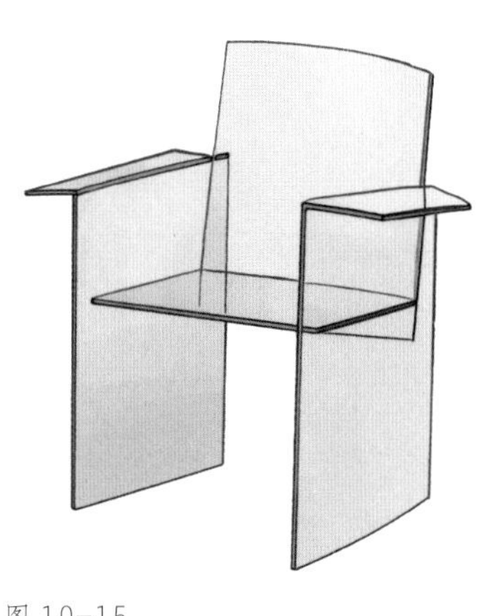

图 10-15

10-15）由 6 片玻璃板组成，用 UV 固化丙烯酸酯感光胶黏合。用这种感光胶黏合的玻璃片上不会留下任何痕迹，这也解决了仓俣史郎一直在寻找的将透明材料结合在一起的办法。该椅风格大胆而不落俗套，是介于设计与艺术之间的前卫作品，表现出了简约的几何形式和视觉上的刺激。仓俣史郎对各种厚度的玻璃进行试验后，最终决定使用 12 毫米厚的玻璃，使椅子在空间与光影之间充满张力，后来他将同样的技术使用在玻璃架和玻璃桌上。1977 年，他用一种不规则形式为卡佩里尼公司设计了一款 S 形带抽屉的橱柜，该橱柜的设计灵感来源于拉丁地区的探戈舞蹈。

在 20 世纪 80 年代，在意大利出现的后现代主义设计集团孟菲斯小组（Group Menphis），是一个对意大利的设计发展影响很深的派别。1981 年，仓俣史郎加入孟菲斯后现代主义设计集团，成为唯一一位加入该集团的亚洲人。在此后的几年中，他先后为维特拉、卡佩利尼（Cappellini）、Xo、国誉（Kokuyo）等国际著名家具公司设计产品。作为一名前卫的设计师，他不一味追随欧美的设计理念，也不偏执于日本形态的设计，他经常用不寻常的材料创作具有高度雕塑特征的作品。

例如，1986 年他设计的“月亮有多高休闲椅”（How High the Moon）（图 10-16）创造性地用现代工业材料镀镍金属网塑造出编织结构的座椅。该椅通过现代材料与透明的编织结构引起人们的好奇心理，用虚实的对比向人们传达了高度的空间感和飘逸轻灵的

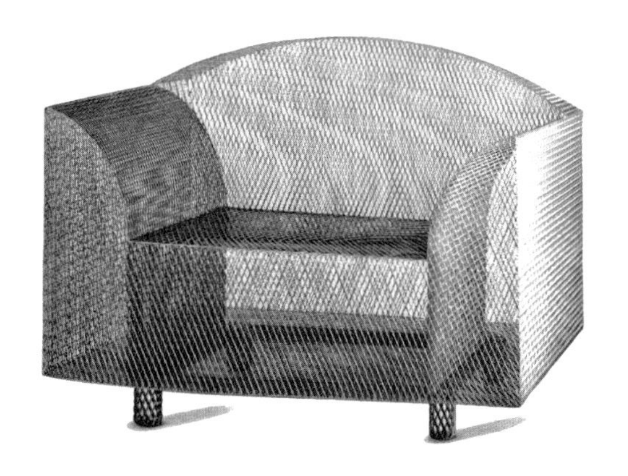

图 10-16

图 10-17

艺术格调。在这把座椅中，仓俣史郎彻底地探索了钢网的潜力，他将网格平面单独焊接到细钢条上，从而创建躺椅的体积轮廓，网格结构位于四脚扁平钢底座上。该椅没有任何骨架，完全由铬镍钢网组成，整体泛着银白色的光。最初的版本在 1986 年由东京泰拉达·特科乔公司（Terada Tekkojo）生产，次年 3 月首次在东京仓俣史郎个人展览中展出，并由 Idée 公司销售至 1997 年。这个模型存在两个版本，分别为镀铬和镀铜的版本。镀铬使网格呈放射状，表现出极简主义的状态，因此也有人说他不喜装饰，是性冷淡风格的鼻祖。

童年的记忆是仓俣史郎一个重要的灵感来源，7 岁时，他见到了约瑟夫·霍夫曼医生办公室里的躺椅，他记得“椅子像枇杷树那样沉默宁静，不断保持着冷静超然的感觉”。利用这种梦幻般的记忆，仓俣史郎让东京的家具公司生产了一款复制版的躺椅（图 10-17），由木制框架组成，天鹅绒材质的面料包裹着氨酯填充泡沫。这种躺椅的边缘有小灯，并在座椅下方隐藏了一个灯光控制器。1986 年，第一件产品制造出来后，只多生产了两件复制品。

1988 年，他设计了“布兰奇小姐椅”（Miss Blanche）（图 10-18），这个虚幻的名字来源于美国戏剧名作《欲望号街车》中的女主人公。“布兰奇小姐椅”充分利用了透明的丙烯树脂材料，把鲜艳的塑料玫瑰花放入模具中，然后逐渐将液态丙烯树脂浇铸在模具中。丙烯硬化前，玫瑰必须用镊子小心放置，防止产生的浮动使其沉入模具底部。将硬化后的丙烯块从模具中取出用于椅子靠背、座椅和扶手，用热固化单体黏合剂将它们连接在一起。将 4 条粉色的铝合金椅腿插入刻出的槽中，固定在扶手椅的底部。仓俣史郎专注于女主人公角色性格复杂但有些毛躁的一面，这在他复古风格的服装和执着的自我幻想中都显而易见。因此，可以将“布兰奇小姐椅”上的人造玫瑰这种老式的印花棉布装饰，视为对过去时代和过去美景的讽刺。他设计的作品创意程度高，具有吸引力，因而成为收藏家追捧的对象。在 2015 年伦敦苏富比举行的 20 世纪设计拍卖会上，“布兰奇小姐椅”以 26.9 万美元成交。

图 10-18

仓俣史郎的作品非常巧妙，简单而不简陋，有时依靠单纯的结构，有时空间感胜于实体。其中“金字塔形旋转柜”（Pyramid Revolving Cabinet）（图 10-19）是一件比较有特色的设计产品，他用透明的丙烯树脂制成金字塔形状的架子，用黑色的丙烯树脂做成的抽屉共有 17 层，远远望去，抽屉像是悬挂在空中一样。“金字塔形旋转柜”完全是一件现代雕塑作品，既新奇又实用。架子是可以旋转的，因此抽屉拉出的方向可以根据需要进行改变。

1990 年，仓俣史郎获得法国文化部艺术及文学勋章（Ordre des Arts et des Lettres），然而不幸的是，1991 年，他因病在东京逝世。一位意大利的艺术评论家说：“生活对他而言是隐喻，是梦想，是现代的幻觉，是玄妙的事件，是瞬间的旅行。”仓俣史郎的作品充满了艺术品的特征，同时也更多地保留了日本传统艺术的审美观，他对日本设计界乃至国际设计界都有强烈的冲击和深刻的影响。

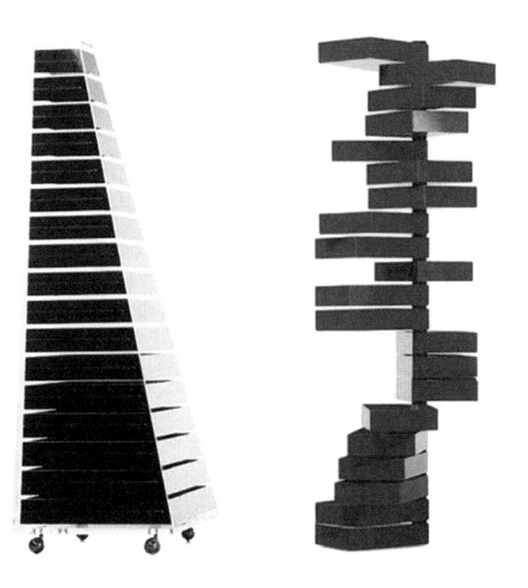

图 10-19

LECTURE 11

Colombo and Aarnio: All-round Inspiration Interwoven with New Materials

第 11 讲

科伦波与阿尼奥：全方位的灵感与新材料的交织

伴随着现代艺术中的波普风格的出现，波普设计应运而生。科伦波和阿尼奥就是欧洲最具代表性的波普设计大师。他们能以其无所不在的全方位灵感震撼人心，能以其对新材料的倾心与实验令人叹服，能为现代家具奉献出一场伟大的视觉盛宴。

意大利设计大师科伦波以令人扼腕的短暂人生，使自己无愧于意大利现代设计首席大师的称号。他是建筑师、设计师、雕塑家、画家，也是活跃于各种展览和设计项目的设计活动家。他关注来自全社会各阶层的艺术创意，他积极参与研发新科技带来的各种新材料、新工艺。科伦波的家具突破了历史上的所有传统，他的创造力如火山爆发般令人惊叹。除家具之外，他还创作了灯具、玻璃、手表、工业产品与无数杰作。科伦波的“多功能盒子 1”（Box 1）、“多功能管状椅”（Tube Chair）、“可变形多人椅”（Multichair）等诸多反传统家具极大地丰富着现代家具的设计方法和设计语言。

芬兰设计大师阿尼奥是将设计与生活融为一体的典范，至今依然以 90 岁高龄，时刻捕获设计灵感。他坚信设计与艺术无界限，设计师就是艺术家。他相信设计师的灵感来自他们所经历的一切，他毕生践行着“一个人的设计工作室”，却以其国际化的丰富阅历展开其无尽的创意思维。他时刻敏感于新材料的诞生及其应用的可能性，他对任何材料都亲力亲为，以达到设计的感性极限。阿尼奥的“球椅”成为人类太空时代的象征，他的“香皂椅”成为波普设计的标签，他的“小马椅”成为快乐设计的先驱，他的“泡沫椅”“西红柿椅”“一级方程式椅”等，都随时展示着其全方位的灵感模式。阿尼奥一方面充满激情地吸收着各类创意灵感，另一方面又以科学的手法坚持以 1 ∶ 1 比例绘制设计图，从而谱写出一篇将灵感与设计方法融为一体的创意童话。

在现代家具设计中，设计师常常开发使用各种合成材料，20 世纪四五十年代以塑料为材料的设计师是美国的艾洛·沙里宁和查尔斯·伊姆斯，进入 20 世纪 60 年代则完全由一批欧洲设计师接手，对塑料进行深入而广泛的研究和使用，创造了一大批前所未有的经典作品。这其中的主要旗手有丹麦的维纳·潘东、芬兰的艾洛·阿尼奥和约里奥·库卡波罗、法国的奥利威尔·穆固和意大利的居奥·科伦波。

1. 居奥·科伦波（Joe Colombo，1930—1971）

一生都在米兰度过的科伦波是地地道道的米兰人，他在米兰艺术学院学习绘画，1949 年考入米兰理工大学建筑系学习建筑设计。1951 年，他加入了著名的“原子绘画运动”，在以后 4 年中，他作为一位抽象表现主义画家和雕塑家在行业里表现得异常活跃。1954 年毕业后，科伦波参加了大量设计活动，如参与米兰博览会上的展览设计，为客户完成三处室外空间环境的设计。同年，他在意大利各地及欧洲其他城市展出作品。这些室外休闲场所的设计有一种神殿般的庄重色彩，预示着他以后的设计生涯中时常出现的神秘而凝重的设计风格。1959 年，他的父亲去世后，留下一个专门制作电力设备的家族企业由科伦波继续经营，正是在这段时间里，他开始了解、熟识并尝试在设计中使用各种新材料与合成材料，慢慢开始掌握最时兴的构造技术和工业制造方法。

1962 年，科伦波在米兰正式建立自己的设计事务所，主要工程为山地旅馆和滑雪场宾馆的建筑设计和室内设计。这些早期的设计表现出科伦波对功能的极大兴趣，而这些功能又都与强烈的雕塑感结构密不可分。“埃尔达休闲椅”（Elda Chair）（图 11-1）在 20 世纪 60 年代再次为科伦波的国际声誉做出了重要贡献。像这个时代许多其他进步的意大利家具一样，“埃尔达休闲椅”为伦巴第大区的经济做出了巨大贡献，因为它促进了该地区从更传统的生产方法向创新的设计流程转变。从科伦波 1963 年的设计草图中来看，这个设计的基本原则从一开始就很明确，将高刚性的承重壳与球轴承放在 360 度旋转的基座上，将皮革或织物用金属腻子粘在座椅外壳的内部。躺椅配有符合人体工程学的可拆卸的软靠垫，并通过金属环固定在下沉的钩子上。外壳的造型创造了一个私密且隔音的空间，为坐在里面的人提供了心理上的放松。这款休闲椅的开发过程一直持续到 1965 年，并与制造商产生了激烈的对话。由于计划用于座椅外壳的玻璃纤维材料很少大规模使用，因此，科伦波使用船模进行生产。“埃尔达休闲椅”是件雕塑作品，其色彩鲜明的对比突出了清晰的线条，最初是黑色和白色，但很快就加入了流行的色

图 11-1

彩，如蓝灰色、棕色、砖红色、深蓝色等，但直到今天，白色和黑色都是最受欢迎的颜色。

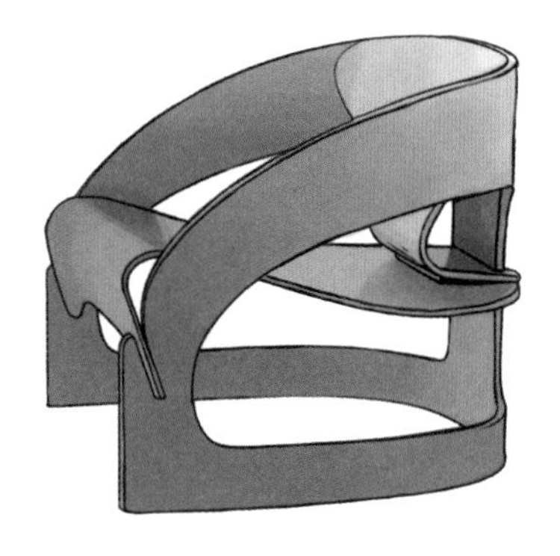
图 11-2

1964 年，他为意大利撒丁岛（Sardinia）一家宾馆做的室内设计荣获了设计奖。该设计的最重要之处是在天花板上装有一种最新研制的有机玻璃，用于衍射光线。接着，他用同样的构思设计了亚克力灯具。科伦波的家具设计也同样充满着对材料和结构的探索。1963—1964 年，他研制的 4801 号带有弯曲元素的休闲椅（No.4801/Lounge Chair with Curved Elements）（图 11-2），以 3 块层压胶合板相互交叉形成塑性结构，创造了一种全新的、未来主义的审美结构。椅子的 3 个弯曲的胶合板元素通过简单的接头连接，没有螺丝或金属部件。宽大的形式迎合了对舒适座椅的需求，而椅子的小尺寸和轻重量，使其易于融入不同的环境。这把椅子有红、白、绿、黑 4 种颜色可供选择，是米兰卡特尔（Kartell）公司自 20 世纪 60 年代以来唯一一件完全由木材制成的产品。该椅是一个典型的模压胶合板家具的案例，建立在阿尔托和伊姆斯夫妇等前人实验的基础上。2011 年，卡特尔公司再次推出了相同尺寸的黑色、白色和透明的版本。

科伦波流动的造型语言，预示着他此后的塑料家具设计。1965—1967 年，他研制的“4867 号普通椅”（No.4867/Universale Chair）（图 11-3），是世界上第一把用汽车 ABS 塑料模压而成的成人规格的座椅，而以前许多同类设计都是制作强度较小的儿童座椅。这种技术需要对生产机器进行相对较高的投资，但后来可以用较低的单位成本生产较多的数量。由于 ABS 塑料易变黄或被漂白，科伦波和卡特尔公司最终改用聚丙烯进行批量生产。顾名思义，“普通椅”源自创建通用椅子的想法。它适合用于成排的座椅，由于侧面平坦，以及半圆柱形的支腿和宽大的座椅形状（在后部稍微变细），它也可以堆叠放置，互换支架并调节高度。在设计“4867 号普通椅”时，科伦波将现代主义理性造型的直线与柔和、圆润的几何形结合在一起，他的许多设计都以这种结合为特征。

图 11-3

在这段时间里，科伦波的创造力如火山喷发般令人惊叹，除大量家具设计外，他也设计了许多灯具、玻璃器皿、门扶手、烟斗、闹钟及手表等产品。科伦波对家用系统产品的设计非常倾心，在短短几年内就创造出大量令人耳目一新的多功能家用家具系统。如 1967 年设计的“附加系统”（Additional System）（图 11-4），该系列躺椅使相同的元素，通过改变数量和不同的组合方式，实现不同的姿势。该家具不同寻常的形状明显受到了 20 世纪 60 年代人体工程学研究的影响，表达了聚集和变化的思想。为了满足这些要求，并突出身体在座椅上的任意坐姿，科伦波还绘制了剖面图。该模块化系统由 6 个不同尺寸的靠垫组成，根据使用的靠垫数量和不同的摆放方式，可以组合成沙发、扶手椅或脚蹬。软垫由聚氨酯泡沫垫和弹力织物制成，并垂直放置在由模铸铝制成的金属框架上。该设计的原型被称为“三明治”，于 1968 年在米兰十四届三年展上展出，1969—1974 年，索尔马尼（Sormani）公司生产了该系列。

1968 年，科伦波设计了“多功能盒子 1”（图 11-5），它有多种颜色可供选择，由木材制成并带有塑料层压板。盒子由一个带有推拉门的衣柜组成，衣柜的背面用作床头板，它设计的高度便于床下放置书架、书桌、床头柜、梳妆台等容易移动的组件。该系列有一把小椅子可以上下翻动，用作通往床上的梯子，还可根据空间的大小及用户的需求进行尺寸的调节。这个系列反映了科伦波对新家具类型的兴趣，同时也越来越接近新功能和非正式的生活方式。

图 11-4

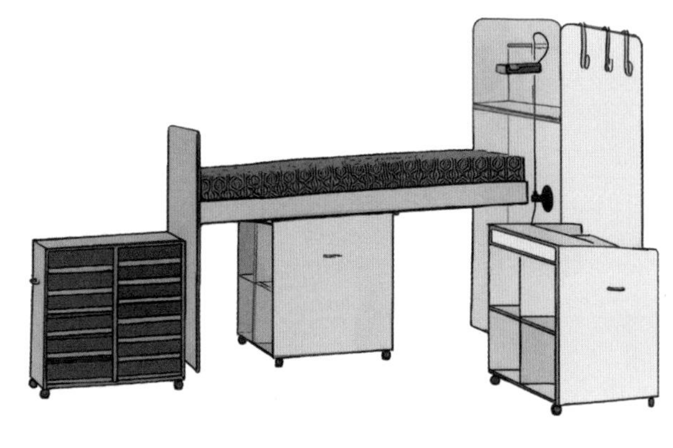
图 11-5

1969年，他设计的“多功能管状椅”（图11-6），由4根不同直径（49厘米、40厘米、30厘米、17厘米）的PVC管制成，使用由金属和橡胶制成的特殊夹具以不同的方式组合在一起，不同的组合方式可以创造出不同角度的躺椅（图11-7）。为了节省空间、便于运输，直径小的PVC管可以插入大的管中，储存在附带的袋子中。20世纪70年代，Flexform公司生产了这款座椅。此外，他还在1969年研制出有三用系统的专业照相机，以及建立在人体工程学基础上的可调节式绘画桌。

图 11-6

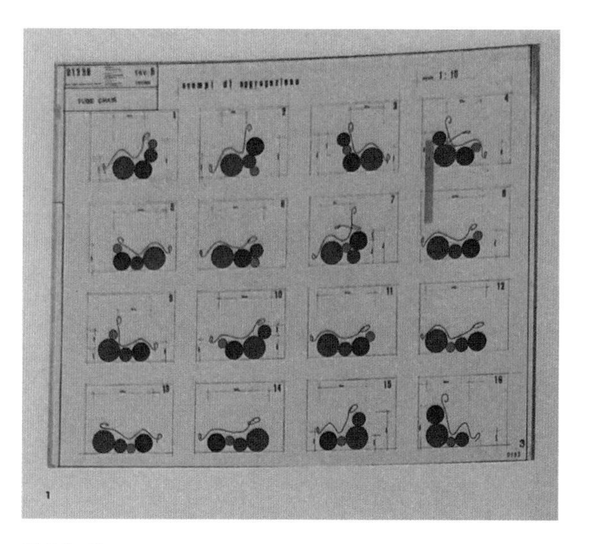

图 11-7

“生活中心”（Living Center）（图 11-8）是科伦波 20 世纪 60 年代后期开始设计的众多多功能家具之一。这套作品来自他对周围人和空间的仔细观察，以及对单一物品所包含的各种功能的探索。作为研究结果，科伦波用独立的、灵活的元素取代了家具，目的是满足不同时间段用户的不同需求。该家具系统是一套带轮子的组合，由一把舒适的躺椅、一个酒吧服务柜和一个可以作为餐桌的橱柜组成，集休息、吃饭、睡觉、娱乐功能于一体。躺椅由钢制框架制成，上面铺设软垫，并提供了脚凳、头枕或适当的座椅，座椅的宽度允许用户将它放置在不同的位置，可拆卸的架子和烟灰缸可以从两侧拉出。滚动的酒吧服务柜配置了放瓶子和玻璃杯的空间，还有存放收音机和录音机的隔间。用餐区带有一个电炉和可以存放饮料的小冰箱，它还设有用于存放碗碟、玻璃杯和餐具的隔间，在两个附加的可扩展面板上可以提供额外的用餐空间。这套系统由罗森塔尔（Rosenthal）公司生产，实际上最终只生产了 4 套。

就像他的“附加系统”和“多功能管状椅”一样，科伦波的“可变形多人椅”（图 11-9）提出了一种新的方法概念。“可变形多人椅”由两个软枕组成，并由两条皮带连接在一起，它可以单独使用，也可以在不同位置组合成扶手椅或躺椅。科伦波的草图探索了这件家具的多种用途，并说服制造商打破了固定不变的传统家具的模式。1970 年，他在自己位于米兰的公寓中使用了“可变形多人椅”，之后的几年该产品停产了，直到 2004 年由 B-Line 公司再次生产。

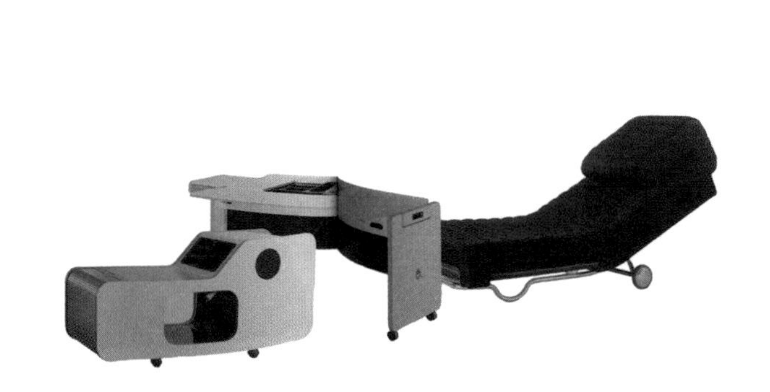

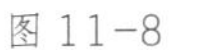

图 11-8

图 11-9

图 11-10

“比里洛吧台椅”（Birillo Bar Stool）（图 11-10）是科伦波1970 年为办公环境和公共场所设计的一系列产品，它包括转椅(swivel chairs)、桌子 (Birillo table) 和脚凳 (footstool)。科伦波为每种类型的座椅制作了一份详细的清单，列出不同的品类，有软垫的、非软垫的、旋转的、固定的和可调节高度的。这些系列由镀铬钢管和玻璃纤维增强聚酯基体等工业组件组成。该椅细节的处理和软垫的形状，体现了人体工程学和舒适性的要求。底座为 360 度可旋转的自旋轮，使用后，座椅会自动返回原始位置。

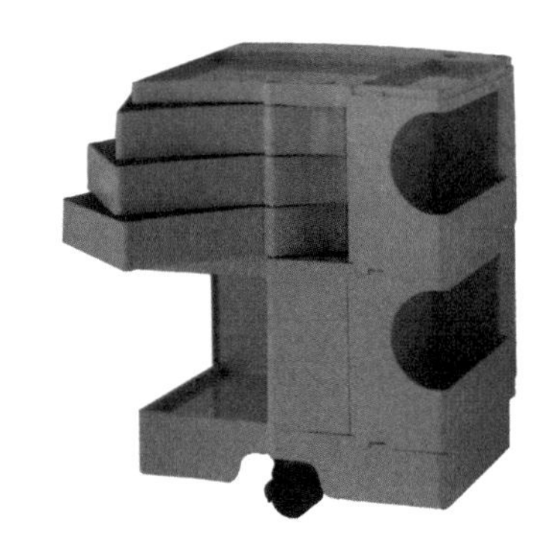

图 11-11

“婴儿用品滚动橱柜”（Baby Container）（图 11-11）是一种部分可移动的多功能箱体，它用螺纹杆和螺钉帽将注塑成型的 ABS 塑料原件连接在一起。橱柜有可互换位置的部件、方便旋转的抽屉，架子和 5 个旋转脚轮。该产品是一个模块化系统，最初有黑、白、红、黄、绿、棕 6 种颜色和 4 种高度（52 厘米、73 厘米、94 厘米、136 厘米）。自 1970 年推出以来，在商业上迅速获得成功，至今仍由 B-Line 公司生产。

科伦波的“多功能管状椅”和“可变形多人椅”这些一反传统面目、充满雕塑色彩的新型家具，最大的特点是可以提供多种方式进行组合，从而满足不同的坐姿。这些产品反映出科伦波在现代设计上的初衷，即尽可能具有多种用途的性能。然而，他最具前瞻性的还是“一体化小环境”设计。该设计的主要成果在 1969 年米兰博览会上被展示出来，这是一种“太空时代”的航天舱式的室内设计，其中结构、部件和装饰部分已相互交融在一起。传统意义上的家具在科伦波手中被替换成明确的功能单位，家具与空间融为一个整体，形成夜舱、中心起居舱和厨房舱等，从而创造出一整套充满活力的多功能生活空间。1969 年，科伦波为自己的住宅继续发展了这种“一体化空间设计”，于 1971 年推出影响深远的“全方位装修体系”。这套体系在 1972 年纽约现代艺术博物馆举办的“意大利：新家居景观”展览中被称为一种全新的居住机器，它由 4 个部分组成：厨房、起居室、淋浴室及卧室，所有单位均分布在 28 平方米的面积内。

科伦波为著名的卡特尔公司、阿莱西公司、比菲（Bieffe）公司、

Oluce 公司、Flexform 公司和 Boffi 公司等国内外公司设计产品。其丰富多彩的设计也获得过许多奖项，如 1967 年、1968 年和 1970 年的意大利工业设计协会（ADI）金罗盘奖（Premio Compasso d'Oro）。然而不幸的是 ,1971 年参加完米兰国际博览会后，年仅 41 岁的科伦波因突发心脏病去世，过早地结束了他令人惊叹的设计生涯。

2. 艾洛·阿尼奥（Eero Aarnio，1932—）

阿尼奥是当代最著名的设计师之一，他为人们提供了种类繁多、高质高量、享誉世界的设计作品。自 20 世纪 60 年代以来，他奠定了自己在芬兰国际设计领域的领导地位，是芬兰浪漫主义设计风格的代表人物。他以“以艺术为本”作为家具设计的出发点，与北欧学派强调的功能主义恰恰相反，因此常被称为北欧学派的“叛逆者”。阿尼奥的高度艺术化，在他的家具作品中得到了充分体现，其作品虽不能被列入家具设计的最经典之作，却是 20 世纪现代家具设计史中不可缺少的珍品。

人类对家具设计的需求是多方面的，当大多数人将功能、健康、舒适作为第一设计要素时，也总有相当一部分人表现出对不寻常艺术语言的追求，这种情况在 20 世纪 60 年代表现得尤为明显。直到 1962 年，阿尼奥才开办自己的设计事务所。除家具设计外，他对摄影和平面设计也有很深的造诣。阿尼奥最初的家具设计取材于传统题材，尤其源于中国的藤编家具，但不久后他对最新材料产生了浓厚的兴趣，这使他的设计发生了突变。

20 世纪 60 年代初，“塑料革命”为家具制造商提供了前所未有的机会，他们可以尝试大胆的色彩、形式和生产方法。在这场革命中，芬兰最大的家具企业阿斯科公司请阿尼奥设计一种塑料椅，力求改变公司产品多年以木材为主的传统面貌。而此时亦被称为“太空时代”，人类登月、卫星上天等事件都强烈激发着设计师的想象力，阿尼奥的家具设计完全迎合了这种心理。1962 年夏天，阿尼奥以新闻纸和糨糊作为原料，在藤编家具的启发下，设计出一种适于塑料制作的全新的坐具造型。1963—1965 年，阿尼奥用合成材料反

图 11-12

复试制他的新型设计，终于推出名为“球椅”（图 11-12）的像航天舱一样的座椅，并在 1966 年科隆家具博览会上一举成名。“球椅”的外壳设计在一个由铝铸成的 360 度可旋转的中央椅腿上，然后涂上了白色。这种用玻璃纤维塑料制成的球状外壳在前部开口，内部铺设红色软垫，能在外观上给人留下深刻的印象。球体内部类似太空舱的隔间，半包围的结构为使用者提供了一种与外界的隔离感，坐在其中，有一种太空旅行的感受。“球椅”是一个矛盾的综合体，初看给人一种华而不实的感觉，但通过仔细地观察和亲身体验，才能发现它简洁舒适的实用属性。阿尼奥在这件作品中完全抓住了时代的精神，从而使他的“球椅”成为那个时代的一种象征。

这件艺术设计杰作在科隆取得的巨大成功使阿尼奥受到极大的鼓舞。在此后几年的时间里，他以同样的合成材料和同样的设计构思创造了一系列的艺术家具。通过这些家具的命名就能令人想象出它们所产生的视觉效果，如“香皂椅”“泡泡椅”（Bubble Chair）和“番茄椅”（Tomato Chair）（图 11-13）等。“番茄椅”是一种由红色塑料制成的，看起来像是 3 个番茄的休闲椅，它代表了阿尼奥在 20 世纪 70 年代初向波普设计的转化。

1968 年，阿尼奥设计了另一把具有标志性的椅子——“香皂椅”（图 11-14），在科隆博览会上展出时再次引起轰动，从某种程度上可以将它看作小型化的“球椅”。阿尼奥对色彩的大胆运用，对有机造型的持久的偏爱，都在座、架、腿等要素融为一体的新型坐具上得以表现，同时典型地反映出 20 世纪六七十年代自由浪漫的

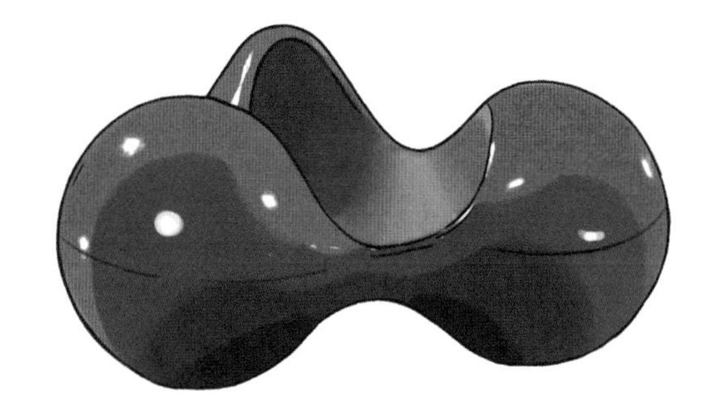

图 11-13

图 11-14

生活气息。阿尼奥用聚丙乙烯做了第一个模型，帮助他验证尺寸、人体工程学和椅子摇摆的能力，由于使用的材料是玻璃纤维，因此表面非常光滑。该椅由两个玻璃纤维部分组成，用手在模具上层压，然后粘在一起。在“香皂椅”的设计中，阿尼奥用诙谐幽默的手法对塑料进行创造性的使用，同时设计出一种新的椅子类型——低摇椅。由于椅背是圆形的，从某种意义上讲，这把极不寻常的椅子给使用者提供了特殊的舒适体验。一位评论家称：“你坐在上面可以不用站起来而任意调整姿势，这种家具也永远不会损坏你的地毯。”阿尼奥的“香皂椅”的意义早已超出日常使用的范畴，在户外它可以作为雪橇使用，也可以用作孩子们的水上玩具，它也时常被选作在戏剧、影片中使用的道具。一次偶然的机会，阿尼奥发现“香皂椅”可以在水中漂浮，这令他非常高兴，因为芬兰有 6 万多个湖泊，夏天坐在“香皂椅”上漂浮在水中是件非常惬意的事情。1968 年，这把椅子还获得了美国室内设计协会的国际设计奖。

1969 年，阿尼奥在“泡泡椅”上进一步推进了他的想法，这是一把悬挂在天花板上的丙烯酸透明塑料球状椅子（图 11-15）。就像“球椅”一样，阿尼奥的设计理念——“椅子坐起来必须舒适”再一次被强调。然而，“泡泡椅”与“球椅”的空间概念完全不同，坐在“泡泡椅”上可以让使用者像宇航员一样飘浮在空中。“球椅”被设计成一种微型建筑，将使用者隐藏在一个具有保护性的“蛋壳”中。

继“球椅”和“香皂椅”之后，他最具创新精神的座椅当数“小马椅”（Pony Chair）（图 11-16），这是阿尼奥为现代家具设计

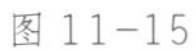

图 11-15

图 11-16

贡献的一件创新性产品。“小马椅”的外形是一匹小马，小马的身体、脚和耳朵都由管架连接，外面包裹着柔韧的聚酯冷凝泡沫，表面使用流行的丝绒弹性布料，坐在这样设计的产品上面舒适有趣。该椅有黑色、白色、红色、橙色、绿色和棕色等。随着该椅的问世，设计师往往会在模型制作过程中产生更多的想法，就像“小马椅”一样有多种骑坐的方式。所以，对于设计师而言，从生活和自然中吸取灵感是一件愉悦的事情。

遗憾的是，20 世纪 70 年代中期的全球石油危机告诫人们，世界的前途并不能过分依靠合成材料。阿尼奥同其他几位塑料设计方面的新时代设计师一样，被迫停止对合成材料的使用和探索，但他脑海中充满了新的理念，在以后的创作和生产过程中更多地使用了自然材料来设计家具，并时刻保留着早期的设计精神。阿尼奥的家具设计充分体现出国际流行思潮与设计师气质有机结合的独特风格。

LECTURE 12

Kukkapuro and Opsvik: Scientific Thinking for Design Creativity

第 12 讲

库卡波罗与奥泊斯威克：科学思维引领设计创意

在风云变幻的现代家具设计舞台上，北欧家具始终坚持着人文功能主义设计理念。

芬兰设计大师库卡波罗以其跨越两个世纪的设计实践，被誉为北欧人文功能主义家具设计师的最杰出代表。库卡波罗堪称设计师中的科学家和医生，他毕生提倡并坚持以人体工程学为设计出发点，同时坚信生态设计、经济设计和美学评估诸原则。他强调“工厂是最好的大学”，坚持亲手制作测试模型。他笃信“如果功能完善，这个设计一定是美的”。

库卡波罗是现代家具设计的集大成者，他的“阿代利亚沙发”（Ateljee Sofa）系列堪称现代沙发设计的一场革命；他的“卡路赛利椅”（Karuselli Chair）被公认为家具史上最舒适的椅子；他的“普拉诺工作椅”（Plaano office Chair）引领了欧洲办公家具新潮流；他的“丰思奥椅”（Fysio Chair）系列为现代剧场带来最时尚的气息；他的“海报椅”(Poster Chair) 系列开启了设计师与视觉设计大师的密切合作；他的“东西方系列家具”说明了他与中国家具的渊源。库卡波罗在中国全力推动设计科学的创意理念，与中国建筑师共同开创“新中国主义设计品牌”，在潜心研究中国合成竹材的同时，推动生态设计思想在中国的发展，与此同时也深入中国民间，以期在中华民族取之不尽的传统设计智慧中汲取灵感。库卡波罗时刻关注时尚，酷爱对新材料的研发，在设计生涯的不同阶段，分别用金属、实木、胶合板、皮革、玻璃钢、合成竹材等创作了现代家具史上的经典之作。

挪威设计大师皮特·奥泊斯威克（Peter Opsvik）是当代北欧学派的独特代表，他将库卡波罗以人体工程学为切入点的设计方法发扬光大，并最终达到一种极致的美感和设计品质。奥泊斯威克坚信人体工程学是任何家具设计的基础，同时用北欧高度发达的胶合板实现自己独特的设计理念，他的设计作品时刻都在震撼并颠覆着传统家具理念，其前瞻性和时尚感为其注入了别样的活力。

20 世纪 60 年代的芬兰家具设计的根本出发点是“以人为本”，库卡波罗作为功能主义的设计大师之一，以科学的思维方式和充满创意的设计产品引领芬兰现代设计走向世界的前列。

1.约里奥·库卡波罗(Yrjö Kukkapuro，1933—)

1933年，库卡波罗出生在原芬兰古镇维堡（1918—1940年属芬兰，现属俄罗斯）。母亲是一位出色的裁缝，父亲是一名建筑油漆工。在母亲的影响下，他对手工制作产生了浓厚的兴趣，热爱绘画并表现出了非凡的天分。中学毕业后，他在伊梅塔拉艺术学校学习油画，随后考入赫尔辛基工艺美术学院。在学校第一年测绘古家具的课程中，任课教师对他的绘画天分极度认同，并时常赞赏他完成的测绘图。遗憾的是，在以后日益繁忙的设计生涯中，他只能暂时忍痛放弃了绘画。在校期间，库卡波罗到保罗·波曼 (Paul Portman) 的家具厂从事短期工作，成为设计师伊凡·库得里亚泽 (Ivan Kudryadze) 的助手，从此时开始，他在家具设计方面表现出了早熟且惊人的能力。在大学四年中，他多次参加比赛，几乎囊括了一等奖，并用得到的奖金周游世界，广泛了解现代设计的前沿动态。令人惊讶的是，他的大部分获奖作品很快被投入生产，在他24岁时就有近30项设计被生产出来，在市场中取得了良好的反馈。以致在他毕业设计时，指导他的奥利·波里（Olli Borg）教授在第一堂课上就干脆地说：“你今天就应该毕业，根本没必要做毕业设计了。”

对库卡波罗而言，在众多前辈建筑师中，对他影响最大的是塔佩瓦拉教授。塔佩瓦拉在包豪斯课程的基础上加入了创新观念，并开设了设计基础原理课程，为下一代设计师奠定了良好的理论基础。库卡波罗认为，塔佩瓦拉的设计原理课是对他以后的设计生涯产生重要作用的三大因素之一，另外两个因素分别是传统建筑家具测绘和人体工程学。这三个因素的有效结合，促使库卡波罗对家具设计产生了一种与前代设计师有本质区别的新认识，即家具是为人服务的，其设计必须自始至终全面考虑使用者的需求。这并非一种全新的观念，许多前辈设计师都明白这个道理，但真正能全身心地从人体工程学入手，完全站在使用者的角度来设计家具的设计师并不多，而库卡波罗无疑是其中最杰出的一位。

20 世纪 50 年代中期，库卡波罗在赫尔辛基设计圈内崭露头角，那些突破芬兰传统的创意与设计既引发了争议也引起了关注。[1] 1959 年，他建立了工作室，同时在构思一种“坐上去真正感到舒适的椅子”，由此开始了对卡路赛利系列家具的长达 5 年的探索与研究。然而，他第一件引起国际轰动的作品并不属于这个系列，而是 1962 年设计的“阿代利亚沙发”（图 12-1），该沙发体现了库卡波罗标准化的生产理念，各单元组件和连接件之间的设计使它方便包装、运输和组装。1964 年，它首次出现在德国科隆国际博览会上时，立即大放异彩，当场就有几个著名家具公司要求生产制作该椅。随后，“阿代利亚沙发”又在美国纽约现代艺术博物馆举办的现代家具设计展览上亮相，并被该博物馆永久收藏。

受这一殊荣的鼓舞，库卡波罗夜以继日地投入对“卡路赛利椅”的设计和制作中，终于在 1964 年底将这件划时代的设计作品献给世界。“卡路赛利椅”是用玻璃钢这种新材料制作完成的，可旋转的椅子壳体通过钢制弹簧和橡胶减震器与底部相连，底座部分的支撑脚形似鸭蹼，由铝合金制成。1964 年圣诞节的第二天，该椅被放进展示厅，10 分钟后进来参观的第一位顾客立即订购了该椅，随后订购者络绎不绝。这种热烈的场面持续了一天之后，与库卡波罗

图 12-1

[1] 方海，景楠．艺术与家具．P243

合作多年的芬兰著名家具公司海密（Haimi Oy）决定立即将该设计投入生产。至今，上述两件杰出作品仍由海密公司的继任者阿旺特（Avarte）公司生产制作。

库卡波罗以人体构造和人体美学为基础点，通过对玻璃钢进行塑形，衍生出一系列相关的产品，包括椅、桌、箱、柜等数十种家具，其中最著名的是近十种不同型号的“卡路赛利椅”。早在 20 世纪 70 年代初，英国战后家居文化的重要创造者、著名设计师特仑斯·考伦爵士（Terence Conran）就称“412 号卡路赛利椅”（图 12-2）是现代设计中最舒适的休闲椅。1971 年，“412 号卡路赛利椅”像明星一样应邀参加展会，并登上《多姆斯》杂志封面，同年，被英国维多利亚与阿尔伯特博物馆永久收藏，享誉全球。

1974 年，美国《纽约》杂志牵头与电视台、报社等共同主办了声势浩大而又别开生面的家具设计竞赛。这次竞赛的评选标准并非设计风格或美观方面，而是切切实实地以舒适程度为评选标准，由杂志主编、电视台导演和医生等 6 位来自不同领域的知名人士组成评委会。他们不辞劳苦又饶有兴趣地走访了纽约几千家商场，从上万把椅子里，最终挑选了 10 把他们认为最舒适的座椅进入决赛。其中，

图 12-2

既包括由柯布西耶、伊姆斯、库卡波罗等著名家具设计大师设计的椅子，也有普通设计师的作品，甚至无名作品。对进入决赛的作品，6位评委以公正、慎重的态度反复试坐、比较、打分，以得分的高低评选出名次，而第一名即首奖获得者就是库卡波罗于1964年设计的“418号卡路赛利椅”，于是该椅正式得名“最舒适的椅子”。事实证明，尽管“418号卡路赛利椅”赢得了1974年美国家具竞赛的桂冠，但它并非这一家族中最优秀的作品。

1998年10月，美国《纽约时代周刊》杂志邀请18位著名的艺术家、设计师和思想家评选出20世纪最喜欢的一件作品，评委们分别选出自己喜爱的作品，大到客运飞机，小到珠宝首饰，唯一一件家具作品就是库卡波罗的“412号卡路赛利椅”。1999年10月，位于巴黎的联合国产品组织邀请来自世界各地的99位人士，精心评选出20世纪99件经典设计产品，并在法国卢浮宫参加“20世纪99件经典设计展览”。库卡波罗设计的“412号卡路赛利椅”再次以优异的成绩荣获“世纪经典”设计产品的盛誉。

20世纪70年代中期的全球石油危机，中止了人们对合成材料的过分狂热，库卡波罗决心另辟新路，开始发展以钢与胶合板为主体材料的家具，并着重开发办公家具和公共家具。他创造了一种异于欧美大多数设计师作品的简洁、优雅的形式，并完全以人体工程学为设计基础的办公家具风格，在现代办公家具中占有重要地位。此时，库卡波罗设计的办公家具数量极为惊人，主要系列有“普拉诺”(Plaano)、“丰思奥”“斯卡拉”(Skaala)、“芬克图斯”(Funktus)、“赛可思”（Sirkus）、“A系列休闲椅”“实验系列后现代组合家具”和以计算机工作者为主体用户的视觉（Visual）系列办公家具。[1]

图 12-3

“普拉诺工作椅”（图12-3）是这些办公家具的基础，该椅采用铝合金、桦木胶合板和泡沫聚氨基甲酸酯等材料制成，安装有6个

[1]详细资料可参见笔者与周浩明合作专著《现代家具设计大师——约里奥·库卡波罗》一书。

脚轮，座椅下方有用于调节高度的手柄。座椅的靠背和头枕部位配有软垫，内部填充泡沫聚氨酯。20 世纪 70 年代末，随着科技的发展与技术的进步，“普拉诺工作椅”的设计理念进一步在“丰思奥办公椅”（图 12-4）上深入发展。构成椅背和头枕的胶合板都是曲线造型，最大限度地满足了人体对舒适度的要求。

图 12-4

“斯卡拉系列椅”（图 12-5）体现了库卡波罗减少材料耗费和自然审美风格的生态理念。该椅用钢管做框架，用胶合板做背板、坐面、扶手和头枕，上面覆盖轻薄的软垫，并且椅子的尺寸符合国际生理学标准。“斯卡拉系列椅”用途很广泛，在住宅和办公室里都有它们的身影。

“芬克图斯椅”（图 12-6）最初是为赫尔辛基新歌剧院设计的，后来发展出该系列的其他版本。这种椅子可以堆叠罗列，也容易相互连接，适用于办公室和会议室，该系列包括工作椅、会议椅、观众椅、休息椅和沙发。

图 12-5

图 12-6

视觉系列（图 12-7）是模数化设计的办公组合家具，主体采用覆有树脂塑料的胶合板制成，桌面边缘镶嵌可更换色彩的塑料软条。在该办公家具系列中，除椅子和桌子的高度可调节外，设计师也考虑到其他办公附件的摆放和使用者的习惯，使用者可以根据周围空间的特点、工作类别和个人习惯等不同需求合理安排家具的布局。

20 世纪 80 年代，库卡波罗受到后现代主义风格的影响，试图创造一种具有装饰性的功能主义风格，将审美元素与功能主义结合起来。1982 年，他将“实验系列后现代组合家具”（图 12-8）带到米兰展会上，立刻惊艳全场。椅子的结构部位和扶手被设计成明快的色彩和多样化的形状，并与其他标准化的组件装配在一起。

2009 年，在芬兰生态特别展上，库卡波罗设计的“闪电椅”（Flash Chair）成为其生态思想的完美象征。“闪电椅”采用芬兰本土的桦木为主要材料，以简洁规则的几何构件和方便拆卸的组装方式制成，是一款轻质环保的扶手椅，适合在各种环境和公共场所中使用。

近 10 年来，库卡波罗设计的东西方家具系列，以北欧现代设计的手法将中国传统家具的形象重新表达出来。他对中国木作榫卯工艺情有独钟，在东西方家具系列中亦吸收传统家具中的功能与形式，以现代再创造的精神探索“新中国主义”。该系列家具以竹材为基

图 12-7

图 12-8

图 12-9

本原料，由中国无锡印氏家具厂生产制作。“龙椅”（图 12-9）是其中一件具有代表性的作品，由库卡波罗和方海共同创作，它将中国明式家具中的人体工程学与北欧现代人体工程学完美结合。“龙椅”的原型来自明式家具中的“圈椅”，其马蹄形的扶手将椅背与扶腿连为一体，既扩充了使用者坐姿的自由度，又为手臂提供了更舒适的放置方式。该椅的条形背板也是中国传统家具中的标志特征，为背部提供舒适的支撑。

库卡波罗是 20 世纪设计大师中获奖最多的人之一，在 20 世纪下半叶的 50 年间，他几乎荣获过国际国内有关室内和家具设计的所有著名奖项，合计有 40 种之多，每年都有获奖。这些奖项固然是衡量一位设计师成功与否的明显标志，但作为与人们日常生活密切相关的家具类产品，其设计成功最重要的标志应在于广大使用者的认可和评价。库卡波罗是在这两个方面都取得成功的少数设计大师之一。

与当代许多设计大师一样，库卡波罗也涉猎了灯具、电话、电冰箱、农机具、平面设计等多个设计领域，并获得了不俗的成果。他为自己的事务所设计的建筑是一件完整的艺术作品。而创作于 1987 年拉赫蒂家具展的“梦幻空间”更使他站在了现代空间设计的领先地位。

1988 年，芬兰总统授予库卡波罗“艺术教授”这一最高艺术称号。作为著名教授，库卡波罗的主要教学活动分别在赫尔辛基艺术设计大学室内与家具系和赫尔辛基理工大学建筑系。此外，他在伦敦皇家艺术学院等 3 所英国大学担任过客座教授，他还时常去瑞典、丹麦、挪威、德国、法国、日本、意大利、西班牙、澳大利亚、美国、中国等国家巡回讲学。由于多年的教学生涯，他对年轻一代设计师的影响是不言而喻的，这也使得芬兰现代设计始终围绕着“以人为本”的设计宗旨。

2. 皮特·奥泊斯威克（Peter Opsvik，1939—）

奥泊斯威克于1939年出生在挪威西南海岸的斯特兰达(Stranda)，他以设计创意坐具和符合人体工程学的座椅而出名，在挪威工业设计史上是有着重要地位的设计师。1959—1963年，奥泊斯威克在柏根艺术设计学校学习，1964年就读于奥斯陆国家艺术设计学校，在此期间，他曾作为收音机设计师为坦贝格（Tandberg）公司工作。1970年，他获得了挪威设计委员会的奖学金，前往德国埃森（Essen），在富克旺根艺术学院（Folkwang University of the Arts）跟随乌尔里希·布兰特（Ulrich Burandt）学习人体工程学。回到挪威后，他以自由家具设计师的身份开设了商店，与瑞典咨询公司Ergonomidesign（成立于1971年）一起在斯堪的那维亚开创了人体工程学设计。此外，他的一家总部位于挪威首都奥斯陆的设计工作室中还有另外6名成员。

1972年，奥泊斯威克两岁大的儿子已经不再适合坐婴儿高脚椅了，但当他坐在普通椅子上时，他的头几乎没有到达桌子的上方。而此时，市面上没有一把儿童座椅可以让他与父母共同就餐。面对这一难题，身为设计师的父亲开始站在孩童的视角来展开创作，他要设计一把可以陪伴孩童一起成长的椅子。在人们坐着的时候，人的脚部是控制身体移动的关键部位，奥泊斯威克以此为出发点，开始思考如何让不同身高的人群都能同处一个平面工作、就餐。于是在1972年，他设计了“特里普·特拉普椅”（Tripp Trapp）（图12-10），通过在两片立板上设置卡槽来调节座板和搁脚板的高度

图12-10

与深度，最终实现座椅的自由调节高度功能。从这个意义上说，它可以被认为是具有包容性的一个设计实例，更重要的是，它可能是人体工程学座椅的一个基准。最初，这把座椅是为两岁以上的孩子设计的，后来又添加了塑料镶嵌物，防止更年幼的儿童从椅子上摔下来（图 12-11）。这把椅子自诞生以来，已广获赞誉，从它说明书上的几十种语言就足以说明这件作品的受欢迎程度。在北欧，一件传承自上一辈人的“特里普·特拉普椅”仿佛可以延续幸福，甚至成了二手市场的抢手货。

图 12-11

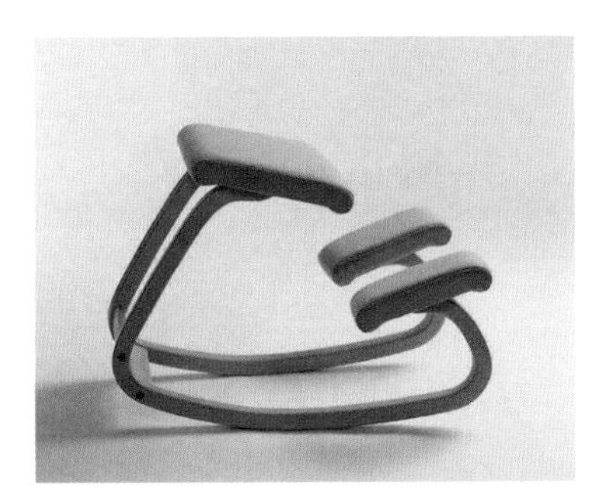

图 12-12

1979—1984 年，奥泊斯威克以“可变坐姿”设计哲学，设计了几款不同的座椅，主要体现在“平衡”(Balans) 系列的椅子上。其中，他于 1979 年设计的“可变平衡椅”（Variable Balans）（图 12-12）也是他首次尝试设计跪姿的座椅。该椅的理念是通过将一部分的重量转移到腿部和膝盖来减少使用者脊椎承受的重量，从而实现一个更加平衡和符合人体工程学的优越的姿势。跪姿其实是让身体重心前倾，弧形底座可前后摇摆，使上身自然竖直，保持平衡（图

12-13），跪姿不仅能锻炼核心肌肉群，减轻腰椎所受的压力，还能放松肩膀和背部，促进血液循环。奥泊斯威克还为“可变平衡椅”配备了摇杆，可以持续保持动态的坐姿。为了暗示产品的动态特性，宣传展示者多为模特或舞者，从而表现良好的身形和动感的姿态（图12-14）。

以“可变平衡椅”为原型，奥泊斯威克设计出了更多衍生产品来满足其他坐姿。如1981年设计的“多用途平衡椅”（Multi Balans），较“可变平衡椅”来说，将两个分开的脚踏板合并成一个，使底座更加稳固（图12-15）。1983年，他设计的“重力平衡椅”（Gravity Balans）极度挑战材料、技术和重力，从图12-16、图12-17中可以看出其平衡的秘密在折线型的支座上。1984年设计的“Duo平衡椅”在第一版原型（图12-18）的基础上，增加了头

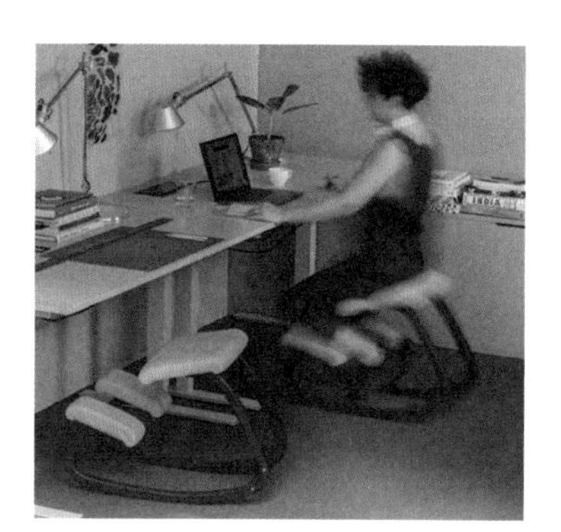
图12-13

图12-14

图12-15

图12-16

图12-17

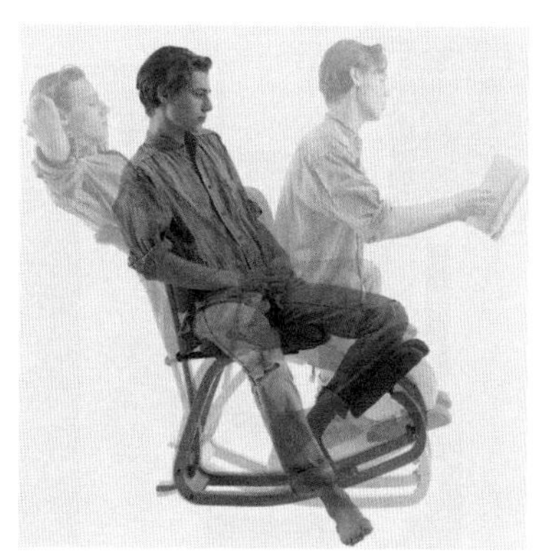
图12-18

枕和向后摇摆的可能性（图 12-19）。

图 12-19

从广义上看，奥泊斯威克感兴趣的并不只有“可变坐姿”，还有是让椅子有更多可能性和使用范围。1984 年他设计的“骑马椅”（Håg Capsico），从骑马者的优雅姿态中获得灵感，创造了可供人随意变换坐姿的椅子，犹如外星来客般的造型和使用方式令人印象深刻。该椅的高度能够上下调节，椅背、椅座可前后倾斜角度，以不同的椅座深度来满足不同的坐姿。“任何相同的坐姿超过 5 ～ 10 分钟，就会变成错误的坐姿”，奥泊斯威克一边演示着身体与“骑马椅”的互动方式，一边解释着（图 12-20）。对他而言，椅子如衣着，无论肉体还是精神，无论直白还是隐喻，变化都意味着肯定，而单调则等同于否定。[1]

图 12-20

[1]《时尚家居》*Trends Home* 杂志，2019 年 10 月刊。

2014 年，他设计的“世界花园椅”（Globe Garden Chair）（图 12-21）是具有较强形式感的坐具。当一个姿势坐累了，人们会很自然地变换坐姿，如盘腿、蹲坐、抱膝、跷腿等，但如果在公共场所，这种姿势的变动会涉及礼仪和形象的问题，所以奥泊斯维克的坐具其实是让人们更体面地变换坐姿形式。

奥泊斯威克认为，就座椅而言，它既不能像衣服一样软而灵活，也不能像建筑那样硬而死板，它是介于两者之间的一种存在。椅子应该为人体的多个部位提供身体的支撑，所以他的设计总是能够绕开时尚的标签，围绕着人体的内在运动而展开。这种朴素而大胆的想法与革新，为挪威设计史添加了浓墨重彩的一笔。

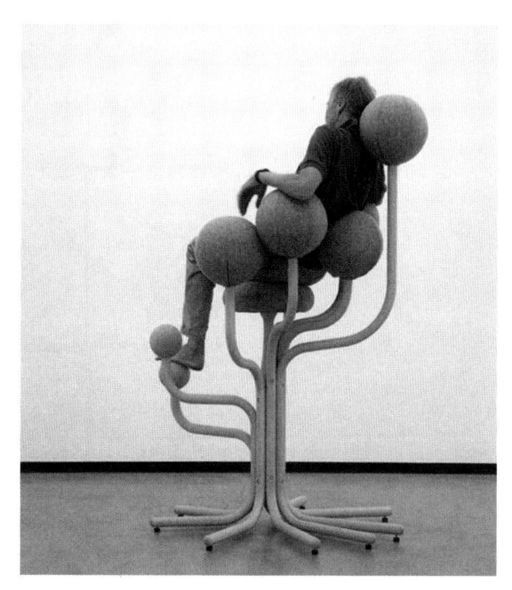

图 12-21

LECTURE 13

Pesce and Starck: Modeling Language of New Materials

第 13 讲

派西与史达克：新材料的造型语言

从传统的实木、金属、石材、竹藤所制成的家具，到胶合板、现代工业化金属、合成材料主导的现代家具，对材料的研发成为设计方法的核心，新材料的造型语言成为现代家具的时尚标签。

布劳耶尔代表着现代钢管家具，阿尔托代表着现代胶合板家具，潘东、鲍林、科伦波和库卡波罗代表着玻璃钢家具，当他们的作品都已成为现代家具的经典之时，新型合成材料再次呼唤新一代家具大师。

出生于意大利的美国设计大师盖塔诺·派西（Gaetano Pesce）毕生以各种新型材料表达其创作激情和造型语言。他 1969 年推出的“UP 系列休闲座椅”使用的材料是最新研制出的聚氨酯纤维泡沫，其特殊的生产方式和自由的产品形态立刻引起轰动。派西用特殊的新材料表达他独特的设计理念，如他随后用液体树脂创作带有弯曲腿足的桌椅；用压膜聚乙尿素纤维泡沫创作“Dalila 椅”；用聚氨酯创作可调节硬度和密度的“Pratt 椅”；用树脂浸泡式毛毡创作出“毛毡椅”（357 Felt /Felt Chair）。派西用新材料的造型语言彰显着自己无尽的想象力。

法国设计大师菲利浦·史达克（Philippe Starck）是当代最引人注目的设计明星，他生于设计之家，少年成名，当他静心思考自己的设计理念和设计方法时，层出不穷的新材料引导着他对经典家具的再思考。史达克全面反思新老材料的功能，且不断推出新设计，他也使用钢管设计新型座椅，却使用塑料绳构成产品的坐面和靠背。他使用铝合金创作 Lord Yo 椅，却使用定型塑料构成产品的优雅外观。他用透明聚碳酸酯创作的“路易斯椅”（Louis Ghost chair），成功展示了其非物质化的设计原则，并成为时尚的象征；他大力提倡复合材料，再生聚丙烯、废弃木纤维、玻璃纤维，由此创作了倡导生态理念的系列座椅。史达克已成为现代消费趣味的引导者和开创者。

1.盖塔诺·派西(Gaetano Pesce，1939—)

派西出生于意大利，1965 年毕业于威尼斯大学建筑系和工业设计系，然而他的艺术和设计生涯早在毕业前就已开展多年。1959—

1967年，作为自由艺术家和独立制片人，他在意大利帕多瓦（Padova）曾尝试过从静态到动态的各种艺术形式，并在此期间与一批专门探索实验艺术观念的前卫艺术家创建了“N小组”，同时他也作为设计师开始从事家具设计工作。1968年，派西移居到威尼斯，为许多公司进行家具与室内设计，其中包括C&B意大利公司、卡西纳公司、贝尼尼（Bernini）公司、威尼尼（Venini）和布拉西奥·迪·费罗（Braccio Di Ferro）公司。

派西的家具设计始终充满着高昂的创作激情。1969年，他推出的自己的成名作就是被称为UP的休闲坐具系列，该系列坐具使用当时最新研制出的聚乙烷纤维泡沫材料制成，由于其特殊的生产方式和自由的产品形态，一经推出就引起了轰动。这个想法源于浴室的海绵被拧干后逐渐恢复形状，于是他将这一原则应用到家具设计中。家具成品制成后，将其压缩装入真空PVC包装盒中，顾客打开之后可以看到它们慢慢膨胀起来，犹如突然闯入使用者的生活中。其中，“UP5_6躺椅”是这个系列中最著名的作品（图13-1），它惊人地表达了这种新材料的使用潜力。椅子与一个软垫球系在一起，代表把女人和她的孩子绑在一条绳子上。派西评论说，这种高度性别化的图像源于他的信念，即性是一切进步的推动力。他称这种家具为“转换家具”，将购买一把椅子的行为转化为一个有趣的事件。“UP5_6躺椅”于2000年重新发行，它使用贝菲特（Bayfit）公司生产的一种冷形聚氨酯泡沫，不再使用真空包装，至今仍是C&B意大利公司生产的一部分。UP休闲坐具系列的最后一件产品是“UP7/II Piede”，共包括7个座椅元素。图13-2所示的造型灵感来自人的脚，当它被放大到正常尺寸的6倍时，就变成了一个既像雕塑又像座椅的物体。“UP7/II Piede”是典型的去文化和纪念碑化的波普艺术策略，自从20世纪60年代以来被应用于家具设计中。新开发的塑料和发泡技术使这些设计有了实现的可能，而C&B意大利公司是将这些生产方法用于大规模实践的开拓者。“UP7/II Piede”是通过将反应性的聚氨酯原料倒入模具，在模具中使其膨胀成泡沫而制成的，然后将物体涂上染色的聚氨酯弹性体，从而得到类似皮革的饰面。

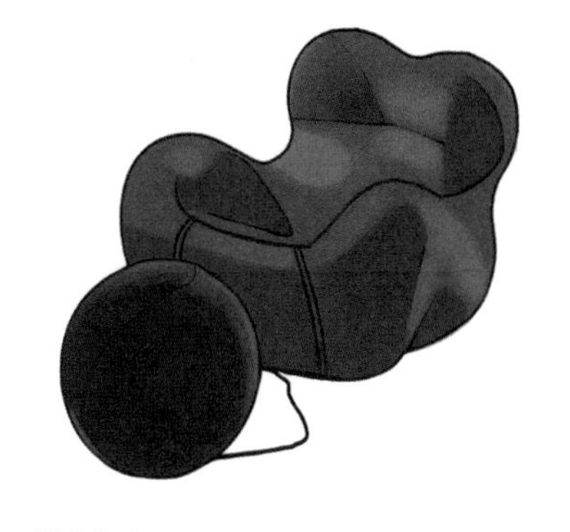

图13-1

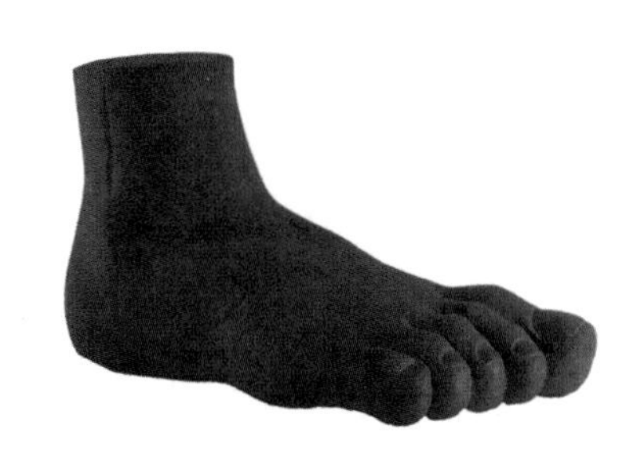

图13-2

图 13-3

1972 年，在纽约现代艺术博物馆举办的“意大利：新家居景观”展览会上，派西的作品显得别具一格。他用一系列影射现代放射污染的“考古资料”设计出一组奇特装置，这也是他以后多年努力发展的设计新理论的前奏。他认为建筑和设计应该成为“现实的代表”和“时代的文献”，因此对表现形式的探索引导他在以后的项目中尝试表演式的设计。1972 年，他设计的这把椅子（图 13-3）是“墓地”（Golgotha）系列的一部分，这是围绕《圣经》主题展开的一次表演式的设计尝试，例如，《基督受难记》《最后的晚餐》和《圣衣》，派西用棺材式的桌子和圣衣式的椅子紧扣主题。这把椅子有两种尺寸，一种是高靠背，一种是低靠背，座椅由玻璃纤维织物制成，填充聚酯纤维，外层喷覆环氧树脂，放置在 45 厘米高的立方体上，靠背挂在两个挂钩上。在树脂完全变硬之前，让人在上面坐几分钟来塑造它的形状。该系列的桌子（图 13-4）令人想起古老的墙壁碎片，派西将黑色泡沫玻璃砖安装在朝上的顶部，并用红色聚酯树脂手动固定，使其像血液一样滴下来。在这些产品的宣传广告中，演员同样身穿《圣经》主题的服装进行展示，给人带来奇妙、惊喜的感觉。这种新观念在他 1975 年在卡西纳公司设计的 Sit Down 系列坐具（图 13-5、图 13-6）中又一次被成功运用，该系列中的每一件单体设计都彼此类似，但因制作过程中使用材料的变化和手工制作部分的微小差异，从而形成各自不同的产品效果。

图 13-5

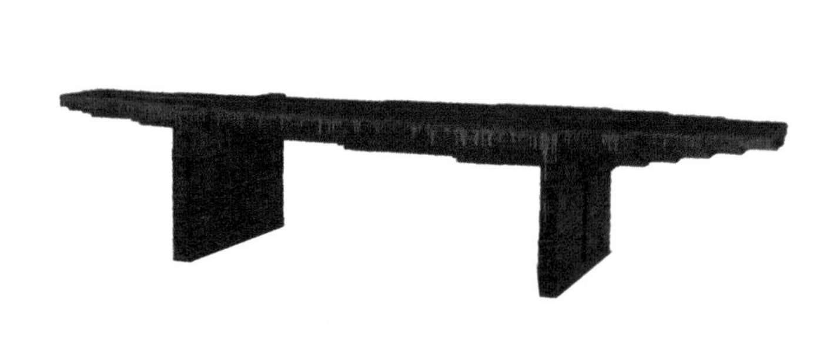

图 13-4

图 13-6

1979 年，他设计的“Sansons 桌子”（图 13-7）的灵感同样来源于《圣经》故事，故事中看似不可战胜的参孙（Samson）被达利拉（Delilah）出卖，并被非利士人奴役，参孙为了报仇，打破了非利士神殿的柱子。派西把这个故事变成了一件有弯曲桌腿的家具，就像神庙的柱子，在不规则桌面的重压下摇摇欲坠。桌子是用液体树脂制作的，在不同的容器中着色，然后倒入有上缘的模具中，桌面顶部的配色和形状是偶然形成的，这也意味着每张桌子都是独一无二的。

20 世纪 80 年代，派西来到纽约工作，他对新材料、新技术的热情有增无减，这在他的设计中完全体现了出来。如 1980 年的“Dalila 椅”就是用一次性压模聚乙尿素纤维泡沫制成的，其柔软的造型是对女性身体的一种暗示。此时，用单一的合成材料制作家具的做法已大获成功，同一年，派西还设计了另一件“后现代主义”代表作——“纽约景观”沙发作品（图 13-8），它代表了纽约城市景观的缩影。该沙发的靠背是一个大的红色半圆形，使整个作品看起来就像太阳正在地平线后面下落。派西认为，当设计传达出的不仅是实用属性，而含有宗教、政治和哲学层面的意义时，艺术和设计之间将没有区别。当这种情况发生时，设计就是艺术，它替代了传统艺术品，可以与大众交流。

图 13-7

图 13-8

1982年，派西绘制了一把椅子的设计图，用聚氨酯制作了一个原型，现藏于得克萨斯州休斯顿美术馆。一年后，他到纽约布鲁克林的普拉特研究所任教，在这里根据前述的原型复制了“Pratt 椅”（图 13-9）。派西在同一个模具中反复浇铸聚乙烷和染料，制作了 9 把不同硬度和密度的椅子。这一做法使得该系列的每把座椅都有不同的结构强度，如 1 号椅就像果冻一样无法支撑自身的重量，2 号椅更加死板且功能也差，3 号椅可以承受一个孩子的重量，4 号椅在人有轻微动作时会产生抖动，5 号椅虽然稳定但是易变形……这种大胆的做法一直延续到坚固的 9 号椅，但是它太硬了，坐在上面并不舒服。“Pratt 椅”的概念显示了派西探索不同质量、不同材料所产生的功能和意义的过程，也集中体现了他对艺术与生产制作过程之间关系的关注程度。

“格林街椅”（Greene Street Chair）（图 13-10）是以派西在纽约的第一个住址命名的，设计于 1984 年。它有 8 条椅腿和镂空的靠背，靠背上镂空的部位像是眼睛和嘴巴，看起来好像长着吸盘形脚的外星人。派西经常设计多条腿的椅子，“格林街椅”就是其中的一种，它有两个版本，另一版本的椅子是带有扶手的。派西对不同材料和形式的试验使他成为年轻一代设计师的先驱和楷模。

图 13-9

图 13-10

1986年，派西在香港红棉路散步时看到一些毛毡，于是萌生了制作毛毡椅（Feltri Chair）的想法。“357号毛毡椅”（图13-11）是他对新材料的进一步发展和运用，他将这种材料转变成一件功能惊人的家具。该椅的基本结构是用树脂浸泡过的毛毡面料作为支撑材料，从而产生“自承式”家具构造的面貌。软垫坐面和靠背是手工缝制在框架内部的，靠背上部的形状像衣领一样可以上下调整，它可以像衣服一样闭合，为使用者提供了庇护和隐私空间。圆润的外形、精致的材料和柔软的织物都是派西设计时考虑到的因素，1987年，卡西纳公司生产了高低两个版本。派西的设计思想也同样体现在他的灯具设计中，他设计的机场灯具也使用着色的聚酯纤维作为构造材料，从而使这种灯具在制作和操作中可以产生无穷尽的变化形态。

图 13-11

派西20世纪90年代的设计主题在延续以往的构思时，又增加了些许幽默感。这段时间派西的创作力仍然旺盛，频频推出令人惊喜的新设计。1992—1995年，他设计制作的“雨伞系列”折叠椅是其重要的作品之一。由于折叠家具对强度要求极高，因此结构部分的材料仍使用金属，其他部分则用聚乙尿素纤维制成。这种由拐杖而产生构思的便携椅本身就非常吸引人，它简洁轻便的属性深受市场欢迎。1993年推出的“百老汇系列椅”是派西新设计作品之一，由于使用透明的环氧树脂作为坐面和靠背材料，整体上给人带来轻巧剔透的感觉，同时，足端的弹簧配置使这种新型座椅带有沙发和摇椅的功用。

派西在进行设计实践的同时，也在斯拉伯格建筑城市规划学院和纽约库伯建筑与艺术学院担任教授，为设计教学做出了一定的贡献。派西在整个设计生涯中，始终如一地以高度创新的反传统设计作品来对抗现代设计运动的标准化和统一设计的观念。对设计师来说，观念似乎比其他因素更重要，他认为建筑和设计是一种多功能的活动，设计师应该不受限制地自由表达出自己的观念。

2. 菲利浦·史达克（Philippe Starck，1949—）

史达克 1949 年出生在巴黎南部的一个小镇上，父亲是一位飞机工程师。史达克的童年是在父亲的绘图板旁度过的，他研究家里的圆规、尺子，这些工具都对他以后的建筑设计和家具设计产生了影响。史达克的设计天赋很早就显现了出来，16 岁时，他就赢得了拉维莱特（La Vilette）家具设计竞赛的第一名，3 年后受两家公司委托设计可膨胀式家具，同年建立了自己的公司生产这种家具。他毕业于巴黎工业设计暨环境建筑设计学院（École Nissim de Camondo），1969 年，刚满 20 岁的史达克被任命为皮尔·卡丹（Pierre Cardin）服装公司的艺术总监。

进入 20 世纪 70 年代，史达克开始了自己的设计事业，他设计了许多轻便折叠桌和成套的家具，同时完成了一系列室内设计项目，如 1978 年的巴黎 Les Bains Douches 酒吧的室内、1977 年的休闲椅和 1978 年的“冯·沃格桑博士沙发”（Sofa Mr Von Vogelsang）。20 世纪 70 年代末，史达克周游世界后回到巴黎，于 1980 年建立了名为“史达克产品”的设计制作与销售公司，主要生产销售他早期的家具设计作品。1982 年，他与另外 4 位设计师共同完成法国总统的私人住宅——爱丽舍宫的室内改建工程，这不仅提升了史达克作为室内设计师的名气，也为他带来了许多机会。

图 13-12

在史达克的大量设计中，最引人注目的是他的家具设计。其中，“吉姆·亨特座椅”（Jim Hunter Chair）（图 13-12）是为 1984—1994 年位于巴黎伯尔街和圣丹尼斯街拐角处的小酒馆（Cafe Costes）定制设计的户外座位。该椅采用了极简主义的钢管结构，有 3 个引人注意的部分，一个是靠背，另两个是连接侧面的元素，

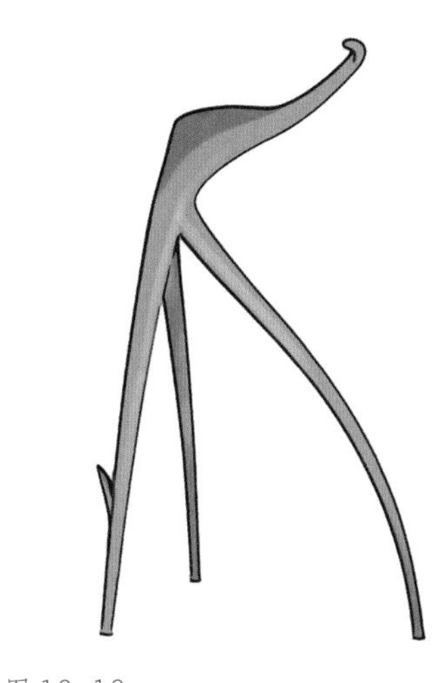

图 13-13

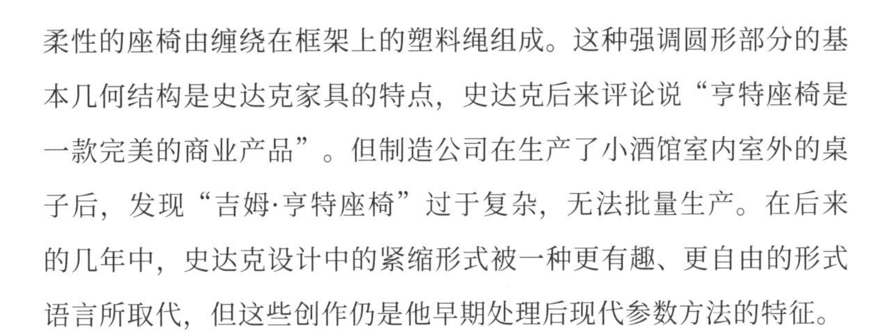

柔性的座椅由缠绕在框架上的塑料绳组成。这种强调圆形部分的基本几何结构是史达克家具的特点，史达克后来评论说“亨特座椅是一款完美的商业产品”。但制造公司在生产了小酒馆室内室外的桌子后，发现“吉姆·亨特座椅”过于复杂，无法批量生产。在后来的几年中，史达克设计中的紧缩形式被一种更有趣、更自由的形式语言所取代，但这些创作仍是他早期处理后现代参数方法的特征。

1988 年，他为电影导演威姆·温德斯（Wim Wenders）设计了一个独特的办公室内部空间。在这个工作空间中有 4 件家具，分别是一个橱柜、一个带有分段和可移动表面的办公桌、一张沙发和一个灵感来自植物的三脚站立凳——“W.W. 凳”（W.W.Stool）（图 13-13）。由于这种凳子的形式并不稳定，因此使用者需要始终保持良好、清醒的状态，来确保其不会倾倒，它也给工作空间带来惊喜和魔力。它以威姆·温德斯的名字缩写命名，一直生产到 2009 年。20 世纪 80 年代以后，史达克成为最著名的新生代设计巨星，完成了数量众多、质量惊人的室内设计项目，如 1988 年完成的纽约皇家饭店的豪华室内工程和 1990 年完成的纽约巨人饭店室内工程。史达克在这些设计中大量使用他自己设计的产品。此外，在家具、灯具、扶手、花瓶等生活物件上也获得了巨大成功。如 1988 年为弗洛斯（Flos）照明公司设计的“阿拉台灯”（Ara Table Lamp）、1990—1991 年为阿莱西公司设计的“索利夫柠檬压榨机”(Juicy Salif Lemon Squeezer)、“Max Le Chinois 滤锅”和“Hot Bertaa 咖啡壶”。

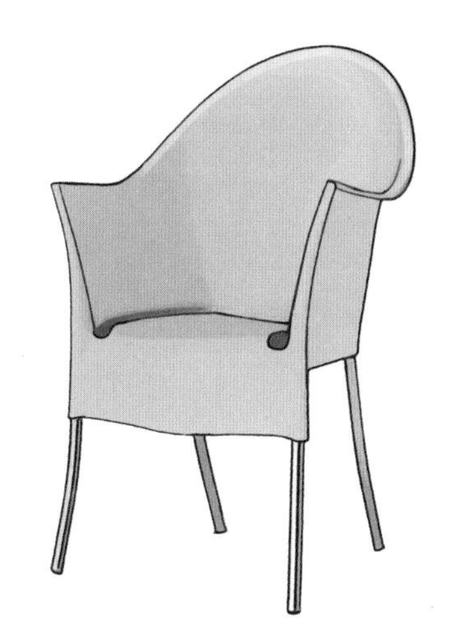

图 13-14

他 1992 年设计的“Lord Yo 椅”（图 13-14）和 1996 年设计的“旅行小姐折叠椅”等，表达了他对探索潜意识和形状概念的兴趣。“Lord Yo 椅”由一个塑料座椅壳和一个铝制结构组成，铝制结构被座椅表面隐藏，铝制腿固定在其中。它同样适用于户外，让人联想到 20 世纪 30 年代柳条花园家具这种熟悉的形式。半个世纪后，最先进的塑料加工技术，使整件家具的外形具有复杂的曲线和优雅的渐变。

20 世纪 90 年代，史达克主要从事电器和交通工具的设计，试图

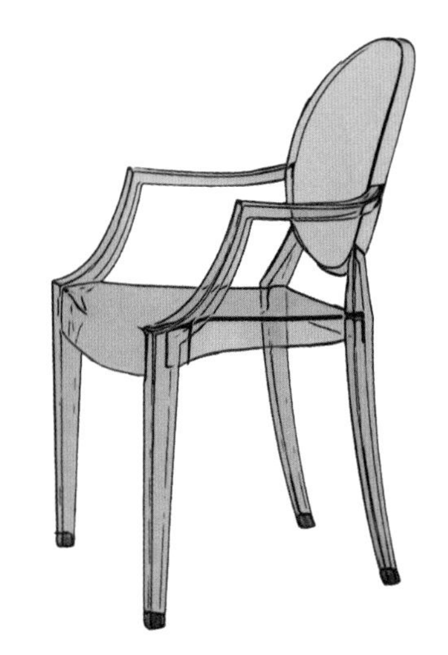

图 13-15

让现代技术更加人性化，如 1994 年为 Soba 公司设计的“Jim Nature 电视”，极富创意地用纸板取代了塑料的壳体。又如 1995 年为艾普瑞利亚（Aprilia）公司设计的摩托车和儿童踏板车，显示出与众不同的构思。史达克认为，经久耐用的产品成为当今设计的中心话题，现代设计师的作用就是用最少的材料创造出最多的快乐，因此，他也希望自己能在新世纪创造出更多为大众服务的产品。

史达克的设计作品从来不是为精英设计的，而是让社会上更多的人能够使用，且负担得起它们的价格。2000 年他设计的“路易斯椅”（图 13-15）就是很好的例子，这把透明的扶手椅直到今天在世界各地已经售出 200 多万把，可能是 21 世纪以来最成功的家具设计。与其相似的“拉玛丽可堆叠椅”（The stackable chair La Marie）（图 13-16）设计于 1996 年，1999 年投入生产。作为第一把由透明聚碳酸酯模制成的一体椅子，这种模式对设计师和制造商来说都是一个开创性的事业。这两把椅子都体现了史达克的非物质化原则，即从目的开始解释产品，而不是从形式美观出发。

图 13-16

史达克 2010 年设计的“扫帚椅”（Broom Chair）（图 13-17）使用了一种新的复合材料，这种材料既坚固又具延展性，与现有的材料相比，在生产周期中有使用能源低、产生废物少的优势。该复合材料由 75% 的再生聚丙烯、15% 的废弃木材纤维和 10% 的玻璃纤维组成。对于埃米科（Emeco）公司来说，“扫帚椅”代表了制造业在使用回收材料的生产过程中向前迈进了一步。

长久以来，史达克都倡导对环境的尊重，对人性的关怀。他认为，作品中充分体现人类本性的设计，才是对自然、生态的关爱，将这些概念融合在作品中，既改变了物品的原有形象，也美化了人们的生活。他在挖掘人们的真实需求时，已不再是消费者趣味与消费潮流的追随者，而是更加积极地成为消费趣味的引导者和开创者。

图 13-17

LECTURE 14

From Arad to Newson: Sculpture and Furniture

第 14 讲

从阿拉德到纽森：雕塑与家具

将雕塑的元素注入家具是古今中外家具文化的共性。从古埃及家具中的动物形象物件，到古希腊、古罗马家具中的石雕元素和金属铸件，从中国传统家具中的圆雕形态构件，到非洲黑人家具中的人物木雕座椅，雕塑与家具从来都有着无法分割的关系。对现代家具设计大师而言，雕塑化思考同样随处可见。从里特维德的“红蓝椅”到阿尔托的“帕米奥椅”，从小沙里宁的“郁金香椅”到潘东的“潘东椅”，从库卡波罗的“卡路赛利椅”再到路昂·阿拉德（Ron Arad）和马克·纽森（Marc Newson）的家具，雕塑与家具最终进入水乳交融的统一状态。

英国当代设计大师阿拉德以金属雕塑形态开创了新一代雕塑式家具风尚。他受普鲁威影响，以各类金属为主体创意材料，再以其艺术世家的背景，将家具设计发展为艺术创造。阿拉德以“现成品”艺术观念起步，创作由汽车座位和弯曲钢管组合而成的休闲躺椅。再以可折叠钢板和蝶形螺母制成支撑框架，创作了限量版系列钢化椅。随后，他将材料的界限扩展至胶合板，创作了用胶合板和金属支架组合而成的“Schizzo 椅”。最后，将钢板、电焊技艺和色彩组合融为一体，创作了几乎随心所欲的现代金属艺术家具。

澳大利亚设计新锐纽森自幼学习珠宝与雕塑，他的家具设计走向雕塑化气质完全是一种必然。纽森层出不穷的设计创意吸引着世界各地厂商的注意，他由此得以精通当今家具界最时尚的科技与材料。纽森以玻璃纤维为主体创作了著名的“毡椅”，用铝板和聚氨酯泡沫精心组合，创作了以金属漆迷幻色彩为特色的滚动感十足的躺椅，再用聚酯、棉和天然木材潜心刻画，创作了充满乐观和幽默气息的胚胎椅。纽森的创意、想象在科技、材料和工艺领域中自由翱翔，发展出雕塑艺术引领设计手法的“柔和极简主义”。

1. 路昂·阿拉德（Ron Arad, 1951—）

英国新生代设计师路昂·阿拉德于 1951 年出生于以色列的特拉维夫，他的父母都是艺术家。1973 年，他完成在耶路撒冷艺术设计学院的学业后来到伦敦，就读于伦敦建筑联盟学院，当时在这里学习的还有英国建筑师彼得·库克（Peter Cook）、瑞士建筑大师伯纳德·屈米（Bernard Tschumi）和扎哈·哈迪德（Zaha Hadid）等人。1981 年，阿拉德和卡罗琳·索曼（Caroline Thorman）共同创办了设计工作室和名为 One Off 的展示厅，定期展示他自己和先锋派青年设计师的设计作品。阿拉德一直坚持以不锈钢、铝和聚酰胺作为主要材料，并形成了自己独特的风格，被当时的设计界和建筑界很多著名设计师学习。阿拉德对建筑形式和家具结构进行重新构思，这也使得他成为现代设计的先驱者。

阿拉德的家具设计深受法国设计大师简·普鲁威的影响。1981 年，他设计的“路虎座椅”（Rover Chair）（图 14-1）能让人明显感受到受到了普鲁威于 1924 年设计的一件可调节式椅的影响。阿拉德看到废弃的路虎汽车时，萌生了回收车座并将其制成家具的想法。在“路虎座椅”中，他直接使用汽车驾驶座和弯曲的钢管作为主体构件，将其设计成休闲躺椅。第一批样品成功售出后，几家供应商开始在英国各地的废旧车场寻找原材料，阿拉德工作室附近的一家汽车车间为他翻新座椅。汽车前排的座椅改装成单人椅，后排的座椅则改装成双人沙发（图 14-2）。第一个座椅采用了较少见的红色皮革，后来大多数的座椅都是黑色的，配有可调节的头枕，该系列座椅是英国 20 世纪 80 年代前卫设计的明显体现。

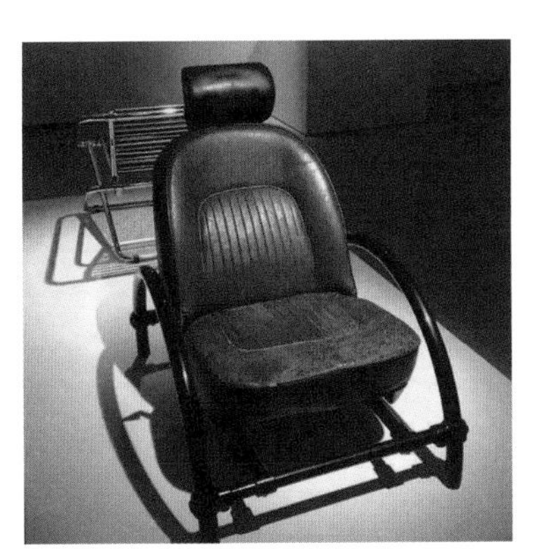

图 14-1

图 14-2

图 14-3

阿拉德 1986 年设计的“钢化椅”（Well Tempered Chair）（图 14-3），预示着他早期家具设计的转变。对于“钢化椅”，他利用了钢板的轻巧性，并使用最少的材料来呼应过度填充的椅子，以极高的经济效益实现该设计。它没有框架，将钢板折叠并用蝶形螺母固定，从而提高支撑的力度。初始版本是使用 4 块回火钢板模切而成的，每个扶手和脚都是一体的，但是双重弯曲使它易于破裂。因此，后来由维特拉公司制作的 4 片式版本在 1990 年之前生产了 50 件，而座椅下方的第 5 块弯曲钢板确保了更高的稳定性，从而制作了 100 件这种 5 片式版本。修改后的版本看起来简单，但它需要注意细节，回火钢通过加热然后冷却，这是一个排列钢分子以获取记忆的过程，无论弯曲多少它都会恢复到平板上的原始状态。“钢化椅”是阿拉德第一个基于加温钢的设计作品，这让他看到了这种材料的潜力。

1987 年，阿拉德设计了著名的“Schizzo 椅”，这个被俗称为“二合一”的新鲜设计由两个视觉上分开但实际上又为一个整体的胶合板构件组成，两组构件不论分开或合并，都有明确的使用功能。阿拉德对胶合板的使用蕴含着诗意般的象征意义，胶合板与金属支架之间的套联关系，总在隐喻着作品与使用者之间的关系。

20 世纪 80 年代后期，阿拉德主要专注于用钢创造雕塑物体，如 1988 年他打造的“修补椅”（Tinker Chair）（图 14-4），在一块金属板上喷涂出座椅每个部件的大概轮廓，然后将它们切割下来，通过打磨和焊接为椅子创建一个基本的框架，接下来通过捶打进行塑形，然后用颜料涂抹，尽量呈现出喷溅的色彩效果。它的制作工艺和手法，意味着没有两件一模一样的产品，因此，这把椅子也被称为限量版。据阿拉德介绍，随着车间加工技术越来越熟练，6 把“修补椅”中的最后一把没有了原始的粗糙感，变得更加光滑。

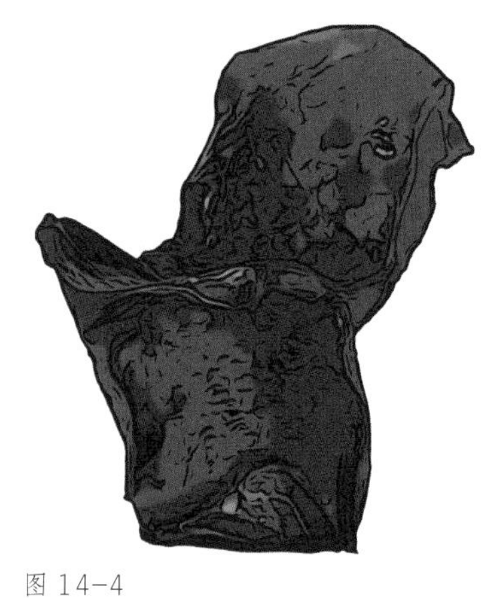

图 14-4

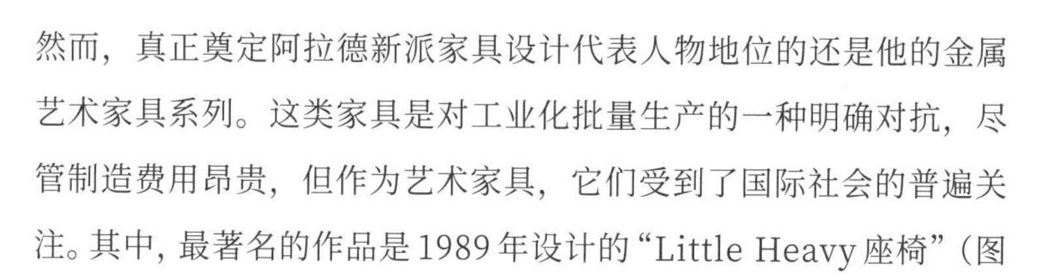

然而，真正奠定阿拉德新派家具设计代表人物地位的还是他的金属艺术家具系列。这类家具是对工业化批量生产的一种明确对抗，尽管制造费用昂贵，但作为艺术家具，它们受到了国际社会的普遍关注。其中，最著名的作品是 1989 年设计的“Little Heavy 座椅”（图

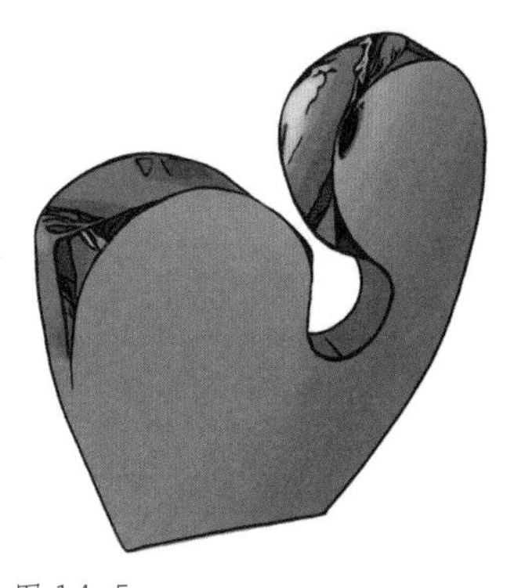

图 14-5

14-5），阿拉德在最初设计草图的基础上，实现了更具挑战性的形式。该椅用抛光的不锈钢或镀铜的低碳钢制成，尽管看起来像重金属物品，但它是空心的，且重量轻。此外，还有一把躺椅是大且重（Big Heavy）的版本（图 14-6）。这两种设计的制作过程都与“修补椅”相似，大且重版本的外形比“修补椅”更加精致，它证明了人们在这种新技术中获得了切割、焊接和捶打的技术经验。“Little Heavy 座椅”织物覆盖的泡沫软垫版本是意大利莫罗索（Moroso）家具公司 1991 年春季系列的一部分。2001 年，位于荷兰马斯特里赫特（Maastricht）的穆尔画廊（Mourmans）制作了一种由碳纤维制成的超轻版本，限量发售 20 把。

图 14-6

1992 年，阿拉德的这种艺术家具创作达到了顶峰，此时这些家具设计实际上已经成为彻底的抽象雕塑作品了。除家具设计外，他也设计了许多重要的室内摆件，如“Bookworm 弯曲书架系列”（图 14-7），和阿拉德的许多设计一样，该系列书架也有多种形式。最早的版本始于 1992 年，是安装在他伦敦家中的壁挂，该设计可以说是“钢化椅”的后代。书架上摆放的图书由附着在弯曲回火钢板上的各种尺寸的镀铬钢块支撑。该设计依赖于弯曲的回火钢板，它的自然形态为施加在其上的负载提供了支撑力量。“Bookworm 弯曲书架系列”开发了不同尺寸的书架和带有薄钢书挡的迷你书架，此外还有两个独立的版本。1994 年，阿拉德为卡尔特公司开发了一种适合大规模生产的版本，用注塑成型的 PVC 代替金属（图 14-8）。这种低成本的版本由半透明或染色塑料制成，有 3 种不同的长度。

图 14-7

图 14-8

图 14-9

“汤姆·瓦克椅”（Tom Vac Chair）（图 14-9）是阿拉德受《多姆斯》杂志委托，在 1997 年米兰家具博览会上设计安装的可堆叠椅子。最初，他想用铝材做一个脊背，但由于缺乏必要的工具，因此他开始做了一系列数字图像，随后完成了一个全尺寸的玻璃纤维椅子模型。阿拉德把这个模型带到一家专门从事建筑铝皮行业的公司，他们分析了玻璃纤维的轮廓，并使用铝材进行生产。该公司还创造了一种工具，只需要 20 分钟就能生产一个座椅的铝制外壳。除了米兰展览的 100 把椅子外，工作室还额外限量生产了 100 把。1998 年，维特拉公司开始制造工业版的“汤姆·瓦克椅”，该版本的座椅采用注塑聚丙烯制成。

1999—2006 年，阿拉德任伦敦皇家艺术学院产品设计系教授。目前，仍定期在世界各地的大学和设计学校授课。阿拉德将焊接、捶打钢铁和用粗糙材料铸造具有戏剧性外形的这种个人风格融入产品设计领域，他的造型语言娴熟、大方、干练，将家具、建筑与艺术完美地融为一体。

2. 马克· 纽森 (Marc Newson, 1963—)

纽森是当代最具影响力的产品设计师之一，被美国《时代》周刊称为“为世界制造曲线的人”。如今，他大部分时间游走于伦敦、巴黎和东京之间。出生在澳大利亚的纽森，1982 年考上了悉尼艺术学院学习珠宝设计和雕塑。对于纽森所选的专业，他的家人一点都不感到意外，因为幼年时，他经常在外祖父的车房工厂里摆弄各种工具，制作稀奇古怪的东西。学生时期，他疯狂迷恋上了椅子，从此在工业设计的世界里徜徉。

图 14-10

1985—1986 年，纽森开始从事“洛克希德躺椅”（Lockheed Lounge）（图 14-10）的设计工作，他将 20 世纪 80 年代的马车座椅加以改造，创造了流动金属形式的概念。澳大利亚的家具制造商都是小规模的企业，这意味着设计师通常会作为设计者兼制造者，生产出自己的家具。考虑到这些因素，他选择了一种完全依赖于手工工艺，但又可以进行复杂的材料实验的生产方法，并借鉴了当地冲浪板成型的经验。纽森首先在不使用模板的情况下，用一块聚氨酯泡沫雕刻出了躺椅的内芯。然后，像制作冲浪板一样，他用玻璃纤维增强的聚酯树脂对其进行涂覆。经过多次失败的尝试，最后用一块层压薄铝板，通过捶打和铆接得到了铝制外壳。整个躺椅以手工打造的再生银色金属漆与弧形线条为主，呈现出具有迷幻色彩的流动感。“洛克希德躺椅”因此一举成名，它的成功还预示了一种新趋势，这种新趋势在 2000 年初期被称为收藏设计或设计艺术。该躺椅屡屡打破纪录，并获得日本企业家黑崎照（Teruso Kurosaki）的赏识，希望将他的设计投入生产。

1987 年，纽森前往东京，在黑崎照的公司工作，从此开始他的设计生涯。在东京期间，纽森崇尚聚酯、棉和木材等天然材质，迷恋不间断的圆弧线条。1988 年，他为日本爱迪（Idee）家饰品牌设计了“胚胎椅”（Embryo Chair）（图 14-11）。该椅是模仿子宫内胎儿形状而创作的，它最大的特点是将雕塑般的造型和柔软的材质有机地结合了起来。该椅除了在视觉上暗示胚胎形态外，也为他后来的作品提供了视觉语言。正如设计师所说，他一直在潜意识中发展了一种风格，并通过这件作品为这种风格定义。“胚胎椅”引用了冲浪和空间文化，带来了乐观与幽默，表达了一种工业设计风格。这把椅子显示了他对物体内外相互作用的迷恋，它由金属框架、工业橡胶软垫和聚氨酯泡沫组成，是纽森迄今为止最先进的产品。此外，“胚胎椅”还吸引了澳大利亚、日本、意大利等国家制造厂商的注意，有效地开启了纽森的国际视野。

图 14-11

应新南威尔士工艺协会的邀请，纽森在 1988 年为巡回展览设计了木制座椅（图 14-12），在此之前他几乎没有使用木材的经验。然而纽森借鉴造船技术，提议将实木条借助蒸汽弯成简单抽象的双曲线或 α 形状。然而，这种方法产生的问题是这些木条要么在蒸制过程中破裂，要么从模具中取出后无法保持形状。但纽森的坚持，让他找到澳大利亚塔斯马尼亚州（Tasmania）的生产商詹姆斯·布拉德利（James Bradley），后者用当地的松木解决了生产问题。在生产的过程中，布拉德利改变了靠背的斜度，将澳大利亚松木换成了山毛榉。1992 年，意大利卡佩利尼公司接手了木制座椅的生产。

图 14-12

1989 年，纽森为卡佩利尼公司设计的“玻璃纤维毡椅”（Fibreglass Felt Chair）（图 14-13），以大面积的弧形线条表达视觉的无限延伸，并加入原木和棉布材质，表达出设计者对阳光与自然的热爱。

纽森设计的“玻璃纤维毡椅”和“胚胎椅”被设计界誉为世界十大值得收藏的椅子之一，而“玻璃纤维毡椅”坐面的曲线恰好能够让一人悠闲地靠坐在里面，更加凸显了柔软的线条。这两把椅子也确立了他“柔和极简主义”的设计风格。

从 20 世纪 90 年代开始，纽森的另一个创作重点是未来想象和科技造型。1991 年，他前往巴黎定居并建立了工作室，获得欧洲享有盛名的弗洛斯照明公司和莫罗索家具公司的青睐，成为两家公司的设计师。纽森强调鲜艳的色彩和富有想象力的造型，他从日常生活中随处可见的物品出发，开罐器造型的电视椅、尼姆罗德扶手椅（Nimrod Arm Chair）、蜂巢灵感的“耶洛桌”（Gello Table）和限量版的“活动视界桌”（Event Horizon Table）（图 14-14），都以鲜艳的色彩和流动的线条著称，充满纽森的个人风格。其中，1992 年设计的“活动视界桌”，由 1.6 毫米厚的铝材制成，重量极轻。桌面的两端都是敞开的，展示了内部明亮的色彩和集成支腿的流动性，桌子末端的铝质边缘向内滚动用来加固，而沿着桌

图 14-13

图 14-14

子的凹槽可防止表面弯曲。纽森在1994年米兰家具博览会上展示了这张桌子，这件作品沿袭了传统工艺和主流制造之外的思想精髓。

纽森在设计中特别沉迷于科技、材料和工序，他可以把铝片制作成只有1.2毫米的厚度，只为设计出椅子弯曲的弧度。他也曾将一块差不多100吨的大理石弄弯，制作出大理石椅子和书架（图14-15、图14-16）。纽森说："我喜欢设计椅子，但又不想满地都是椅子，没有人相信大理石是可以弯曲的，但我可以寻找到的一个纯净的方法来表达自己。"于是，他基于这种思路设计出许多有趣的室内空间，使椅子变成一个个结构，成为一尊尊雕塑。

纽森喜欢滑雪、开直升机，常常在放松的心情和环境中迸发灵感。他设计的产品领域异常宽泛，小到肥皂盒、碗碟、手表、鞋子、桌椅等家居用品，大到汽车、游艇、飞机甚至是太空飞船，如今他的名字已被各行业所熟知。至今，纽森已多次获得美国芝加哥科技协会最佳设计奖、英国ELLE家具设计奖、英国维多利亚与阿尔伯特博物馆经典设计奖、日本JIDPO最佳设计奖等各类设计奖项。纽森在多年设计生涯中，坚持不懈地钻研新的设计方向，他本人也表示"未来要多尝试不同材质，寻找多种可能，在更多的领域中开发新产品"。

图 14-15

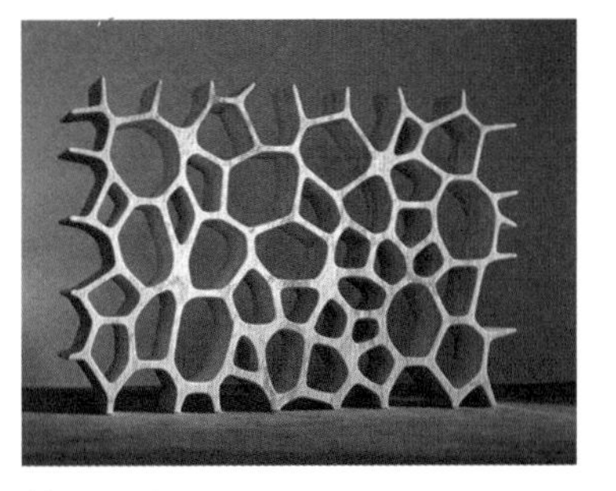

图 14-16

LECTURE 15

From Morrison to Grcic: Achieving the True Meaning of Design in the New Era

第 15 讲

从莫里松到格里西克：追寻新时代的设计真谛

现代家具发展到今天，新老大师们已创造出成千上万的经典之作，而每年甚至每天，依然有成千上万的当代设计师在创作，那么，如何追寻新时代的家具设计真谛？

英国当代设计大师加斯帕·莫里松（Jasper Morrison）对此进行着深刻的思考。莫里松曾在英国和欧洲大陆多所大学深造，受教于包括库卡波罗在内的欧洲当代多位经典设计大师，对设计哲学和设计方法有系统而深入的探索。他以“思想者椅子”（Thinking Man’s Chair）向经典的“瓦西里椅”致敬，同时悉心体会钢管、钢片与现代主义精神的关系。他随后开始思考座椅设计的本质内涵，以极简主义手法反击流行中的后现代装饰手法。他的极简主义桌椅及室内空间洗尽铅华，力图以最本质性的物件形态展示家具的设计真谛。他对现代沙发的深度思考同样充满理性，用气体注塑新技术，展示新时代沙发的纯净之美，以人体工程学的原理刻画出现代沙发的洗练形态。

莫里松的设计事业遍及全球，尤其是与芬兰企业的合作，让他更加注重现代家具的本质内涵——人体工程学、生态设计、材料研发、工艺细节和经济性。他在提倡新时代的“简洁主义”。

德国当代设计新锐康士坦丁·格里西克（Konstantin Grcic）以“Chair_One 椅”一夜成名，彰显了其对现代家具设计真谛的执着探索。他早年师从莫里松，由此专注于家具设计的本质元素。他以“Chair_One”椅凳系列开展长期而耐心的研发，展示其对现代家具从构思到产品全过程的系统思考。多边组合式的几何视觉语言，铝合金和轻质混凝土的材料构成，室内室外景观的综合考虑，电脑与 3D 辅助的设计与制作过程，其全过程就是当代最时尚家具设计的行为范例。格里西克随后将目光转向更多新的合成材料，并与欧洲、美国、日本诸多家具企业展开持久合作，创作了一系列令人耳目一新的现代时尚家具。

1. 加斯帕·莫里松（Jasper Morrison, 1959—）

1959 年出生于伦敦的莫里松是英国新生代设计先锋。1979—1985 年，这位青年才俊先后在英国金斯顿艺术学校和皇家艺术学院学习，1984 年获得奖学金，在柏林艺术学院进修一年。1985 年毕业后，莫里松开始投入家具设计行业，20 世纪 80 年代早期，他因实验家具在行业内小有名气，其代表作是 1983 年设计的“花瓶桌”（Flower-Pot Table）（图 15-1）和 1984 年的“翼螺母椅”（Wing-Nut Chair）（图 15-2）。1986 年，莫里松在伦敦建立了他的设计事务所，同年在东京、巴黎和维也纳举办作品展览。

图 15-1

图 15-2

莫里松最著名的家具设计作品是 1986 年设计的“思想者椅子”（图 15-3），在材料的选择上，他参考了古典现代主义的钢管家具，但其形式与现代主义的线性、功能主义的外观有很大区别。这把用钢管和钢条制作的椅子可用于室内或室外，弯曲的扶手是该椅最大的特点，扶手前端的小平台可放置茶杯、烟缸等杂物。这把椅子最初是为 1986 年日本的展览设计的，次年，阿拉姆（Aram）设计公司在伦敦发行了一个小的系列，产品种类和数量较少，并在座椅板条处略有改动。意大利家具制造商朱利奥·卡佩里尼（Giulio Cappellini）在这里发现了这款产品，并将其引入该公司的产品简介中，该座椅的生产也一直延续到今日。这件作品以及 1988 年为维特拉公司设计的“胶合板椅”（Plywood Chair）都预示着莫里松家具设计中的“反物质倾向”。

图 15-3

1988 年，年轻的莫里松参加了由克里斯提安·邦格拉博 (Christian Borngraber) 策划的柏林设计博物馆的项目，成为欧洲文化城市的一部分。莫里松在这里展示了一个陈设稀少的房间，里面只有由胶合板椅制成的一张桌子和三把椅子。在后现代主义形式噱头的背景下，这样简洁的装置被解读为一种反后现代的声明，标志着一种简单设计的开始。其中，“胶合板椅”（图 15-4）的形状被描述为极简主义，几乎是纯原始状态，朴实廉价的胶合板使座椅有光滑的表面和轻盈坚固的结构。可见的锯齿边缘和螺丝接头使家具具有手工特征，同时让人看到它的结构。

莫里松家具设计中最重要的部分是 20 世纪 80 年代末开始进行的沙发设计，如 1989—1991 年的沙发椅凳系列（图 15-5）和豪华沙发榻（图 15-6），以及 1993 年的新沙发系列（图 15-7）。它们都比以前的设计更有表现力，这是一种由制作过程中的理性操作所引发的强烈的纯净美。

图 15-4

图 15-5

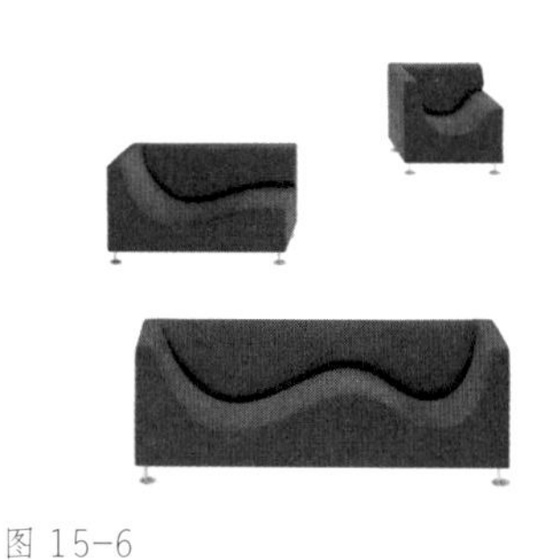

图 15-6

图 15-7

图 15-8

1999 年，意大利 Magis 公司要求莫里松设计一款椅子，并使用气体辅助注塑这种新技术。该方法需要向模具中注入气体，然后将气体压向模具的顶部和底部，从而产生一个中空的主体，以这种方式制造的“空气椅”（Air-Chair）（图 15-8）既轻便坚固，又节省了材料。莫里松利用这些特征设计了接近原型的椅子，其承重结构由 4 根管子组成，上面有接缝和靠背，就像一块薄皮，然而它只是一块塑料。坐面后部分有孔洞作为雨水的排水沟，后腿略微倾斜，方便椅子堆叠摆放。

在 2016 年的米兰家具展上，莫里松设计了“T 形椅”（图 15-9）、“O 形凳”（图 15-10、图 15-11）和带有金属烤漆底座与木制台面的“T & O 桌”（图 15-12）。在这一系列作品中，他将混合色彩的钢与枫木结合在一起，形成不同尺寸的座椅。他摒弃了浮华的外在装饰，推崇铅华洗尽的极简主义，让设计在原本的生活中进行，平衡了产品的形式及功能。在这一年中，莫里松有众多产品问世，其中最具代表性的是“十二月椅”（December Chair）和“组合软沙发”（Soft Modular Sofa）。“十二月椅”是他和日本设计师熊野渡（Wataru Kumano）合作设计的，它的框架由桦木制成，有带扶手（图 15-13）和不带扶手（图 15-14）两个版本，座椅和

图 15-9

图 15-10

图 15-11

图 15-12

图 15-13

图 15-14

图 15-15

靠背采用亚麻或皮革制成。该椅由芬兰尼卡里（Nikari）公司生产，2012 年，该公司与芬兰世界自然基金会（WWF）合作发起了一个叫作“DESIGNS FOR NATURE”的设计项目，每月推出一款产品，其中部分收益将捐给世界自然基金会。椅子质朴的特征是一种反风格的表达，也可能是设计师对芬兰乡村生活氛围的理解。“组合软沙发”（图 15-15）由维特拉公司生产制作，它是对强调水平面的现代经典低矮模块沙发的一种诠释。该沙发的比例设计精心，柔软舒适，细节部位的装饰突出，这类沙发纯净的外观符合超常规的设计理念。

莫里松曾试图设计一款易于使用的厨房椅子，并思考如何用塑料制作这种新型椅子。他花了两三年的时间，制作了五六个原型，但都不是最经典的样式。出于视觉美学和人体工程学的考虑，这把塑料椅子（APC）由模制框架、坐面和靠背三部分组成（图 15-16），它让人想起简约的经典木制座椅。如今这种经典木椅以新的材料再次呈现，代表着外观和功能上的巨大进步。然而，椅子的结构设计虽然相对简单，但技术上的开发则颇为复杂，为了增加使用的舒适度，椅背和整个椅子结构的连接处使用带橡胶减震器的扭轴，靠背能够根据人的运动产生轻微变化。塑料椅由聚丙烯、少量聚酰胺和两个钢销制成，用于将靠背固定在支点上，并提供枢轴。椅子结构是气体模制的，这意味着它是轻而坚固的中空管状结构。在最终定型模具进行机械加工之前，还开展了多次模拟测试，以确保椅子的坚固性和承重力，并且使用的材料都是可回收的。该椅可用于室内，有白色、黑色、黄色、深灰色、冰灰色等多种色彩可以选择（图 15-17），有的款式框架颜色稍微暗一些，坐面和椅背则是相同色调不同明度的颜色。2017 年，塑料椅发布了其他颜色和适用于室外的版本。莫里松将家居的随意性与简约明晰的外观相结合，形成一种现代、不张扬、适用于不同环境的家具系列，是日常生活中不可或缺的产品。

图 15-16

图 15-17

作为当今最具影响力的工业设计师之一，莫里松的作品多次获奖，并备受国际关注，其高度纯洁而又功能化的作品，典型地体现了新时代的“简洁主义”。他在意设计产品本身的功能，而不是表面的吸引力，他认为设计是要影响周围环境和气氛的，是改善生活的工具，并非为了吸引别人眼球，因此，莫里松常常称自己是良好空间氛围的创造者。

2. 康士坦丁·格里西克（Konstantin Grcic，1965—）

德国设计师格里西克出生于 1965 年，他将实用性完美融入人文主义理念的设计风格中，赢得了无数人的赞许。20 世纪 80 年代中期，格里西克在英国约翰·麦克皮斯（John Makepeace）学校学习木工，但他并不满足于单纯地制作和学习工匠技艺，因而来到皇家艺术学院学习设计。读书期间，他在莫里松的设计事务所工作了一段时间，那时莫里松的事业刚刚起步，还没有太多项目。正是由于这段时间的积累与实践，格里西克 1991 年从皇家艺术学院一毕业，就回到慕尼黑成立了自己的设计工作室，并一直维持着包括他自己在内的 6 个人的设计小团队。

1999—2004 年，格里西克设计了“One 系列家具”，该系列的家具都是以多边形组合的形式设计的，无论靠背椅还是凳子，都带有“规则”和“不规则”的形状。其中，“Chair_One 椅”（图 15-18）是 1999 年以塑料家具闻名的意大利 Magis 公司的创始人欧金尼奥·佩拉扎（Eugenio Perazza）委托格里西克设计的一把铝椅。格里西克决定创造一把完全使用铝压铸工艺制造的椅子，它具有重量轻、稳定性高、用料少的优点。此外，铝不易被腐蚀，这是设计户外座椅的重要条件。“Chair_One 椅”的上半部分由简单规则的三边形或四边形构成，这种多边形将椅座与靠背凹成人体曲线的形状，然而它的压铸过程并不是很容易。与光滑的胶合板或者塑料座椅不同，这种类似积木拼接的方法使座椅看上去更具几何和工业美感。格里西克用了近 5 年的时间为这把椅子制作了 20 多个模型，其中，包括用铝和激光切割的钢板，以及 3D 激光制成的模型。2004 年，“Chair_One 椅”最初发布时只有 4 条腿的版本（图 15-19），恰恰因为其几何形状，不使用的时候座椅可以堆叠放置，节省室内空间（图 15-20）。很快这款椅子就有了四星压铸铝底座、可旋转底座、滑轮底座的版本，还有用于户外的混凝土基座版本（图 15-21），粗糙的水泥材质与精致的椅座靠背形成鲜明对比，放置在户外能完美地与建筑相契合。到 2017 年初，这把椅子累计售出了 94 000 余把，它的发展过程也被记录下来，在 2016 年慕尼黑国家应用艺术博物馆举办的格里西克个人展览中展出。

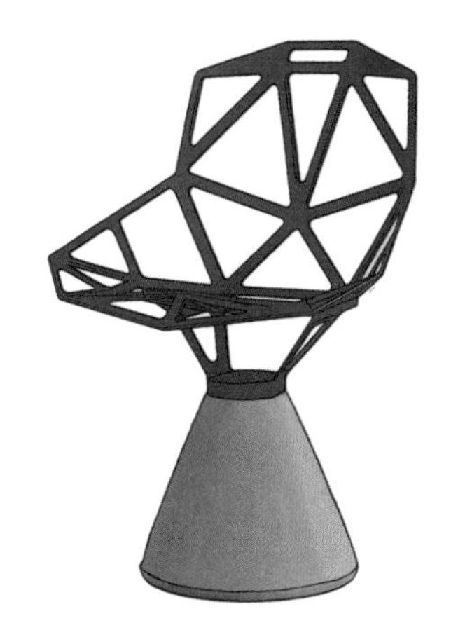

图 15-18

图 15-19

图 15-20

图 15-21

图 15-22

2006—2007 年，他设计的“Myto 座椅”（图 15-22）是自潘东以来第一批完全用塑料制成的没有后腿的椅子之一。巴斯夫化学公司试图寻找聚对苯二甲酸丁二醇酯的新用途，这种材料主要用于汽车工业，现在它也用于其他用途。由于其化学和物理特性，注塑成型的超高速塑料流迅速进入模具，创造高度耐用的结构。这使得“Myto 座椅”有一个坚固的支撑框架，靠背和座椅上的纵向穿孔便于通风，当椅子在户外使用时，便于排出雨水。它强调了一种技术美学，这也是格里西克许多设计中所表现出的特点。

“对手椅”（Rival Chair）与其他类别不同，它的扶手向内弯曲，由一块木材制成，4 条倾斜的椅腿加强了它的稳定性，并且打破了传统直立椅腿的模式（图 15-23）。该椅由轻便的木头制成，但在现代科技的加持下，木材也能展现出塑料的质感。它由阿尔托创立的芬兰阿代克家具公司生产，因此，格里西克选用了具有芬兰标志性的木材来完成这把椅子。“对手椅”的设计初衷是为家庭工作者而设计座椅，坐面上有软垫，椅腿与坐面连接处安装了旋转装置。使用者即使在家工作也可以自由旋转座椅。它大胆的色彩也给家庭带来了轻松的氛围。图 15-24 是格里西克为 Magis 公司设计的 360 度工作椅，它是凳子与椅子两者的综合，从它的名字中可以知道该椅能够 360 度旋转。所以，它不是让使用者长期保持坐姿的椅子，而是让人们动态、短时、即兴地使用。

图 15-23　　图 15-24

"多面体系列"是使用不规则的几何形和鲜亮的色彩进行设计的桌、椅、沙发等家具，包含"Chaos 单人沙发"（图 15-25）、"Odin 长沙发"（图 15-26）、"Mars 椅子"（图 15-27）、"帕拉斯桌子"（Pallas Table）等作品。其中，"Chaos 单人沙发"坐面狭长，靠背部分宽于下方的底座部分，尽管处于悬空状态，但身体大部分的重量都集中在靠背部位，且坐面与下方支撑钢架有 80 度夹角，因此不会倾倒（图 15-28）。"Odin 长沙发"的两边的扶手向内包围，能够更好地拉近人与人之间的距离。"Mars 椅子"的靠背和座位分别由 2 块和 4 块不规则四边形拼合而成，靠背和坐面略向内弯曲，呈现出"凹"的形态。"帕拉斯桌子"由 3 个部分组成，分别是一块两边向内弯折的桌面和两块呈 V 形的支撑桌腿，桌腿两边同样向内弯曲，防止割伤（图 15-29、图 15-30）。"多面体系列"是格里西克为德国 ClassiCon 公司设计的，设计之初该公司还请了很多行人来试坐，从而判断大众的不同"坐姿"，并重新为"坐"下定义。

图 15-25

图 15-26

图 15-27

图 15-28

图 15-29

图 15-30

近几年，格里西克在亚洲的曝光率颇高，东京 Comme des Garcons 旗舰店内的所有椅子都是格里西克设计的，他的设计产品也在中国上海国际顶级设计师家居品牌“设计共和”店铺内销售。众所周知，日本生活品牌无印良品（MUJI）一般不会随意选择境外设计师，但在 2009 年，该品牌发布了一款新家具——“PIPE 系列桌子”，而它的设计师就是格里西克。格里西克曾回忆：“在开始为无印良品工作的两年里，我几乎什么也做不出来。那时一直能感受到压力，我要定期去日本跟无印良品的人开会，却始终拿不出好的设计，这对我来说真的是煎熬。”即使是著名的设计师也会有遇到创作瓶颈的时候，经历过矛盾的心情之后，格里西克重新开始设计无印良品这种基本家具，2009 年底推出了线条简洁流畅的款式，受到品牌和粉丝的喜爱。

格里西克是当今如日中天的设计明星，他纯粹而有雕塑感的几何形式，对钢铁等工业材料的执着追求，使他的作品兼具特色与时代精神。

参考书目

[1] 方海 . 20 世纪西方家具设计流变 [M]. 北京：中国建筑工业出版社 , 2000.

[2] 方海，景楠 . 艺术与家具 [M]. 北京：中国电力出版社 , 2018.

[3] 方海 . 建筑与家具 跨界设计 [M]. 北京：中国电力出版社 , 2012.

[4] 方海 . 现代家具设计中的“中国主义”[M]. 北京：中国建筑工业出版社 , 2007.

[5] 方海 . 北欧浪漫主义设计大师：艾洛阿尼奥 [M]. 罗萍嘉，译 . 北京：中国建筑工业出版社 , 2002.

[6] 胡景初 , 方海 , 彭亮 . 世界现代家具发展史 [M]. 北京 : 中央编译出版社 , 2005.

[7] 周明浩，方海 . 现代家具设计大师约里奥·库卡波罗 [M]. 南京：东南大学出版社 ,2007.

[8] Aila Svenskberg. Eero Aarnio [M]. WSOY, Design Museum and contributors, 2016.

[9] Arthur Rüegg. Le Corbusier. Furniture and Interiors 1905-1965 [M]. Scheidegger and Spiess Ltd, 2012.

[10] Asenbaum Paul and others. Otto Wagner: Möbel und Innenräume [M]. Residenz Verlag, 1984.

[11] Baroni Daniele. Gerrit Thomas Rietveld [M]. London: Academy Editions, 1978.

[12] Bernd Polster, Claudia Neumann, Markus Schuler, Frederick Leven. The A-Z of Modern Design [M]. Merrell Publishers Limited, 2009.

[13] Catherine Ince, Lotte Johnson. The World of Charles And Ray Eames [M], United Kingdom: Thames & Hudson Ltd. 2019.

[14] Colombo Sarah. The Chair: An Appreciation [M]. London: Aurum Press, 1997.

[15] David Raizman. History of Modern Design [M]. London: Laurence King Publishing, 2010.

[16] Donald Albrecht, Beatriz Colomina, Joseph Giovannini and others. The Work of Charles and Ray Eames: A LEGACY of Invention [M]. New York: Harry N. Abrams, Inc, 1997.

[17] Esbjørn Hiort. Finn Juhl. Furniture - Architecture - Applied Art [M]. The Danish Architectural Press, 1990.

[18] Faber Tobias. Arne Jacobsen [M]. Stuttgart: Verlag Gerd Hatje, 1964.

[19] Fang Hai. Yrjö Kukkapuro-Furniture Designer [M]. Southeast University Press, 2001.

[20] Fang Hai. Eero Aarnio [M]. Southeast University Press, 2003.

[21] Frey Gilbert. The Modern Chair: 1850 to Today [M]. Tenfen Swiss: Verlag Arthur Niggli Ltd, 1970.

[22] Garner Philippe. Twentieth-Century Furniture [M]. London: Phaidon, 1980.

[23] Gerrit Thomas Rietveld: The Complete Works 1888-1964 [M]. Central Museum Utrecht, 1992.

[24] Harri Kalha. Oleta pyöreä tuoli/eero aarnion 60-luku/ Assume a round chair/Eero aarnio and the 60's [M]. Kunsthalle Helsinki University of Art and Design, 2003.

[25] Hausen Marika, Kirmo Mikkola, Anna-Lisa Amberg and Tytti Valto. Eliel Saarinen Projects 1896-1923 [M]. Helsinki: Otava Publishing Company Ltd, 1990.

[26] Jane Li. Furniture Design Now [M]. Hong Kong: Artpower International Publishing Co., Ltd, 2016.

[27] Jean Prouvé, Charles Eames, Ray Eames. Constructive Furniture. Möbel als Konstruktion. Le mobilier construit [M]. Vitra Prouvé Collection, 2002.

[28] Juhani Pallasmaa. Alvar Aalto Furniture [M]. Museum of Finnish Architecture Ltd, 1984.

[29] Kaarle Holmberg. LEPO: 60 years in Furniture [M]. Aldus Oy, Lahti, 2013.

[30] Katherine E. Nelson, Raul Cabra. New Scandinavian Design [M]. San Francisco: Chronicle Books LLC, 2004.

[31] Kirkham Pat. Charles and Ray Eames: Designers of the Twentieth Century [M]. The MIT Press, 1998.

[32] Korvenmaa Pekka. Ilmari Tapiovaara [M]. Barcelona: Santa & Cole, 1997.

[33] Lda Engholm, Anders Michelsen. Verner Panton [M]. London: Phaidon Press Ltd, 2018.

[34] Marcel Breuer Design [M]. Berlin: Benedikt Taschen, 1994.

[35] Marianne Aav, Isa Kukkapuro-Enbom, Eeva Viljanen. Yrjö Kukkapuro-Designer [M]. Designmuseo, 2008.

[36] Mateo Kries, Jolanthe Kugler. Eames Furniture Source Book [M]. Germany: Vitra Design Museum, 2017.

[37] Meadmore Clement. The Modern Chair Classics in Production [M]. Van Nostrand Reinbhold, 1979.

[38] Nernsen Jens. Hans J. Wegner [M]. Copenhagen: Danish Design Centre, 1995.

[39] Pallasmaa. Alvar Aalto Furniture [M]. Helsinki, 1984.

[40] Peter Adam. Eileen Gray: Her Life and Work [M]. London: Thames & Hudson Ltd, 2005.

[41] Phaidon Press. Ettore Sottsass [M]. New York: Phaidon Press Inc, 2017.

[42] Pilar CÓs. Ilmari Tapiovaara [M]. Santa & Cole Ltd, 1997.

[43] Pirkko Tuukkanen. Alvar Aalto: Deisgner [M]. Alvar Aalto Museum Ltd, 2002.

[44] Polster Bernd. Design Directory Scandinvia [M]. Pavilion, 1999.

[45] Rauno Lahtinen. The Birth of The Finnish Modern: Aalto, Korhonen And Modern Turku [M]. Huonekalutehdas Korhonen Ltd, 2011.

[46] Sointu Fritze. Alvar Aalto: Art and The Modern Form [M]. Helsinki: Finnish National Gallery/ Ateneum Art Museum, 2017.

[47] Stanford Anderson, Gail Fenske, David Fixler. Aalto and America [M]. Yale University Press Ltd, 2012.

[48] Tojner Poul Erik and Kjeld Vindum. Arne Jacobsen: Architect & Designer [M]. Copenhagen: Danish Design Centre, 1996.

后　记

方海教授的足迹遍布中西，在常年的考察走访过程中，他收集了大量的第一手资料，并做了详细的记录分析，本书是他30年来对现代家具的研究与实践所得。

2013年夏天，我有幸跟随方海教授带领的交流访问团去欧洲学习考察设计情况和趋势，学习地点包括阿尔托大学设计学院、瑞典皇家艺术学院、丹麦高等教育中心和芬兰最受尊敬的家具设计大师约里奥·库卡波罗教授的工作室。库卡波罗教授及夫人伊尔梅丽女士热情地接待了我们，并和我们分享了他们对家具的理解和经验。能如此近距离地与当代设计大师交流并聆听他们的教诲，是吾辈之所向，亦是我与家具结缘的伊始，直至5年后受教于方海教授。

恩师将他多年所学融会贯通，并为我们传道、授业、解惑。本书在现代设计4E原则基础上，以15组设计方法讲述32位设计师的不同理念和实践方式。有趣的是，他们将灵感来源、设计理念和创意手法融为一体，设计出的作品时而打破审美规范，时而登上销售榜首，但最终都成为行业的典范与楷模，为后辈设计师带来启迪与影响。

作为方海教授的学生和团队成员，在书籍撰写、资料翻译的过程中，跟随恩师拜访了著名工匠印洪强先生，在其工作车间观摩家具的生产流程和雕饰手法；考察调研了专注于当代顶尖设计师座椅类家具制造和经销的上海阿旺特家具有限公司（AVARTE），进一步明确了家具类专业术语的使用规范。在翻译本书英语、法语、芬兰语、瑞典语等文献的过程中也经常与恩师请教、讨论，老师都会给予细致的讲解和提示，桩桩件件对后续书籍撰写起到了重要的支撑和帮助。

此外，感谢中国工程院孟建民院士为本书作序，感谢中南林业科技大学胡景初教授为本书作序并提供水墨画家具图稿，感谢师妹薛忆思提供的家具插图。

还要特别感谢广西师范大学出版社对本书的支持与肯定，使之可以付梓，感谢马竹音编辑严谨细致的校审。

安 舜

2022 年 4 月于广州